Buch-Updates

Registrieren Sie dieses Buch
auf unserer Verlagswebsite.
Sie erhalten damit
Buch-Updates und weitere,
exklusive Informationen
zum Thema.

Galileo
BUCH UPDATE

Und so geht's

> Einfach www.galileocomputing.de aufrufen
<<< Auf das Logo Buch-Updates klicken
> Unten genannten Zugangscode eingeben

Ihr persönlicher Zugang
zu den Buch-Updates

117301010803

Wolfgang Bock, Günter Macek, Thomas Oberndorfer,
Robert Pumsenberger

Praxisbuch ITIL

Zertifizierung nach ISO 20000

Galileo Press

Liebe Leserin, lieber Leser,

mittlerweile ist die Organisation von IT-Prozessen nach ITIL auch im deutschsprachigen Raum weit verbreitet. Die IT Infrastructure Library hat sich als Standard für IT Service Management bewährt. Dementsprechend existieren eine ganze Menge Publikationen zum Thema. Warum nun also ein weiteres Buch zu ITIL? Dieses Buch, das nun bereits in der zweiten Auflage erscheint, ist durchgängig praxisorientiert. Es ist ein Leitfaden, der Ihnen zeigt, wie Sie zeitnah und unkompliziert ITIL in Ihrem Unternehmen einführen und das ISO 20000-Zertifikat erhalten.

Die Autoren sprechen aus Erfahrung. Alle waren als Berater und Verantwortliche bei der Einführung von ITIL in der Salzburg AG beteiligt. Profitieren Sie von dieser Erfahrung!

Dieses Buch wurde mit großer Sorgfalt geschrieben, lektoriert und produziert. Sollten sich dennoch Fehler eingeschlichen haben, so freue ich mich, wenn Sie sich an mich wenden. Ihre freundlichen Anmerkungen und Ihre Kritik sind immer willkommen!

Ihr Jan Watermann
Lektorat Galileo Computing

jan.watermann@galileo-press.de
www.galileocomputing.de
Galileo Press · Rheinwerkallee 4 · 53227 Bonn

Auf einen Blick

Der Name Galileo Press geht auf den italienischen Mathematiker und Philosophen Galileo Galilei (1564–1642) zurück. Er gilt als Gründungsfigur der neuzeitlichen Wissenschaft und wurde berühmt als Verfechter des modernen, heliozentrischen Weltbilds. Legendär ist sein Ausspruch *Eppur se muove* (Und sie bewegt sich doch). Das Emblem von Galileo Press ist der Jupiter, umkreist von den vier Galileischen Monden. Galilei entdeckte die nach ihm benannten Monde 1610.

Gerne stehen wir Ihnen mit Rat und Tat zur Seite:
jan.watermann@galileo-press.de bei Fragen und Anmerkungen zum Inhalt des Buches
service@galileo-press.de für versandkostenfreie Bestellungen und Reklamationen
stefan.krumbiegel@galileo-press.de für Rezensions- und Schulungsexemplare

Lektorat Jan Watermann
Korrektorat Tanja Jentsch, Bottrop
Cover Barbara Thoben, Köln
Titelbild Corbis
Typografie und Layout Vera Brauner
Herstellung Karin Kolbe
Satz SatzPro, Krefeld
Druck und Bindung Bercker Graphischer Betrieb, Kevelaer

Dieses Buch wurde gesetzt aus der Linotype Syntax Serif (9,5/13,75 pt) in FrameMaker.

Bibliografische Information der Deutschen Bibliothek
Die Deutsche Bibliothek verzeichnet diese Publikation in der Deutschen Nationalbibliografie; detaillierte bibliografische Daten sind im Internet über http://dnb.ddb.de abrufbar.

ISBN 978-3-8362-1168-0

© Galileo Press, Bonn 2008
1. Auflage 2008

Inhalt

Geleitwort

Schon Sunzi schrieb bereits ca. 2500 v. Chr. in seinem berühmten Buch von der Kunst des Krieges: »Wenn du den Feind und dich selbst kennst, brauchst du den Ausgang von hundert Schlachten nicht zu fürchten«. Nun befinden wir uns gott-lob – zumindest in Europa – in keinem Krieg! Jedoch empfinden manche den herrschenden Wettbewerb und den mit der strikten Gewinnorientierung verbun-denen Druck als ebenso belastend.

Gerade deshalb hat der 2500 Jahre alte Spruch des chinesischen Philosophen ak-tuelle Bedeutung. Nur wer sich selbst, sein Unternehmen, den Markt und seine Wettbewerber kennt, kann nachhaltig Gewinne erwirtschaften. Wenngleich die Konkurrenz inzwischen – als Zugeständnis an den Humanismus – als Mitbewer-ber bezeichnet wird, handelt es sich in Wahrheit doch nach wie vor um feindlich gesinnte Gegenspieler. Ihre Absichten und Begehrlichkeiten zu erkennen, be-schäftigte in den letzten 4500 Jahren Heerscharen von Beratern und Analysten. Ebenso zeugen unzählige Outdoor-, Selbsterfahrungs-, ja sogar Survivalkurse der verschiedenen Management-Gurus von den Bemühungen sich selbst kennen zu lernen. Doch ist es nicht mindestens ebenso wichtig, sein Unternehmen in seiner Funktion und Wirkungsweise zu verstehen?

»What business are you in?« Diese zentrale Frage stellte die Marktforscherin Dr. Helene Karmasin bei einem ihrer spannenden Vorträge. Nur wenn Sie diese Frage beantworten können – so ihre These – werden das Unternehmen und seine Produkte am Markt erfolgreich sein!

In den letzten Jahren zeigte sich immer wieder, dass diese Frage nur jene hinrei-chend beantworten können, die ihre Prozesse und Abläufe genau kennen. Daher bildete das laufende Optimieren aller Abläufe nicht nur in unserem Unterneh-men in den letzten Jahren einen Arbeitsschwerpunkt. Dass nun mit ITIL und ISO 20000 für den Bereich IT nicht nur ein Standard, sondern eine Best-Practice-Sammlung vorliegt, halte ich für besonders spannend. Kein Unternehmen kann heute ohne EDV-Unterstützung erfolgreich wirtschaften. Es finden sich aber auch kaum zwei Unternehmen, die exakt die gleichen IT-Abläufe besitzen. Daher ist ein flexibler, auf Erfahrungen beruhender Standard genau das Richtige für diese sehr rasch gewachsene Branche. Die konsequente Umsetzung in unserem Unter-nehmen sorgt nicht nur für effizientere Abläufe, sondern auch für die beruhigende Gewissheit, einen nach Best-Practice-Gesichtspunkten aufgestellten internen IT-Dienstleister zu haben.

Ich wünsche nun allen Lesern und Leserinnen, dass sie viele Hinweise für eigene Projekte finden und für die Umsetzung ihrer Projekte gutes Gelingen!

Vorstandsdirektor Mag. August Hirschbichler,
Salzburg AG

Vorwort zur 2. Auflage

Viele halten Standards für unnötigen Aufwand, der nur dazu dient, eine noch größere Bürokratie aufzubauen. Viel Papier wird produziert, alles wird komplizierter durch noch mehr Genehmigungsschritte und umfassende Dokumentationen. Zum Glück ist die noch junge IT-Branche bislang von derlei Standardisierungs-Overkills verschont geblieben. Nur wirklich große IT-Dienstleister konnten sich ISO 9000-Projekte in Zeiten immer schneller wechselnder IT-Trends leisten. Der tatsächliche betriebswirtschaftliche Nutzen dieser Projekte ist bis heute nicht eindeutig ermittelt.

Auch uns veranlasste Anfang 2004 die Frage eines Bekannten noch zu Scherzen. »Was macht ihr denn mit diesem neuen ITIL-Standardisierungs-Trend?«, fragte er. Unsere Antwort war standardmäßig: »Die wöchentlichen Werbemails und Schulungseinladungen landen bei uns alle in der Rundablage. Dort gehört Überflüssiges schließlich hin!«

Damals wussten wir noch nicht, dass wir mit ITIL eigentlich den Schlüssel zur lange gesuchten, erfolgreichen Weiterentwicklung unserer IT-Prozesse in Händen hielten. Wir hatten mehrere Optimierungsprojekte, Benchmarks und einen Merger hinter uns. Verbunden mit hohen Beraterkosten brachten die wechselnden Sichtweisen und Ansätze immer nur stückweise Verbesserungen. Wie bei einem flach am Boden liegenden Teppich wurden immer nur einzelne Ecken angehoben (und darunter aufgewischt) – der Teppich begann damit aber nicht zu fliegen! Wir suchten also nach einem System, das uns einfach, aber wirkungsvoll hilft, unseren IT-Laden ganzheitlich und umfassend zu optimieren. Darüber hinaus sollte sich das System auch danach laufend selbst optimieren. Kurz und gut – wir wollten endlich fliegen!

Wie bei so vielen neuen Trends und Technologien, die kommen und wieder gehen, beobachteten auch wir das ITIL-Thema zuerst sehr kritisch: Ist ITIL nur eine weitere Zertifizierung, die den Schulungsanbietern hilft Geld zu verdienen, oder werden auch konkrete Projekte und Produkte umgesetzt? Wie kann man aus 47 Büchern mit Best-Practice-Prozessen lernen, wie die Abläufe und IT-Services noch effizienter werden?

Nur ein Jahr später – nach harter Arbeit, vielen Stunden der Diskussion und etlichen Seiten Dokumentation – war es vollbracht. Wir konnten Stolz auf das erste

ITIL/BS 15 000-Zertifikat in Österreich blicken. Und das in einer als eher starr und altmodisch geltenden Branche wie der Energieversorgung, aus der wir kommen! ITIL hat uns geholfen, in weniger als einem Jahr eine ganzheitliche Optimierung aller Abläufe vorzunehmen. Man kann mit Recht behaupten, dass wir als interner IT-Dienstleister »abgehoben« haben!

Aufgrund dieser extrem positiven Erfahrungen sind wir fest davon überzeugt, dass sich der Best-Practice-Gedanke von ITIL und BS 15000 als Standard für »High Performance«-IT-Dienstleister etablieren wird, zumal BS 15000 erst vor kurzem in den ISO 20000-Standard überführt wurde, den international anerkannten Standard für professionelles IT-Service-Management. Es ist dabei egal, ob man ein Beratungsunternehmen, ein Systemhaus oder ein interner Servicebereich ist. Hauptsache es ist ausreichend unternehmerisches Denken vorhanden!

Warum wir davon so überzeugt sind? Wir haben einen einfachen Weg gefunden, die vielen, vielen Inputs pragmatisch in unser Tagesgeschäft zu integrieren. Getreu unserem Motto, nur jene Inputs zu verwenden, bei denen wir überzeugt sind, dass sie uns im Tagesgeschäft tatsächlich weiterbringen, haben wir uns auch gegen Neuerungen entschieden. Und genau hier sehen wir den Vorteil von ITIL! Dies ist kein Standard, der bedingungslos eingehalten werden muss. Wesentlich ist nur, dass man sich zu allen Themenbereichen überlegt, ob man diesen Ablauf in seinem Unternehmen überhaupt braucht. Nur dann kommt der nächste Schritt der eigentlichen Optimierung. Hierzu bietet ITIL – ergänzt um die BS 15000-Prozesse – eine umfassende Sammlung, mit der man seine eigene Prozesslandschaft vergleichen kann. Sehr rasch und einfach kommt man so auf die wesentlichen Punkte – was fehlt oder zu wenig oder sogar zu viel gemacht wird!

Leider gibt es – mit Ausnahme der Grundausbildung – bis heute kaum praktische Erfahrungen zu diesem Thema. Recherchen nach den üblicherweise vorhandenen »ITIL for Dummies«-Büchern bleiben ebenso erfolglos wie eine Umfrage nach Referenzprojekten.

Bei zahlreichen Workshops und Diskussionsrunden taucht daher immer wieder die Frage auf: »Gibt es für diesen Ablauf nicht ein Muster, eine Vorlage?« Daher mussten wir viele Dinge aus artverwandten Bereichen oder aus dem Internet so umformen, dass sie unseren Weg nach ITIL unterstützten.

Der Erfolg motivierte uns, unsere gesammelten Erfahrungen im vorliegenden Buch zusammenzufassen. Damit wollen wir zum Siegeszug des ITIL- und BS 15000-Standards aktiv beitragen und durch unseren praktisch orientierten, mit vielen Beispielen versehenen Leitfaden anderen die Umsetzung erleichtern.

Unser besonderer Dank gilt an dieser Stelle allen unseren Kollegen und Kolleginnen der Salzburg AG – speziell dem Projektteam – und insbesondere unserem Vorstand, der uns gestattete, die Erfahrungen unseres Projektes bei der Salzburg AG zu publizieren. Ebenso gilt unser Dank den Mitarbeitern des TÜV Süd, Herrn Huber und Herrn Giese. Sie standen uns als Berater nicht nur während des Projektes, sondern nun auch beim Verfassen dieses Buches zur Seite.

Wir wünschen uns nun, dass Sie viele interessante und für Ihre Vorhaben hilfreiche Hinweise in unserem Buch finden. Viel Spaß beim Lesen!

Wolfgang Bock, Günter Macek, Thomas Oberndorfer, Robert Pumsenberger
Salzburg

Wichtiger Hinweis

Zunächst klären wir die Frage, was genau sich eigentlich hinter dem Begriff ITIL verbirgt, wann, wo und wozu die »IT Infrastructure Library« entwickelt wurde und worin konkret ihr praktischer Nutzen besteht.

1 Einleitung

1.1 Was ist ITIL?

Viele eigenständige IT-Unternehmen, aber auch IT-Organisationen in einem Unternehmen, stehen vor der großen Herausforderung, dass die Kunden einen immer größeren Anspruch an qualitativ hochwertigen Service und mehr Transparenz und Vergleichbarkeit fordern.

So kommt in vielen Fällen noch erschwerend hinzu, dass die Organisationsstrukturen oftmals den heutigen Anforderungen nicht mehr entsprechen. Das reine »Abteilungsdenken« ist passé. Die Betrachtung horizontaler Prozesse wird daher immer wichtiger. Entscheidungsbefugnisse werden immer öfter an die Mitarbeiter selbst übertragen. Die bisherige Arbeitsweise des IT-Managements ist zu überdenken.

Die Herausforderung für die IT besteht heute vor allem darin, sich von einem reinen Technologie-Lieferanten zu einer strategisch wichtigen Service-Organisation zu entwickeln, die einen messbaren Wertbeitrag für das Unternehmen leistet.

Einen Lösungsweg dazu verspricht das »IT-Service-Management«: der Wandel einer IT-Abteilung hin zu einem erfolgreichen Dienstleister. Und dabei werden nicht nur technische Belange einer IT-Abteilung betrachtet, sondern auch das Angebot, die Leistungen und die Einhaltung der vereinbarten Services dem Kunden bzw. dem Anwender gegenüber.

Mit diesem Buch möchten wir Ihnen dabei helfen, schnell einen Überblick über diese komplexe Materie zu erhalten.

1.1.1 Die Entstehung von ITIL

ITIL entstand in den 1980er Jahren. Damals beauftragte die britische Regierung die CCTA (Central Computer and Telecommunications Agency) mit der Entwicklung eines Verfahrens, um IT-Ressourcen zweckmäßig und wirtschaftlich einzusetzen. Das Verfahren sollte sicherstellen, dass die Unabhängigkeit gegenüber Dienstleistern gewährleistet wird. Dieser Auftrag mündete letztendlich in der Information Technology Infrastructure Library, kurz ITIL: eine Sammlung von »Best Practices«, welche im Bereich der IT-Services Anwendung fanden. Mit Ende der 1980er Jahre kamen die ersten Bücher in Großbritannien auf den Markt. Bereits Mitte der 1990er Jahre lagen schon mehr als 40 Bände vor. Seit 2000 erfolgt die Herausgabe der Buchreihe durch das OGC (UK Office of Government Commerce). Und die Entwicklung von ITIL läuft ständig weiter. Die nachfolgende Abbildung zeigt sämtliche Einflussfaktoren, die ITIL ständig aktuell halten. Durch dieses Zusammenspiel kann sichergestellt werden, dass auch Rückmeldungen aus der Praxis in die ITIL-Bücher letztendlich einfließen und sie stetig verbessern.

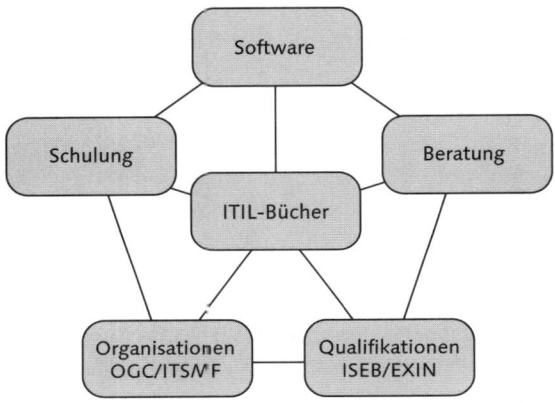

Abbildung 1.1 ITIL-Einflussfaktoren

Aber was genau ist nun ITIL? ITIL stellt ganz einfach eine Sammlung von Büchern dar. Und zwar Bücher, welche die wichtigsten Praktiken und Prozesse einer IT-Organisation beschreiben. Und das in einer Form, welche nicht den genauen Ablauf oder die notwendigen Werkzeuge vorgibt, sondern vielmehr Checklisten, Aufgaben und Verfahren beschreibt, die von einer IT-Organisation individuell angepasst werden können.

Aber nach wie vor stellt die durchgehend englischsprachige Dokumentation von ITIL ein großes Hindernis dar. Nur ausgewählte Teile bzw. Prozesse von ITIL sind derzeit in der deutschsprachigen Fachliteratur erhältlich.

1.1.2 Was leistet ITIL?

Heutzutage ist der Erfolg eines Unternehmens unter anderem sehr stark von der IT abhängig. Die Unternehmensziele können zum Teil nur erreicht werden, wenn die richtigen IT-Services in der richtigen Qualität zur Verfügung stehen.

Demnach ist es notwendig, dass die Ziele der IT-Organisation von den Zielen des Unternehmens abgeleitet werden und auch zusammenspielen. Nur dann gelingt es nämlich auch, den Erwartungen und Anforderungen des Unternehmens gerecht zu werden. Und genau dieser Zusammenhang wird in der IT Infrastructure Library betrachtet.

Betrachtet man zum Beispiel die Gesamtkosten eines IT-Services über den gesamten Lebenszyklus, so erkennt man, dass die wahren Kosten durch den laufenden Betrieb und die notwendigen Anpassungen verursacht werden. Umso wichtiger erscheint nun die Aufgabe, dass IT-Services mit vereinbarter Qualität zu tragbaren Kosten geliefert werden. Nur eine effiziente und effektive IT-Organisation kann den notwendigen Wertbeitrag zum Gesamtunternehmen leisten.

Das IT-Service-Management befasst sich mit der Lieferung und der Unterstützung jener IT-Services, welche exakt auf die Bedürfnisse des Unternehmens zugeschnitten sind. Die in ITIL vorgeschlagenen Best Practices zeigen einen Weg zur systematischen Umsetzung oder auch Verbesserung des IT-Service-Managements, basierend auf Service-Qualität und effektiven und effizienten Prozessen. In ITIL werden also sämtliche Aktivitäten einer IT-Organisation beschrieben, welche für die Erbringung der IT-Services notwendig sind. Mehrere Aktivitäten werden dabei in Prozessen gebündelt.

Die Einführung von ITIL wird sicherlich nicht von heute auf morgen funktionieren. Es wird nämlich in einigen Teilen der bestehenden bzw. »traditionellen« IT-Arbeitsweise zu einem Umdenken kommen müssen. Einige mögliche Vorteile aber auch Hindernisse der ITIL-Einführung werden im Folgenden beschrieben:

Vorteile

▶ Sämtliche IT-Services bzw. -Produkte werden gänzlich auf den Kunden ausgerichtet.

▶ Die Qualitätskriterien der einzelnen IT-Services sind mit dem Kunden abgestimmt und definieren somit klare Aufgaben in der IT-Organisation.

▶ Der Anwender hat einen definierten Ansprechpartner in der IT-Organisation.

▶ Dem Kunden/Anwender werden klar definierte und vor allem auch transparente IT-Services angeboten.

▶ Ausrichtung der IT-Organisation auf die Unternehmensziele

▶ Effizienz und Effektivität aller Prozesse sind klar messbar und darstellbar. Verbesserungen können aufgezeigt werden.

▶ Hohe Transparenz durch einheitliche Begriffsverwendungen (intern/extern)

▶ Transparenz durch Harmonisierung von Prozessen

- ▸ Eindeutige Schnittstellen
- ▸ Einheitliche und durchgängige Dokumentation über alle Prozesse, zugänglich für jeden Mitarbeiter der IT-Organisation
- ▸ Einfachere Steuerung und Bewertung für das IT-Management durch Kennzahlen
- ▸ Sämtliche Änderungen in der IT-Infrastruktur werden strukturiert vorgenommen.

Hindernisse bzw. Probleme

- ▸ ITIL ist nicht das Thema einiger weniger. ITIL betrifft die gesamte IT-Organisation, also jeden Mitarbeiter. Ein großes Hindernis könnte deshalb der Widerstand der Mitarbeiter darstellen.
- ▸ Die bei der ITIL-Einführung definierten Ziele werden zu hoch gesteckt und beanspruchen in Folge eine Menge Zeit und Kapazität.
- ▸ Enormer Dokumentationsaufwand bei der ITIL-Einführung
- ▸ Definition und Bereitstellung von Kennzahlen zur Messung und Steuerung der einzelnen Prozesse
- ▸ Hoher Schulungsaufwand für sämtliche IT-Mitarbeiter

Gerade die Mitarbeiter selbst stellen oftmals das größte Hindernis dar, das häufig unterschätzt wird. Denn ITIL bricht bestehende Strukturen und Abläufe auf. Daher ist es wichtig, die Mitarbeiter möglichst frühzeitig zu informieren und einzubeziehen. Das Vorleben der ITIL-Philosophie durch das Management ist Voraussetzung für einen erfolgreichen Einsatz.

1.1.3 Die Organisationen hinter ITIL

OGC (Office of Government Commerce) als Eigentümer von ITIL

ITIL war ursprünglich ein Produkt der CCTA (Central Computer and Telecommunications Agency), einer Organisation der britischen Regierung. Seit 2001 ist die CCTA in die OGC übergegangen, die damit neuer Eigentümer von ITIL wurde. Die OGC fördert die Anwendung von »Best Practices« und ist Herausgeber von IT Infrastructure Library, kurz ITIL.

itSMF (Information Technology Service Management Forum) als internationales Netzwerk von ITIL-Spezialisten

1991 wurde das erste IT-Service-Management-Forum in England gegründet. Mittlerweile findet sich das itSMF in zahlreichen Nationen (GB, USA, DE, AUS, CAN usw.) wieder. Das itSMF ist eine unabhängige Non-Profit-Organisation, die vollständig durch die Mitglieder (Privatpersonen, Unternehmen, Behörden, Hersteller) betrieben und kontrolliert wird.

ITIL-Qualifikationen mit international anerkannten Zertifikaten durch EXIN (Exameninstituut voor Informatica) und ISEB (Information Systems Exmination Board)

EXIN und ISEB sind international tätige, unabhängige und von der OCG beauftragte Anbieter von IT-Prüfungen, die sich u.a. mit der Entwicklung von Qualifizierungsstandards für ITIL beschäftigen. Sie entwickeln gemeinsam in Zusammenarbeit mit der OGC und dem itSMF Zertifizierungsprüfungen für ITIL. Während ISEB vorwiegend im englischsprachigen Raum tätig ist, deckt EXIN vorwiegend den nicht englischen Sprachraum ab, unter anderem auch den deutschen Sprachraum.

1.1.4 Die ITIL-Bücher

Zielsetzung von ITIL ist, IT-Services von hoher Qualität zu liefern. Die Ausrichtung auf die Bedürfnisse und Wünsche der Kunden spielt dabei eine zentrale Rolle.

So wie ITIL aus diversen Standardisierungsbestrebungen hervorgegangen ist, beschreibt diese Norm nicht exakt die Prozesse und Abläufe, sondern gibt den Zweck und die Zielrichtung vor. Die grundlegenden Standards, wie ISO 9000 und Total-Quality-Richtlinien, unterscheiden sich hier eben genau durch ihre detailliert vorgegebene Beschreibung der Prozesse. Dies erwies sich aber für IT-Prozesse als nicht sinnvoll, da natürlich jede IT-Organisation unterschiedlich ausgestaltet ist. Es wurde daher nach Best-Practice-Verfahren gesucht, die – wie der Name auf Deutsch ja schon sagt – die Praxistauglichkeit der Norm in den unterschiedlichsten Anwendungsfällen garantiert.

Es wurden also vorrangig jene Prozesse beschrieben, die in den allermeisten Unternehmen angewandt werden. Diese Sammlung liefert in der Regel auch wichtige Denkanstöße für die Zusammenhänge zwischen diesen Hauptprozessen. Mittlerweile wurde aus der Prozessbeschreibung eine ansehnliche »Bibliothek« (IT Infrastructure Library), die auch ein Garant für die Vollständigkeit der Prozesse ist.

In jeweils einem Band der Bibliothek wird ein Themenkomplex behandelt. Strukturiert werden jeweils die Grundlagen, die Ziele und die wichtigsten Eckpunkte der jeweiligen Prozessgruppen beschrieben. Ausgehend von der Beschreibung von Prozessen zur Nutzung der reinen IT-Infrastruktur wurden die Bücher laufend um immer neue Erkenntnisse und zusätzliche Prozesse erweitert. Leider führte diese Vervollständigung auch dazu, dass mittlerweile **eine Bibliothek von über 50 Bänden** vorliegt. Zur besseren Übersicht wurden daher die ersten zehn Bücher zu den Themenbereichen Service-Support- und Service-Delivery-Prozesse zum »Kern« von ITIL zusammengefasst. Die übrigen Bücher beschreiben ergänzende Themen aus dem Bereich IT-Management.

Die Bücher wurden natürlich mittlerweile mehrfach überarbeitet und zusammengefasst. Mittlerweile liegt je ein Band zu den Themen »Service Support« und »Service Delivery« vor. Diese beiden Bände sind nun frei von Überschneidungen und Inkonsistenzen und der Zusammenhang zwischen den einzelnen Themen ist dadurch stärker verdeutlicht.

Laufend werden nun die anderen Bände der IT-Bibliothek überarbeitet und gestrafft, so dass sich immer wieder neue Erkenntnisse und Einsichten einstellen. Dies sieht zumindest der Plan der OGC vor. Die nachfolgende Abbildung soll zur besseren Veranschaulichung der ITIL-Bücherstruktur dienen.

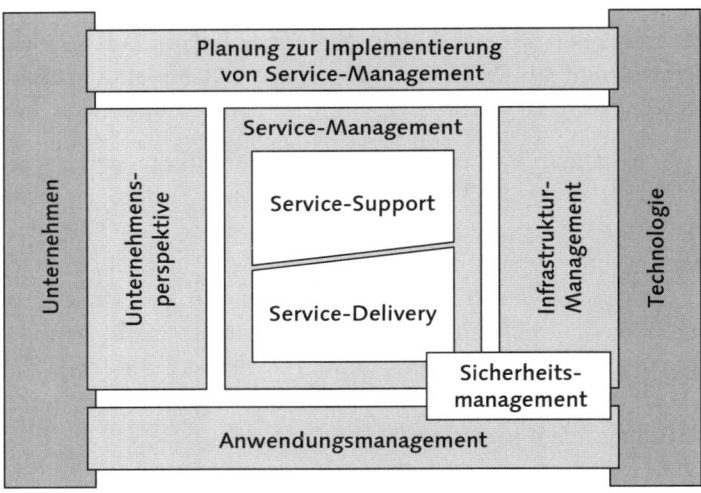

Abbildung 1.2 ITIL-Bücherstruktur

Die Abbildung zeigt die fünf Hauptbereiche, die in den ITIL-Büchern behandelt werden.

► Die geschäftliche Perspektive (The Business Perspective)
► Planung und Lieferung von IT-Services (Service Delivery)
► Unterstützung und Betrieb der IT-Services (Service Support)
► Management der Infrastruktur (ICT Infrastructure-Management)
► Management der Anwendungen (Applications-Management)

Die geschäftliche Perspektive (Business Perspective)

Diese Buchreihe behandelt vor allem diejenigen Themen, die sich mit dem Verständnis und der Verbesserung der IT-Services als integraler Bestandteil des Managements eines Unternehmens (Business-Management) befassen. Typische Themen aus diesem Bereich sind:

▶ Kontinuitäts-Management
▶ Partnerschaften und Outsourcing
▶ Bewältigung von Änderungen

Einige dieser Themen werden durch weiterführende Bücher aus der nicht geschäftlichen Perspektive vertieft.

Managing Facilities-Management

Das ITIL-Buch »Managing Facilities-Management« beschäftigt sich mit dem Management von Verträgen zwischen den IT-Organisationen. Es geht dabei um die Zusammenarbeit mit Anbietern von IT-Infrastruktur (oder zumindest Teilen davon). Wichtig dabei ist, dass selbst im Falle eines totalen Outsourcings der IT-Agenden immer noch der interne Auftraggeber im Unternehmen verantwortlich ist für die Erbringung der IT-Services für die internen Kunden im Unternehmen. Deshalb sind in diesem Buch alle Maßnahmen zusammengefasst, die notwendig sind, um eben diese Verantwortung für die Service-Level gerechte Erbringung der IT-Dienste übernehmen zu können. Ein Beispiel sind Maßnahmen, mit denen Kennzahlen zur Überwachung der vertragsgerechten Erbringung der IT-Dienste durch den Lieferanten etabliert werden.

Managing Supplier Relationships

Neben der Erbringung von ganzen IT-Prozessen durch einen externen Dienstleister spielt natürlich der Umgang mit dem Lieferanten als solcher eine ebenso wichtige Rolle innerhalb des ITIL-Puzzles. Daher bildet dieser Band sozusagen das Gegenstück zum Customer-Relationship-Management. Es geht um die Beziehung zwischen der IT-Organisation und ihren Lieferanten.

Zu den wichtigsten Aufgaben der Prozesse im Rahmen des Managements der Supplier-Relationships zählen die Auswahl der Lieferanten und die kontinuierliche Beurteilung ihrer Leistungen. Ein regelmäßiger, strukturierter und vorher festgelegter Kontakt zu den Dienstleistern spielt hier ebenfalls eine wichtige Rolle.

Service Delivery

Das ITIL-Buch zu Service Delivery definiert die Prozesse zur Planung und Lieferung der IT-Services, die das Unternehmen eines Kunden benötigt. Als zentrale Themen werden dabei behandelt:

▶ Service-Level-Management

▶ Financial-Management

▶ Capacity-Management

▶ Availability-Management

▶ Continuity-Management

Das Security-Management ist nicht Teil des Buches »Service Delivery«, sondern wird in einem eigenen ITIL-Buch zum Security-Management behandelt.

Service-Level-Management

Das Service-Level-Management hat die Zielsetzung, mit dem Kunden sinnvolle Vereinbarungen über die IT-Dienste zu treffen und diese auch zu verwirklichen. Dafür muss das Service-Level-Management

▶ die Bedürfnisse des Kunden kennen,

▶ die Möglichkeiten der IT-Organisation kennen und

▶ den finanziellen Spielraum kennen und nutzen können.

Das Service-Level-Management ist voll und ganz auf den Kunden ausgerichtet (Customer Focus).

Financial-Management

Das Financial-Management ist für sämtliche betriebswirtschaftliche Agenden der IT-Services bzw. IT-Produkte verantwortlich und sorgt für einen vertretbaren Einsatz der finanziellen Mittel. So liefert das Financial-Management zum Beispiel Informationen über die Kosten, die für die IT-Services aufgewendet werden. Weiterhin findet im Financial-Management eine Kosten- und Nutzenbetrachtung bei Änderungen in der IT-Infrastruktur statt.

Aber auch für die Weiterverrechnung der IT-Kosten zum Beispiel in Form einer innerbetrieblichen Leistungsverrechnung (auch Charging genannt) ist das Financial-Management verantwortlich.

Capacity-Management

Das Capacity-Management ist für einen optimalen Einsatz der IT-Ressourcen verantwortlich. Weitere Aufgaben des Capacity-Managements sind zum Beispiel die Kapazitätsplanung, die Anwendungsdimensionierung oder auch das Ressourcen-Management und die Leistungsoptimierung.

Der Schwerpunkt des Capacity-Managements liegt jedoch auf der Kapazitätsplanung, so dass die vereinbarten Service-Levels optimal erreicht werden können.

Availability-Management

Das Availability-Management ist für die Einhaltung der vereinbarten Verfügbarkeiten laut Service-Level verantwortlich. Es werden unter anderem Maßnahmen identifiziert, welche zu einer Minimierung von Folgestörungen führen.

Security-Management

Das Security-Management ist für sämtliche sicherheitsrelevanten Themen im Zusammenhang mit der IT-Infrastruktur verantwortlich. Zum Beispiel für den Schutz der IT-Infrastruktur vor unbefugtem Gebrauch bzw. unberechtigtem Datenzugriff. Als Basis des Security-Managements dienen:

▶ Sicherungsanforderungen in den SLAs (Service Level Agreements)

▶ Vereinbarungen in Verträgen

▶ gesetzliche Bestimmungen

▶ Forderungen der Unternehmenspolitik

Continuity-Management

Das Continuity-Management beschäftigt sich mit dem strukturellen Vorgehen im Falle einer Katastrophe bzw. eines Notfalls und mit präventiven Maßnahmen zur Katastrophenvermeidung.

Es werden dabei Maßnahmen unter Berücksichtigung von technischen, finanziellen und organisatorischen Möglichkeiten geplant und abgestimmt.

Service Support

Im ITIL-Buch »Service Support« werden sämtliche Prozesse für die Unterstützung und den Betrieb der IT-Services beschrieben:

▶ **Service-Desk**
Der Service-Desk stellt eine von den Prozessen unabhängige Funktion in der IT-Organisation dar. Früher oftmals als Helpdesk bezeichnet, ist der Service-

Desk die erste Anlaufstelle in der IT-Organisation für jeden Anwender. Unter anderem ist der Service-Desk dafür verantwortlich, dass sämtliche Störungen der IT-Services entgegengenommen, dokumentiert und bearbeitet werden.

▶ **Incident-Management**
Das Incident-Management ist dafür verantwortlich, dass Störungen schnellstmöglich behoben werden und in Folge die Verfügbarkeit des IT-Services nicht beeinflusst wird. Das Incident-Management bedient sich natürlich der Funktion des Service-Desks.

▶ **Problem-Management**
In ITIL werden Störungen und Probleme unterschieden. Beschäftigt sich das Incident-Management mit der Behebung der Störungen, so versucht das Problem-Management die Ursache der Störung zu identifizieren und zu beheben.

▶ **Configuration-Management**
Das Configuration-Management ist für die Abbildung der IT-Infrastruktur in der Configuration-Management-Database (kurz CMDB) verantwortlich und stellt diese Informationen allen anderen Prozessen zur Verfügung. In dieser Datenbank befinden sich neben Dokumentationen zur IT-Infrastruktur etwaige Detailinformationen zu den einzelnen Configuration-Items inkl. Attribute (zum Beispiel PC, Monitor usw.) und deren Beziehungen untereinander.

▶ **Change-Management**
Das Change-Management ist für die Durchführung von Änderungen in der IT-Infrastruktur verantwortlich. Ausgelöst werden etwaige Änderungen durch die verschiedensten anderen Prozesse wie zum Beispiel Incident-Management, Problem-Management usw. Das Change-Management muss sicherstellen, dass die Durchführung von Änderungen ohne oder zumindest mit den geringstmöglichen negativen Auswirkungen auf die Verfügbarkeit der IT-Services durchgeführt werden.

▶ **Release-Management**
Das Release-Management hat zum Ziel, das Rollout von Releases durchzuführen. Dabei sind im Vorfeld unter anderem Tests durchzuführen.

IT-Infrastructure-Management

Die operativen Prozesse des IT-Infrastructure-Managements werden in einem neuen ITIL-Buch beschrieben. Folgende Themen werden in diesem Buch behandelt:

▶ **Network-Service-Management**
Planung und Steuerung von Kommunikationsnetzwerken wie zum Beispiel Telefonsystemen, LAN- und WAN-Netzwerken usw.

▶ **Operations-Management**
Verwaltung und Betrieb von Hardware und System-Software bzw. Basispro-grammen mit dem Ziel, die vereinbarten Service-Levels einzuhalten

▶ **Management of Local Processors**
Management und Planung von dezentralen IT-Systemen mit dem Ziel, die IT-Services vor Ort beim Kunden bzw. Anwender zu unterstützen

▶ **Computer Installation and Acceptance**
Erstellung von Richtlinien zur Planung der Abnahme, der Installation und der Deinstallation von Computersystemen innerhalb der IT-Infrastruktur

▶ **Systems-Management**
Management von IT-Systemen mit dem Ziel einer optimalen Betreuung der einzelnen Systeme

▶ **Environmental-Management**
Planung der optimalen Umgebungsbedingungen nach den geltenden Richtli-nien für die IT-Infrastruktur wie zum Beispiel Strom, Klimaanlage usw.

Applications-Management

Applications-Management beschreibt den sinnvollen Umgang mit Änderungen:

▶ **Software-Lifecycle-Support**
Festlegung einer abgestimmten Vorgehensweise bezüglich sämtlicher Arbei-ten an einem Programm während des gesamten Lebenszyklus. Denn sämtli-che Phasen des Lebenszyklus wie zum Beispiel Entwurf, Erstellung, Testen, Einsatz bzw. Betrieb, Wartung und letztendlich Deinstallation bedürfen spe-zieller Vereinbarungen innerhalb der IT und natürlich auch Vereinbarungen mit dem Anwender selbst.

▶ **Testing an IT-Service for Operational Use**
Überprüfung neuer oder geänderter IT-Services vor dem Einsatz. Es wird dabei mittels System-, Installations- und Abnahmetests untersucht, ob die ent-wickelte Anpassung funktioniert, korrekt installiert ist und zur restlichen IT-Infrastruktur passt. Ebenfalls gilt es, alle mit dem Auftraggeber vereinbarten Funktionen des IT-Services zu testen.

Management und Organisation

In ITIL sind ebenfalls bereits Bücher erschienen, die sich mit der strategischen Ebene befassen. Zielsetzung dabei ist die Entwicklung von Grundsätzen und die Ermöglichung einer langfristigen Planung.

▶ **Quality Management for IT-Services**
Einrichtung und Wartung eines konsistenten Qualitätssystems auf Basis der in den anderen ITIL-Büchern beschriebenen IT-Service-Management-Prozesse.

▶ **IT-Services-Organisation**
Strukturierung der IT-Organisation speziell im Hinblick auf Aktivitäten, Befugnisse und Verantwortlichkeiten in der IT-Organisation zur Unterstützung der Prozesse. Neben Rollen- und Funktionsbeschreibungen werden auch Festlegungen und Einteilungen in der Organisation behandelt.

▶ **Planning and Control for IT-Services**
Beschreibt den Aufbau eines zusammenhängenden Systems bezüglich Planung, Berichtswesen und Angleichung. Ziel dabei ist, dass die IT-Organisation langfristig den Anforderungen und Zielsetzungen der Unternehmensstrategie entspricht.

Planung und Implementierung

Ein weiteres ITIL-Buch wird sich mit der Planung, Implementierung und Optimierung von IT-Service-Management-Prozessen beschäftigen.

1.2 Welche Standards muss ein CIO noch kennen?

1.2.1 ITIL, ITSM, COBIT, ISO 20000, ISO 17799

IT Service Management Forum (ITSM)

Das 1991 in England gegründete »Information Technology Service Management Forum« (itSMF) ist die weltweit einzige unabhängige und international anerkannte Organisation für IT-Service-Management. Der itSMF Deutschland e.V. bietet eine Plattform zum Wissens- und Erfahrungsaustausch für Einzelpersonen, Unternehmen, Hersteller und Gesellschaften im deutschsprachigen Raum. Zu den Zielen des Vereins gehören insbesondere die Verbesserung und Weiterentwicklung des De-facto-Standards ITIL (Information Technology Infrastructure Library), um Unternehmen die Anwendung und Umsetzung eines professionellen IT-Service-Managements zu ermöglichen.

Die **ISO 20000** geht auf den alten British Standard BS 15000 zurück. In einem »fast Tracking«-Verfahren wurde der BS 15000 von dem Joint Technical Committee ISO/IEC JTC 1, Information technology, in die ISO 20000 überführt und am 15. Dezember 2005 veröffentlicht.

Die ISO 20000 IT-Service-Management dient als messbarer Qualitätsstandard für das IT-Service-Managements (ITSM). Dazu werden in der ISO 20000 die notwendigen Mindestanforderungen an Prozesse spezifiziert und dargestellt, die eine

Organisation etablieren muss, um IT-Services in definierter Qualität bereitstellen und managen zu können.

Die erfolgreiche Umsetzung der ISO 20000 kann zertifiziert werden. Damit besteht die einzige Möglichkeit, die erfolgreiche Implementierung eines IT-Service-Management anhand eines internationalen Standards objektiv zu messen und zu zertifizieren.

Die ISO 20000-Zertifizierung muss durch eine autorisierte Organisation (RCB Registered Certification Body), z.B. durch den TÜV, erfolgen.

Die **ISO 17799** ist ein internationaler Standard, der diverse Kontrollmechanismen für die Informationssicherheit beinhaltet. Die vollständige aktuelle Bezeichnung lautet ISO/IEC 17799:2005 (Information technology – Code of Practice for Information Security Management) und baut inhaltlich auf dem British Standard Nr. 7799, Teil 1 (BS 7799-1:1999) auf. Im Zuge der Überarbeitung der ISO/IEC 17799:2000 wurden jeweils neue Hauptkategorien und Sicherheitsmaßnahmen der ISO/IEC 17799:2005 hinzugefügt. Der Standard wurde im Zuge dieser Überarbeitung auch bzgl. seines Aufbaus geringfügig umstrukturiert, d.h. es wurde u. a. ein neuer Überwachungsbereich geschaffen (Information Security Incident Management – Umgang mit Sicherheitsvorfällen), der auf in einem bis dahin in einem anderen Kapitel sich befindenden Inhalten herum aufgebaut wurde.

Grundlage für die Standardisierung war hierbei eine Sammlung von Erfahrungen, Verfahren und Methoden aus der Praxis, also ähnlich ITIL um einen »Best Practice«-Ansatz zu erreichen. Diese Sammlung erschien als Ergebnis der Bemühungen einer ab Januar 1993 tätigen Industriearbeitsgruppe im September 1993 als »DTI Code of Practice«. Diese Praxisleitlinie war die Basis zur Erstellung des BS 7799.

Eine Zertifizierung nach ISO 17799 ist grundsätzlich nicht möglich, da es sich bei der Norm um eine Sammlung von Vorschlägen (»sollte«, im Englischen: »should«) und nicht von Forderungen (»muss«, im Englischen: »shall«) handelt. Soll ein Informationssicherheitsmanagementsystem (ISMS) zertifiziert werden, ist dies nur über die Erfüllung der Anforderungen nach ISO 27001 möglich.

Die ISO/IEC 17799:2005 befasst sich mit den folgenden elf Überwachungsbereichen:

1. Information Security Policy (Weisungen und Richtlinien zur Informationssicherheit)

2. Organization of Information Security (Organisatorische Sicherheitsmaßnahmen und Managementprozesse)

3. Asset-Management (Verantwortung und Klassifizierung von Informationswerten)

4. Human Resources Security (Personelle Sicherheit)

5. Physical and Environmental Security (Physische Sicherheit und öffentliche Versorgungsdienste)

6. Communications and Operations Management (Netzwerk- und Betriebssicherheit/Daten und Telefonie)

7. Access Control (Zugriffskontrolle)

8. Information Systems Acquisition, Development and Maintenance (Systementwicklung und Wartung)

9. Information Security Incident Management (Umgang mit Sicherheitsvorfällen)

10. Business-Continuity-Management (Notfallvorsorgeplanung)

11. Compliance (Einhaltung rechtlicher Vorgaben, der Sicherheitsrichtlinien und Überprüfungen durch Audits)

Diese elf Überwachungsbereiche untergliedern sich in 39 Hauptkategorien, sogenannte Kontrollziele. Diese sind mit insgesamt 133 Sicherheitsmaßnahmen untersetzt, deren Anwendung die Erreichung der Kontrollziele unterstützt.

COBIT (Control Objectives for Information and Related Technology)

COBIT ist ein Modell von generell anwendbaren und international akzeptierten IT-prozessbezogenen Kontroll- und Steuerungszielen, die in einem Unternehmen beachtet und umgesetzt werden sollten, um eine verlässliche Anwendung der Informationstechnologie zu gewährleisten. COBIT ist inzwischen der De-facto-Standard für das interne Kontrollsystem im IT-Bereich.

Historie

COBIT wurde ursprünglich vom internationalen Prüfungsverband ISACA (Information Systems Audit and Control Association) entwickelt.

Die ISACA wurde 1969 als »EDP Auditors Association« zur Förderung der Anerkennung des Berufstandes der IT-Revisoren durch die Verbreitung von Berufsstandards und Arbeitstechniken sowie durch die ständige Weiterbildung gegründet. ISACA ist inzwischen eine weltweite Verbindung von über 70000 Fachleuten, die sich mit der Kontrolle und der Sicherheit sowie dem Management und der Steuerung von Informationssystemen befassen. Die ISACA bietet auch zwei anerkannte, berufliche Zertifizierungen an (CISA – Certified Information Systems Auditor und CISM – Certified Information Security Manager).

Über die angeschlossene »Information Systems Audit and Control Foundation« (ISACF) und das »IT Governance Institute« (ITGI) fördert der ISACA die Forschung auf dem Gebiet der Informationsrevision und des Informationsmanagements.

Die erste COBIT-Version wurde Ende 1995 veröffentlicht. Im Mai 1998 erschien eine komplett überarbeitete und erweiterte Version mit 34 IT-Prozessen und über 300 Kontrollzielen. Im Juli 2000 wurde COBIT in der 3. Version im Wesentlichen um Aspekte des IT-Governance im Rahmen sogenannter »Management Guidelines« erweitert. Eine Online-Version (COBIT Online) wurde im Winter 2003 in Netz gestellt.

Die Entwicklung von COBIT-Version 4.0 startete in 2004 mit der Integration von diversen Forschungsprojekten, u.a. von der Antwerp Management School und der University of Hawaii. COBIT 4.0 wurde Anfang Dezember 2005 veröffentlicht.

Inzwischen hat sich COBIT international als Kontroll- und Steuerungsrahmenwerk für die IT durchgesetzt. Sicherlich waren hierfür auch die Anforderungen an den Nachweis eines effektiven internen Kontrollsystems aus dem Sarbanes-Oxley Act und der 8. EU-Richtlinie maßgeblich. Die aktuelle COBIT-Version kann kostenlos über die Internetseite der ISACA bezogen werden; dort steht auch weiterführendes Material zum Einsatz von COBIT und der Anwendung von COBIT im Kontext von Sarbanes-Oxley Act zur Verfügung.

COBIT 4.0 ist auf Initiative von KPMG sogar ins Deutsche übersetzt worden. Die aktuelle Version der deutschen Fassung kann unter folgendem Link bezogen werden: *http://www.isaca.at/Ressourcen/CobIT%204.0%20Deutsch.pdf*

COBIT-Grundlagen
COBIT definiert für jeden IT-Prozess sowohl die Geschäftsziele, die durch diesen Prozess unterstützt werden sollen, als auch die Kontroll- und Steuerungsziele für diesen Prozess. Für die Formulierung der Kontroll- und Steuerungsziele werden sieben Arten von Geschäftsanforderungen berücksichtigt:

▶ die klassischen Sicherheitsanforderungen Vertraulichkeit, Integrität und Verfügbarkeit,

▶ Effektivität (Wirksamkeit), Effizienz (Wirtschaftlichkeit) sowie

▶ Compliance (Einhaltung rechtlicher Erfordernisse) und Zuverlässigkeit (Ordnungsmäßigkeit der Berichterstattung).

Daneben werden für jeden Prozess auch die Ressourcen definiert, die dieser Prozess liefert, bearbeitet oder benötigt.

Die Struktur der Kontrollziele lehnt sich an ein prozessorientiertes Geschäftsmodell an. Dieses unterscheidet innerhalb der Informationstechnologie 34 zentrale IT-Prozesse, die in vier übergeordnete Bereiche zusammengefasst werden:

1. Planung und Organisation

2. Beschaffung und Implementation

3. Betrieb und Unterstützung

4. Überwachung und Bewertung

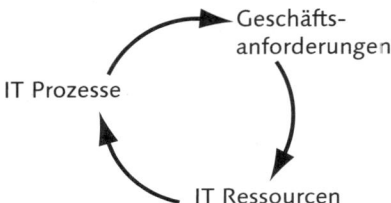

Abbildung 1.3   IT-Prozesse und -Ressourcen

Für jeden IT-Prozess legt das Framework generisch fest, welche Kernaufgaben (Activities) definiert sein sollten und welche Kontroll- und Steuerungsziele (Control Objectives) abgedeckt werden müssen.

Die wesentlichen, konzeptionellen Elemente fasst der COBIT-Würfel zusammen:

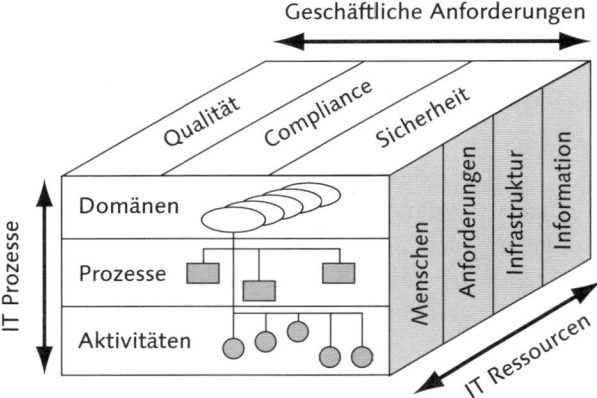

Abbildung 1.4   COBIIT-Würfel

Gründe für den Einsatz von COBIT

Der intensive Einsatz von IT zur Unterstützung und Abwicklung geschäftsrelevanter Abläufe macht die Etablierung eines geeigneten Kontroll- und Steuerungsumfelds erforderlich. COBIT wurde als Methode entwickelt, um die Vollständigkeit und die Effektivität eines solchen Kontrollumfelds zur Begrenzung der entstehenden Risiken implementieren und prüfen zu können.

COBIT ist aber nicht nur auf die Sicherheitsbelange eines typischen Unternehmens ausgerichtet. Neben der Wahrung originärer Firmeninteressen (Verfügbarkeit, Integrität und Vertraulichkeit interner Informationen und Prozesse), wird auch die Einhaltung gesetzlicher Vorschriften (Datenschutz, Rechnungslegung) sowie die Wirtschaftlichkeit der IT-Prozesse berücksichtigt.

COBIT richtet sich nicht nur an IT-Fachleute, sondern stellt über die Ausrichtung an den Geschäftsprozessen den Geschäftsprozesseigentümern ein Management-Framework sowie dem Top-Management durch die vorhandenen Prozessmerkmale und -kennzahlen ein ganzheitliches IT-Governance-Modell zur Verfügung.

COBIT ist stark auf Kontroll- und Steuerungsmaßnahmen fokussiert und weniger auf die Prozessausführung. COBIT lässt sich daher auch unabhängig vom jeweiligen geschäftlichen und technischen Umfeld anwenden.

COBIT ermöglicht die Überwachung der Zielerreichung durch Metriken und Reifegradmodelle und ist daher als Managementmodell geeignet.

Für die praktische Arbeit muss COBIT natürlich auf die individuellen Bedürfnisse angepasst werden. Gute Erfahrungen haben wir bereits mit COBIT als Prüfungswerkzeug, als Guideline zur Erreichung der Compliance mit Sarbanes-Oxley Act (SOX), als Richtschnur für SAS 70-Berichte als auch zur Prozessoptimierung mit Nutzung des Reifegradmodells gemacht.

1.2.2 Unterschiede und Gemeinsamkeiten von ITIL und COBIT

Die Aufgabe von COBIT

Das COBIT-Framework verfolgt primär die Ordnungsmäßigkeit und Sicherheit und stellt damit die IT-Governance beim Betrieb der IT-Services sicher.

IT-Service-Management gemäß ITIL orientiert sich einzig am Kundennutzen und der Effizienz. Die Erreichung der Geschäftsziele unter gleichzeitiger Erfüllung interner und externer Auagen ist eine grundlegende Voraussetzung, um mittel- und langfristig den Erfolg eines Unternehmens zu sichern.

Die Toleranz gegenüber Fehlverhalten und Nachlässigkeit ist beim Gesetzgeber, den Aktionären und Kunden merklich gesunken. Die in- und ausländischen Aufsichtsbehörden verlangen einwandfreie Abläufe. Gefordert ist die Nachvollziehbarkeit der IT-Tätigkeiten und deren Messbarkeit. Die Bewirtschaftung der operationellen Risiken muss daher im Interesse der Unternehmen und ihren Stakeholdern liegen.

Wie viele negative Beispiele aus der Vergangenheit zeigen, haben einige Unternehmen aufgrund von fehlenden oder mangelhaften Kontrollmechanismen nicht überlebt. Basel II und der Sarbanes-Oxley Act sind nicht zuletzt aus dem Mangel an Sorgfalt mit dem Umgang operationeller Risiken entstanden.

In diesem Zusammenhang gewinnt COBIT heute mehr und mehr an Bedeutung. Dieses Best Practise Framework unterstützt die Kontrolle aller IT-Prozesse und ist primär auf Revisionsaspekte und die Sicherstellung der Ordnungsmäßigkeit ausgerichtet.

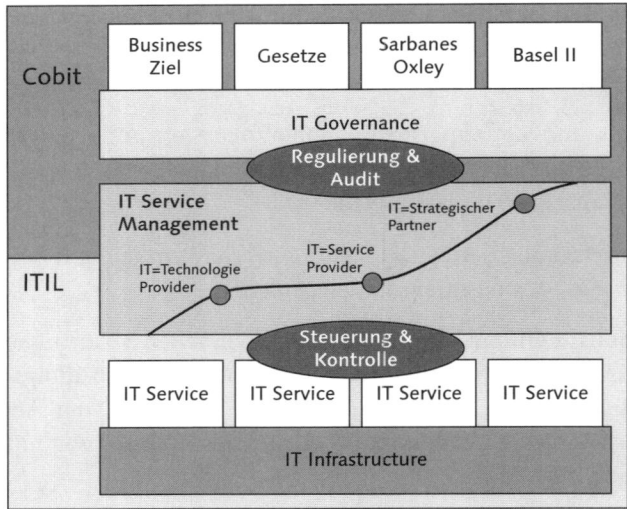

Abbildung 1.5 ITIL- und COBIT-Zielsetzung

Die Aufgabe von ITIL beschreibt ein systematisches, professionelles Vorgehen für das Management von IT-Dienstleistungen. Die Library stellt nachdrücklich die Bedeutung der wirtschaftlichen Erfüllung der Unternehmensanforderungen in den Mittelpunkt.

Die notwendige Voraussetzung dabei ist die unabdingbare Bereitschaft zum Wandel in Richtung Kunden- und Serviceorientierung. Sie erfordert in vielen Unternehmen eine Anpassung der vorherrschenden Servicekultur.

Mit Hilfe von ITIL soll auch eine eindeutige Begriffswelt im Service-Management-Bereich geschaffen und damit die Kommunikation vereinfacht werden.

Synergie COBIT und ITIL

Es genügt nicht mehr, einfach Best Practice umzusetzen. Die Synergie der beiden Frameworks liegt nun darin, dass man die eher formalen Kontrollziele von COBIT mit dem auf Angemessenheit und Flexibilität ausgerichteten Framework von ITIL abgleicht und diese festlegbar zu erfüllen sind.

Durch diese Verbindung kann man geschickt die Vorgaben zur strategischen Ausrichtung und Effizienzsteigerung von IT-Service-Management mit den Vorgaben der Revision synchronisieren.

Die beiden Frameworks werden sich weiter entwickeln und immer mehr aufeinander zu bewegen. Hier schlägt der internationale Standard ISO 20000 die Brücke.

Im Folgenden ein Überblick welche Prozesse durch welchen Standard unterstützt werden:

ITIL - Cobit - Mapping	Service Strategy				Service Design							Service Transition							Service Operation						Continual Service Improvement	
	Strategie Generation	IT Financial Management	Service Portfolio Management	Demand Management	Service Catalogue Mgmt	Service Level Management	Availability Management	Capacity Management	IT Service Continuity Mgmt	Information Security Mgmt	Suplier Management	Transition Planning & Support	Change Management	Service Asset & Configuration	Release & Deployment Mgmt	Service Validation & Testing	Evaluation	Knowledge Management	Incident Management	Event Management	Request Fulfilment	Portfolio Management	Access Management	Servico Reporting	Service Masurement & Control	Return on Investment on CIS
Plan & Organise																										
Define a Strategic IT Plan	x		x																							
Define the Information Architecture	x	x	x			x				x																
Determine Technological Direction	x						x	x	x																	
Define the IZ Processes, Operations & Releationships	x	x			x	x	x	x	x	x			x	x	x				x			x				
Manage the IT Investment	x	x																								x
Communicate Management Aims and Direction	x		x		x	x																		x		
Manage IT Human Resources																										
Manage Quality		x			x	x	x	x	x	x		x	x	x	x	x	x	x	x	x	x	x	x	x	x	x
Assess and Manage IT Risks	x		x		x	x	x	x	x	x		x	x		x	x						x				
Manage Projects	x											x	x		x	x										
Acquire & Implement																										
Identify Automated Solutions	x		x	x				x																		
Acquire & Maintain Application Software													x		x											
Acquire & Maintain Technology Infrastructure							x	x					x		x											
Enable Operations and Use												x	x		x	x	x									
Procure IT Resources		x													x											
Manage Changes												x	x			x										
Install and Accredit Solutions and Changes												x			x	x	x									
Deliver & Support																										
Define and Manage Service Levels			x	x	x																					
Manage Third-Party Services	x										x															
Manage Performance Capacity							x	x																		
Ensure Continuous Service									x																	
Ensure Systems Secutity										x																
Identify and Allocate Costs		x																								
Educate and Train Users												x			x											
Manage Service Desk and Incidents																			x	x						
Manage the Configuration													x													
Manage Problems						x																x				
Manage Data								x																		
Manage Physical Environment												x	x													
Manage Operations												x	x									x		x		
Monitor and Evaluate																										
Monitor and Evaluate IT Performance		x			x	x	x					x	x	x					x			x			x	x
Monitor and Evaluate Internal Control				x					x	x		x	x		x				x			x				
Ensure Regulatory Compliance	x	x								x		x	x		x										x	
Provide IT Governance	x	x			x	x						x	x	x	x	x	x								x	

Abbildung 1.6 ITIL COBIT Process Mapping

1.2.3 Aspekte der Wirtschaftsprüfung

Unter Wirtschaftsprüfung versteht man die Prüfung des Finanzgebarens von Unternehmen, insbesondere im Rahmen der Jahresabschlussprüfung. Unter den Begriff fällt die Prüfung der Buchhaltung und der Bilanzierung, nicht aber die Prüfung der Wirtschaftlichkeit. In der Theorie wird bei einer Wirtschaftsprüfung ein Ist- mit einem Soll-Zustand verglichen und auf der Grundlage der Abweichung ein Urteil gebildet, welches sich im Prüfungsergebnis ausdrückt.

Wirtschaftsprüfungen dürfen nur nach der Wirtschaftsprüferordnung zugelassene Wirtschaftsprüfer oder vereidigte Buchprüfer durchführen. Davon zu unterscheiden ist eine Kontrolle durch Mitarbeiter des geprüften Unternehmens (Innenrevision) oder eine Kontrolle der Finanzen eines Vereins durch aus dem Mitgliederkreis gewählte Rechnungsprüfer (Rechnungsprüfung).

Eine Wirtschaftsprüfung soll die formale und sachliche Korrektheit der Angaben eines Unternehmens sicherstellen und nicht, wie in der Öffentlichkeit vielfach vermutet wird, ein Urteil darüber fällen, ob sich das Unternehmen in einer wirtschaftlich guten Lage befindet.

In der Neuzeit führten oft spektakuläre Unternehmenskrisen zu Veränderungen der Prüfungsauflagen. So führte der Konkurs von Jürgen Schneider im Jahr 1994 zu einer Verschärfung der Kreditprüfungsregeln für Banken in Deutschland. Spekulationsverluste von Unternehmen wie der Metallgesellschaft führten zum »Gesetz zur Kontrolle und Transparenz im Unternehmensbereich« (KonTraG). Nach Bilanzmanipulationen bei Enron und Worldcom wurde 2002 der Sarbanes-Oxley Act erlassen.

Dazu kommt natürlich vermehrt die IT-Prüfung ins Spiel. Nicht nur die ordnungsgemäße Führung eines Buchhaltungssystems, sondern auch die dafür nötigen IT-Prozesse zu den Themen Sicherheit, Datenkonsistenz, dokumentierte Neuerungen usw. werden kontrolliert. Eine durchgehend verfügbare Dokumentation der zu prüfenden Prozesse mit einer ISO 20000-Zertifizierung hilft dabei sehr weiter. Die Wirtschaftsprüfung kann in diesen Bereichen nur stichprobenartig und viel oberflächlicher gestaltet werden. Dadurch akzeptieren nach unseren bisherigen Erfahrungen alle Prüfungsunternehmen den durch die ISO Zertifizierung verbrieften Grad der Funktionsprüfung.

Andererseits weist das Testat des Wirtschaftsprüfers darauf hin, dass das Ergebnis der Prüfung nur mit »hinreichender Sicherheit« festgestellt werden kann. Ein Schutz gegen betrügerisches Verhalten wird durch eine Prüfung nie gewährleistet. Das gilt aber nicht nur für die IT.

1.2.4 Ein Standard reicht? – ein Ausblick

Mit dem Einsatz von Sicherheitsstandards soll ein angemessenes Sicherheitsniveau zu einem vernünftigen Preis erreicht werden. Die nachfolgende Grafik stellt die wichtigsten Standards zusammen und listet die von den Standards jeweils abgedeckten Aspekte auf:

IT & Sicherheitsstandards im Vergleich	Bekannteste Sicherheitsstandards			IT Standards		Vorschriften			
	ISO 17799	BS 7799-2	IT-GSHB	COBIT	ITIL	KonTraG	Basel II	SOX	BDSG
Art des Unternehmens									
Banken / Versicherungen	●	●	●	●	●			⊙	●
Behörden / Verwaltungen	●	●	●	●	●	○	○	○	●
Beratung	○	○	●	●	●	○	○		
HW / SW - Hersteller	⊙	⊙	●	⊙	●	○	○	○	●
IT - Dienstleister	●	●	●	●	●	⊙	⊙	○	●
Gesundheitswesen	●	●	●	⊙	●	○	○	○	●
Kanzleien (Rechtsanwälte, Steuerberater)	●	●	●	⊙	○	○	○	○	●
Handwerk und Industrie	⊙	⊙	●	●	●	⊙	⊙	⊙	●
Dienstleister	⊙	⊙	●	●	●	⊙	⊙	⊙	●
internationale Ausrichtung	●	●	⊙	●	●	⊙	⊙	●	●
IT - Relevanz im Unternehmen									
niedrig	○	○	●	○	○	○	○	□	●
mittel	⊙	⊙	●	⊙	⊙	⊙	⊙	□	●
hoch	●	●	●	●	●	●	●	□	●
Rolle innerhalb des Unternehmens									
Management	●	●	●	●	●	●	●	●	●
Revisor	⊙	⊙	⊙	●	⊙	○	○	○	●
IT - Sicherheitsbeauftragter	●	●	●	⊙	●	⊙	⊙	⊙	●
IT - Leitung	●	●	●	●	●	⊙	⊙	⊙	⊙
Administratoren	⊙	⊙	●		⊙	○	○	○	⊙
Projektmanagement	●	●	⊙	⊙	⊙	○	○	○	○
Entwicklung	⊙	⊙	⊙			○			
Merkmale des Standards									
produktorientiert				⊙					
systemorientiert	●	●	●	●					●
technisch			●		○				⊙
organisatorisch	●	●	●	⊙	●	●	●	●	⊙
strategisch	●	●	●	●	●	⊙	⊙	⊙	
konzeptionell	●	●	●	●	●	○	○	○	
operationell			●	●	●	●	○	○	
Kosten	✪	✪	☆	✪	✪	☆	☆	☆	☆

Legende: Relevanz
- ● Hoch
- ⊙ Partiell
- ○ Niedrig
- ✪ Kostenpflichtig
- ☆ Kostenlos
- □ Relevant, wenn Unternehmen an der Börse notiert ist

Abbildung 1.7 IT- und Sicherheitsstandards im Vergleich

Diese Tabelle zeigt, dass die beiden IT-Standards COBIT und ITIL im Vergleich zu den Sicherheitsstandardprofilen des BITKOM (Bundesverband Informationswirtschaft, Telekommunikation und neue Medien e.V.) ihre Aufnahme fanden. Sie können daraus auch leicht die Relevanz für die verschiedenen Unternehmenszweige und Rollen innerhalb eines Unternehmens erkennen. Des Weiteren sind auch die Merkmale der Standards ersichtlich.

1.3 Zielsetzung und Aufbau dieses Buches

1.3.1 Aus der Praxis für die Praxis

Nach den stürmischen Anfangsjahren der IT-Branche folgte mit dem Platzen der E-Business-Blase eine Phase dramatischer Konsolidierung. Diese hält in einigen Bereichen noch bis heute an. Überstanden haben diese schweren Zeiten jene IT-Service-Dienstleister, die es geschafft haben, in einem rasch wachsenden Markt ihre Prozesse und Aufbauorganisationen kontinuierlich mitwachsen zu lassen oder diese in kürzester Zeit in geordnete Verhältnisse überzuführen. Das Wachstum der IT- und Telekommunikationsbranche ist vergleichbar mit einem Zeitraffer der Geschichte der Industriellen Revolution. Alle Fehler und Chancen – Prozessoptimierung, Lean Management, Sourcing etc. – wurden im Zuge der Industrialisierung bereits gemacht bzw. wahrgenommen. Somit ist es nur natürlich, dass nun auch in der IT-Branche eine Standardisierung eintritt.

Mit der der IT-Branche eigenen Kreativität wurde allerdings kein herkömmlicher Standard geschaffen, sondern es wurde eine Sammlung der besten Prozesse zusammengetragen. Hier ist bemerkenswert, dass dieser Best-Practice-Standard gerade aus England kommt, einem Land, das sich vollkommen dem Neoliberalismus und somit der freien Marktwirtschaft unterwirft. Englische Unternehmen und die dortigen öffentlichen Institutionen haben somit gelernt, mit dem enormen Druck des freien Marktes umzugehen. Freilich sind dadurch neue Probleme entstanden, die in Zukunft weiter gelöst werden müssen. Zumindest bietet Großbritannien einen Ansatz, wie »alte europäische Werte« mit amerikanischem Globalkapitalismus vereint werden können.

Auch aus diesem Grund wird sich ITIL – und das ist unsere Überzeugung – als Standard für interne und externe IT-Dienstleister durchsetzen. Die Möglichkeit, von den Besten zu lernen, diese Erkenntnisse flexibel, und sei es nur in kleinen Teilen, zu nutzen. Das ist die wahre Stärke dieses Standards.

Leider fehlten zum Durchbruch dieser Methode bisher die praktischen Beispiele und Erfahrungen. Nur wenn man sich intensiv damit auseinander setzt, Schulungen absolviert und einen vernünftigen Beratungspartner an der Seite hat, kann man die Vorteile tatsächlich erkennen und nutzen. Auch die bisher erschienene

Literatur ist hauptsächlich von Beratern und Trainern verfasst. Wir wollen hier erstmals einen echten Erfahrungsbericht aus der Praxis bringen.

Ein zweiter Hemmschuh der bisherigen ITIL-Entwicklung waren auch die durch den umfassenden und sehr detailliert vorliegenden Standard bedingten großen Einführungszeiträume. Die meisten Unternehmen, mit denen wir im Laufe des Projektes zum Thema ITIL und ISO 20000 Kontakt hatten, zielen auf Projektzeiträume von ein bis zwei Jahren ab. Zumeist entscheidet man sich aufgrund der enormen Fülle und Vielfalt an zu betrachtenden Prozessen für eine stufenweise Einführung. In der Regel beginnen viele damit, den nahe liegenden Prozess Störungsmanagement und dabei den zentralen Service-Desk (Hotline) nach den Richtlinien aufzubauen.

Doch wie bei allen Projekten, so läuft man auch bei dieser Vorgehensweise Gefahr, durch den langen Zeithorizont sich stellenweise mit zu viel Detailtiefe in endlosen Diskussionen zu verzetteln. Als Beispiel sei hier ein IT-Dienstleister genannt, der sich gleich zu Beginn seines Projektes mehrere Monate mit der Frage beschäftigte, ob Prozessbesitzer (Process Owner, also jener, der den Prozess durchführt) oder Prozessverantwortlicher (Process Manager, jener, der für das Funktionieren, also die Steuerung des Prozesses verantwortlich ist), genannt werden soll. Es ist leicht einzusehen, dass es wichtig ist, solche Fragen zu klären. In einem anderen Unternehmen wurde schließlich so lange über das neue Tool für die ITIL-Prozessunterstützung diskutiert, bis sich kein Hersteller mehr fand, der alle Detailforderungen abbilden konnte.

Bei solchen »Zeitfressern« ist unsere Methode immer: Bevor zu viel Zeit in philosophische Aspekte investiert wird, wählen wir eine Variante und passen diese bei Bedarf später an. Nichts ist dabei so gewinnbringend wie eine schlechte Erfahrung! Der Vorteil dieser Vorgehensweise liegt darin, dass Sie schneller in der Umsetzung sind und Fehlentscheidungen durch die Praxis erwiesen sind. Sie haben sicher schon erlebt, dass verworfene Ideen immer und immer wieder aufs Neue diskutiert werden. Diese unsere Methode ist allerdings nur erfolgreich, wenn Sie die Fehler rechtzeitig erkennen und sofort und ohne zu zögern eingreifen. Sonst riskieren Sie größere Fehlinvestitionen.

Wir vertreten also die Ansicht, dass es oftmals besser ist, pragmatisch und rasch Dinge umzusetzen, als ewig darüber zu diskutieren. Sie werden sehen, dass unsere Methode – ein Berater bezeichnete sie als »hemdsärmeligen Pragmatismus« – uns sehr rasch ans Ziel gebracht hat. Obwohl wir das »volle Programm« – also alle ITIL- und ISO 20000-Prozesse – auf einmal in Angriff nahmen, haben wir in kürzester Zeit die begehrte Zertifizierung erhalten. Heute meinen viele, dass wir dieses Ziel gerade wegen des dicht gedrängten Programms und der damit verbundenen intensiven Beschäftigung mit der Materie erreicht haben. Persönlich sind wir aber der Überzeugung, dass unsere praxisorientierte und geradlinige Denkweise ein wesentlicher Erfolgsfaktor war.

Daher ist dieses Buch für all jene gedacht, die diesen Pragmatismus mit uns teilen. Alle, die einfach rasch und konsequent das Thema ITIL oder ISO 20000 umsetzen wollen, werden Gefallen am vorliegenden Leitfaden finden. Allerdings sollte man sich bereits etwas mit den Begriffen und Grundlagen der Standards auseinandergesetzt haben. Gerade wegen unseres Pragmatismus wollten wir kein weiteres Buch zur Erklärung des Standards produzieren, sondern direkt die Umsetzung beschreiben. Wenn Sie sich also mit dem Thema vertraut gemacht haben und nun loslegen wollen, allerdings noch etwas unschlüssig sind über das *Wie* und *Warum*, dann wird Ihnen dieses Buch helfen.

Vielleicht bietet sich aber auch dem wissenschaftlich Orientierten ein Einblick in die unternehmerische Praxis. Wie schon Jack Welch sagte, »Die Universitäten bleiben der Theorie verhaftet, doch in der Wirtschaft geht es um das praktische Tun.« Wir halten diesen Leitfaden auch für jene für interessant, die einen Einblick in die praktische Umsetzung erhalten wollen. Bei vielen Dingen geht es uns noch heute so, dass wir erst in der Praxis erkennen, was wir in der Theorie nie verstanden haben.

1.3.2 Aufbau des Buches

Wir beschreiben ein komplettes Einführungsprojekt für die ITIL- und ISO 20000-Prozesse anhand eines fiktiven Unternehmens, der ITIL Vision, Inc. Das fiktive Unternehmen geht von einem typischen Mittelstandsbetrieb aus, der über eine eigene EDV-Abteilung verfügt und die zentralen Funktionen, wie Benutzersupport, Anwendungsentwicklung und -beratung, sowie den Infrastrukturbetrieb (Server und Netzwerke) durch eigenes Personal wahrnimmt. Aus unserer Erfahrung heraus gelten die Grundlagen und Erkenntnisse unseres Buches aber auch für IT-Abteilungen mit teilweisem Outsourcing ihrer Prozesse und erst recht für diese externen IT-Dienstleister.

Die ITIL Vision, Inc. hat also beschlossen, ihre IT-Prozesse ganzheitlich auf ITIL bzw. ISO 20000 auszurichten. Ganzheitlich heißt dabei, dass innerhalb von insgesamt nur neun Monaten sämtliche Prozesse auf ihren Unterschied zu den Best-Practice-Vorschlägen hin untersucht wurden. Das ITIL-Projekt erstreckt sich von der ersten Überlegung über die Einführung der einzelnen Prozesse bis zur abschließenden Zertifizierung. Entsprechend ist dieses Buch in die jeweiligen Abschnitte gegliedert, so dass man auch gezielt einen Prozess nachlesen kann.

Unbedingt empfehlenswert sind die ersten Abschnitte über die Grundlagen des Prozessmodells. Diese zeigen wahrscheinlich am besten unseren pragmatischen

Ansatz. Freilich finden sich aber auch in den anderen Kapiteln alle unsere praktischen Erfahrungen und viele konkrete Beispiele, wie diese Prozesse im Unternehmensalltag ablaufen können.

Das Buch beginnt also mit den ersten Überlegungen und unserem Vorschlag einer Standortbestimmung mittels Assessment. Diese Befragung nimmt wenig Zeit in Anspruch und bietet eine fundierte Entscheidungsgrundlage für die Wahl des Einführungsverfahrens. Danach werden die einzelnen Projektschritte und Prozesse beschrieben. Am Ende eines jeden Abschnitts befindet sich nochmals eine Checkliste mit den wichtigsten Punkten und Kriterien, die es zu beachten gilt. Neben diesen konkreten Hinweisen für die Umsetzung finden sich verschiedentlich auch Hinweise für die erfolgreiche Projektabwicklung. Unterschätzen Sie diese nicht! Wenn Sie den ganzheitlichen Ansatz wählen, haben Sie ein großes IT-Projekt vor sich, das nach allen Regeln des Projektmanagements abgewickelt werden sollte.

Am Ende des Buches erlauben wir uns, einen Ausblick zu geben. Sie werden sehen, dass die Umstellung Ihrer Abläufe gemäß ITIL keine Einmalmaßnahme darstellt. Vielmehr begeben Sie sich auf eine Reise, die Sie auf dem Weg der permanenten Verbesserung weiterführen wird.

Neben unserem Grundprinzip des Pragmatismus halten wir noch das Veränderungsvermögen für einen weiteren entscheidenden Erfolgsfaktor bei der Einführung von ITIL. Für all jene, die sich für die kulturellen Begleitmaßnahmen und Förderungsmaßnahmen interessieren, sind diese ebenfalls noch in einem eigenen Abschnitt zusammengefasst.

Wir hoffen, dass mit der modularen Aufbauweise des Buches alle Leser und Leserinnen Hinweise für die praktische Umsetzung finden können. Denn in Zeiten, in denen Unternehmen alle die gleiche Standardsoftware mit den gleichen optimierten IT-Prozessen einsetzen – wer hat da noch einen Wettbewerbsvorteil durch IT?

Wir glauben, dass dies nur den Unternehmungen und Personen gelingt, die schneller und nachhaltiger ihre individuellen Optimierungen vornehmen als andere!

1.3.3   Das Beispielprojekt: Die ITIL Vision, Inc.

Das von uns beschriebene ITIL-Einführungsprojekt beruht auf unseren Erfahrungen bei der Salzburg AG. Die Salzburg AG ist ein regionaler Energie- und Infrastrukturdienstleiter in Salzburg, Österreich. Da wir überzeugt sind, dass unsere Erfahrungen grundsätzlich für alle Branchen und Unternehmen gelten, haben wir, um Ihnen das Lesen und die Verwendung unserer Vorlagen zu erleichtern, das Projekt anhand eines fiktiven Unternehmens – der ITIL Vision, Inc. – beschrieben. In diesem Abschnitt möchten wir Ihnen zum besseren Verständnis die Organisation dieses Unternehmens kurz vorstellen.

Die Firma ITIL Vision, Inc. steht für ein typisches Mittelstandsunternehmen mit einer eigenen **IT-Abteilung**. Diese Abteilung nimmt alle für das Unternehmen relevanten Aufgaben zentral wahr. Dementsprechend ist auch die Aufbauorganisation dieser Abteilung klassisch in folgende drei Bereiche aufgeteilt:

▶ **Benutzer-Support** kümmert sich um sämtliche Belange rund um die PC-Arbeitsplätze der ITIL Vision, Inc. Dazu zählen die Beschaffung, Installation und Betreuung der Hardware und sämtlicher darauf laufender Client-Software. Diese Gruppe betreibt auch einen Service-Desk als zentrale Anlaufstelle für alle Probleme der IT-Anwender innerhalb der ITIL Vision, Inc. In der ITIL-Diktion ist dies die Funktion des Service-Desk.

▶ **Systembetrieb**, dem die Betreuung sämtlicher zentralen IT-Systeme (Server, Storage etc.) sowie der Netzwerkinfrastruktur obliegt. Natürlich arbeitet der Systembetrieb auch als 2nd Level Support für den Service-Desk, zum Beispiel, wenn es darum geht, Probleme in Zusammenhang mit Berechtigungen oder zentralen Diensten (Mail, Internet etc.) zu lösen.

▶ **Anwendungsentwicklung und -beratung** kümmert sich um die Programmierung und laufende Pflege der eingesetzten IT-Lösungen. Diese Einheit ist auch gleichzeitig jene, die sich um die optimale IT-Unterstützung der Geschäftsprozesse der ITIL Vision, Inc. kümmert.

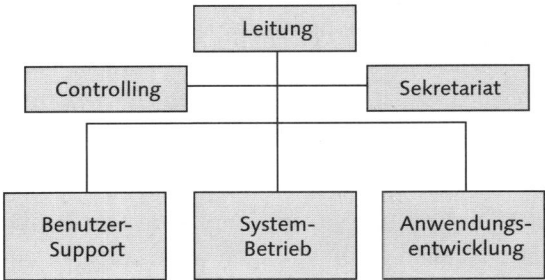

Abbildung 1.8 Organigramm ITIL Vision, Inc.

Diese drei Organisationseinheiten innerhalb der ITIL Vision, Inc. werden in unserem Buch auch als Center bezeichnet. Neben diesen Centern gibt es noch – ganz klassisch – ein Sekretariat, ein zentrales Controlling und den Leiter der Abteilung IT. Innerhalb der ITIL Vision, Inc. nimmt die IT-Leitung auch die Funktion des CIOs im Unternehmen war.

Der geeignetste Weg, die vorhandene IT-Infrastruktur einem gründlichen Check zu unterziehen, ist die Durchführung eines Assessments. Wie das abläuft, erfahren Sie in diesem Kapitel. Außerdem zeigen wir Ihnen, was alles zu einem gut durchdachten Maßnahmenplan gehört und wie Sie die Aufgaben, die mit der ITIL-Zertifizierung verbunden sind, verteilen.

2 Die Entscheidungsfindung

2.1 Das Assessment

Nachdem Sie erste Kontakte mit ITIL hatten, stellt sich für Sie die Frage, wie Sie vorgehen, um das Ziel (Einführung, Zertifizierung, Effizienzsteigerung) zu erreichen. Grundsätzlich gibt es für die weitere Vorgehensweise zwei Varianten:

▶ Man führt ein Assessment (Standortbestimmung, Prüfung) durch.

▶ Man kauft sich Beratungsleistung, um direkt das Ziel der Zertifizierung zu erreichen. Dieser Weg scheint nicht so sinnvoll zu sein, weil es zum jetzigen Zeitpunkt noch nicht abschätzbar ist, welcher Aufwand, welche Investitionen und welche zusätzlichen Leistungen durch die Firmenmitarbeiter auf einen zukommen. Der Grund dafür ist, dass man zu diesem Zeitpunkt noch nicht weiß, wo man genau hin will beziehungsweise hin muss. Es ist wie ein Weg, bei dem man nicht weiß, wo er genau beginnt und wo er genau hinführen soll.

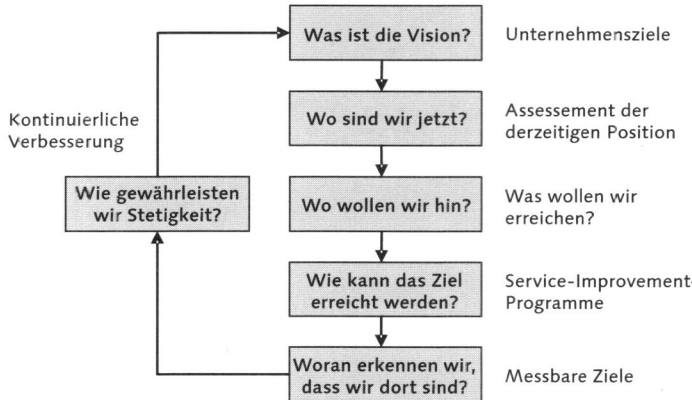

Abbildung 2.1 Assessment – Typisches Vorgehen bei der ITIL-Implementierung

Die Firma ITIL Vision, Inc. entschließt sich daher aus guten Gründen, den Weg des Assessment zu gehen.

2.1.1 Allgemeines zum Assessment

Bei einem Assessment (durch ein kompetentes Unternehmen) wird eine Standortbestimmung der derzeitigen IT-Service-Management-Prozesse durchgeführt. Als Ergebnis dieses Assessments erhält man einen Report, der im Wesentlichen aus zwei Dingen besteht:

▶ einer Standortbestimmung in Form eines Reifegradmodells

  ▶ für die ISO 20000-Prozesse (»Managementprozesse«) und

  ▶ für die eigentlichen ITIL-Prozesse

▶ und einer Empfehlungsliste für die Annäherung an den ITIL/ISO 20000-Standard.

Folgende **Leistungen** können Sie von einem Assessment erwarten:

▶ **Vorgespräch:** In diesem Gespräch des Beratungsunternehmens mit dem Management der IT-Abteilung wird in groben Umrissen die Vorgehensweise geklärt und ein einfacher Zeitplan erstellt.

▶ **Durchführung:** Das eigentliche Assessment wird in Form von Interviews mit den genannten Ansprechpartnern durchgeführt und dokumentiert.

▶ **Auswertung:** Dazu wird ein Bericht erstellt, der sowohl einen konkreten Reifegrad aller IT-Service-Management-Prozesse als auch eine Empfehlung sinnvoller Maßnahmen und die Bewertung bezüglich der Zielsetzung enthält.

▶ **Präsentation:** Eine Ergebnispräsentation durch die Beraterfirma für das IT-Management. Dieses enthält sinnvollerweise folgende Punkte: Reifegrad der Modelle, gewonnene Erkenntnisse und Empfehlungen. Diese Präsentation schließt man am besten mit einer konstruktiven Diskussion aller Beteiligten ab.

2.1.2 Wahl des richtigen Partners/Beraters

Einer der entscheidenden Faktoren für den Erfolg des Projektes ist die Wahl des richtigen Beratungsunternehmens (Beratungspartner). Für die Auswahl gibt es keine speziellen Richtlinien, doch Sie sollten beachten, dass die Kultur des Beratungsunternehmens Ihrer Firmenkultur entspricht.

Ein weiterer wesentlicher Punkt ist, dass – falls Sie sich nach dem Assessment dazu entschließen – dieser Partner Sie wahrscheinlich bis zur Zertifizierung weiter begleiten wird. Also scheuen Sie sich nicht, wenn es erforderlich ist, den Partner noch einmal zu wechseln.

Wir von der ITIL Vision, Inc. entschließen uns, mit der TÜV Informatik und Consulting Services GmbH (kurz TÜV ICS) zusammenzuarbeiten. Der Grund ist der, dass es nach unseren Informationen in Österreich und Deutschland nur zwei Firmen gibt, die auch die Zertifizierung durchführen können. Eine davon ist die TÜV Management Service GmbH. Und hier ergibt sich dann der wesentliche Vorteil: Ein Zertifizierungsaudit besteht normalerweise aus zwei Audits. In dem ersten Audit werden die ganzen Prozesse gesichtet, im zweiten Audit geht es dann um das Wesentliche, das für eine erfolgreiche Zertifizierung erforderlich ist. Wenn die Projektbegleitung durch die TÜV Informatik und Consulting Services GmbH erfolgt, dann entfällt natürlich das erste Audit. Und man kann zusätzlich davon ausgehen, dass die Prozesse, Maßnahmen, Dokumente usw. so definiert wurden, dass sie der Zertifizierung genügen. Es liegt dann nur noch an Ihnen, wenn die Dinge nicht in der Art und Weise umgesetzt wurden, wie dies durch die Beraterfirma definiert wurde.

2.1.3 Ablauf des Assessments

Das Teilprojekt Assessment starten Sie nach Auswahl des entsprechenden Beratungsunternehmens mit dem Vorgespräch.

Vorgespräch

In diesem Gespräch des Beratungsunternehmens mit dem Management der IT-Abteilung wird in groben Umrissen die Vorgehensweise festgelegt.

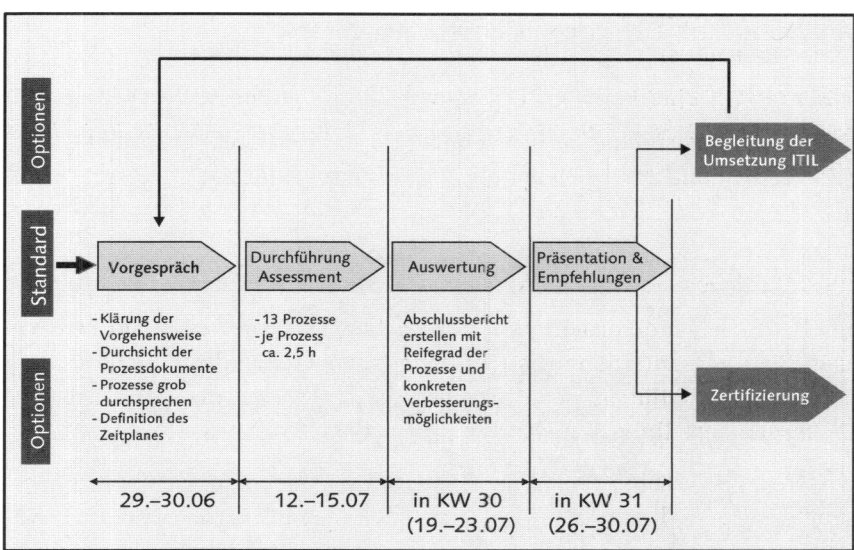

Abbildung 2.2 Assessment-Zeitplan

Vorgehensweise

Das Vorgespräch dauert ungefähr 1,5 Tage. Es läuft folgendermaßen ab: Zuerst wird die durch das Beraterunternehmen vorgeschlagene Vorgehensweise besprochen und mit der IT-Führung abgestimmt.

Normalerweise sieht dies so aus, dass mit dem Bereichsleiter der IT und seinen Führungskräften (Centerleiter von Benutzerservice, Systembetrieb, Produktservice und den Assistenten) die vorhandene Prozessdokumentation gesichtet wird. Es werden dabei die relevanten IT-Service-Management-Prozesse und deren Verankerung in der Firma besprochen. Wichtig dabei ist, dass diese Unterlagen rechtzeitig vorbereitet werden, damit es dann keine Verzögerungen durch langwieriges Suchen gibt. Im Anschluss daran wird geklärt, welche Prozesse schon vorhanden sind und welche es in der IT überhaupt noch nicht gibt.

Zuerst wird geklärt, welche Personen an diesen Prozessen beteiligt sind, und für jeden einzelnen Prozess wird dann Folgendes analysiert:

► Wird der Prozess zentral gemanagt oder gibt es mehrere Prozesse zu diesem Thema? Ist der Prozess unter Umständen auf mehrere Personen aufgeteilt (z.B. in den verschiedenen Centern)?

► Wie erfolgt die Aufzeichnung der Tätigkeiten?

► Welche Hilfsmittel werden dazu eingesetzt?

► Sind alle Mitarbeiter darüber informiert, wie sie beim Prozess vorzugehen haben?

► Wird der Prozess auch gelebt oder ist er nur Theorie?

Zeitplan

Zuerst wird ein realistischer grober Zeitplan für das gesamte Assessment (Abbildung 2.2) erstellt und zusätzlich der detaillierte Zeitplan für das Vorgespräch vorgestellt:

Assessment-Zeitplan für das Vorgespräch

Donnerstag, 29.06.2006
► **9:00–9:30 Uhr** Kickoff mit allen Centerleitern
► **9:30–12:00 Uhr** Besprechung mit der IT-Leitung
  ► Absprechen des genaueren Zeitplanes und Ressourcenbedarfes für Vorgespräch und Durchführung Assessment
  ► Mappen der Center auf die ITIL-Prozesse
  ► Verantwortung der Leitung durchsprechen
► **12:00–13:00 Uhr** Mittagspause

- ▶ **13:00–16:00 Uhr** Besprechung mit den Centerleitern (jeweils ca. 1h)
  - ▶ Aushändigen von vorhandenen Dokumentationen
  - ▶ Verantwortlichkeiten (innerhalb des Centers sowie nach außen)
  - ▶ Verwendete Tools
- ▶ **16:00–18:00 Uhr** Aufbereitung der Daten

Freitag, 30.06.2006

- ▶ **9:00–10:00 Uhr** Besprechung mit dem Centerleiter (siehe oben)
- ▶ **10:00–12:00 Uhr** Zusammenfassung
- ▶ **12:00–13:00 Uhr** Mittagspause
- ▶ **13:00–14:00 Uhr** Abschlussgespräch und Verteilung des Zeitplanes für das Assessment

Kommunikationskonzept

Auch wird ein Kommunikationskonzept erstellt, um die betroffenen Mitarbeiter rechtzeitig von diesem Assessment zu informieren und Aufklärungsarbeit zu leisten, damit diese nicht verunsichert werden. Denn die Begriffe Assessment, Prüfung und Standortbestimmung werden sonst fälschlicherweise mit »Personalabbau und bevorstehenden großen, eventuell nachteiligen Veränderungen für den Einzelnen« assoziiert.

Ansprechpartner für das Projekt

Gemeinsam mit dem IT-Leiter wird das Projektteam zusammengestellt, also

- ▶ der Projektleiter (der dann meist später auch der Service-Manager ist)
- ▶ und die Prozessverantwortlichen genannt.

Dies ist ein schwieriger Vorgang, weil man sich dabei von den vorhandenen Strukturen lösen muss und gleichzeitig die Interessen der Centerleiter berücksichtigt werden sollen. Wichtig ist: Nur jene Mitarbeiter, die auch die Aufgabe eines Prozessmanagers übernehmen wollen und die gewillt sind, sich von vorhandenen Strukturen zu lösen, sollten eine solche Aufgabe übernehmen.

Die Aufgabenverteilung zwischen Führungskräften und Prozessverantwortlichen haben wir so gelöst, dass der Prozessmanager für das Funktionieren des Prozesses verantwortlich ist und die jeweilige Führungskraft für die personelle Führung der Mitarbeiter.

Durchführung

Zuerst wird ein vorbereiteter detaillierter Zeitplan für die Durchführung des Assessment besprochen und dann freigegeben. Der nächste Schritt ist, dass der Projektleiter dafür sorgt, dass die Centerleiter und die erforderlichen Mitarbeiter zu den vereinbarten Zeiten verfügbar sind und die entsprechenden Unterlagen griffbereit haben. Danach wird jeder Prozess nach dem gleichen Schema behandelt:

▶ Teilnehmer: Projektleiter, Bereichsleiter IT, Centerleiter IT und zusätzlich erforderliche Mitarbeiter

▶ Kurzbericht, was bei dem einzelnen Prozess bereits vorhanden ist:

  ▶ Prozessaufzeichnungen

  ▶ Abläufe in der Praxis: Wie funktioniert dieser Prozess?

  ▶ Gibt es einen einheitlichen Prozess für die ganze IT oder sind mehrere Prozesse vorhanden (z. B. in den verschiedenen Centern)?

  ▶ Wer ist an diesem Prozess beteiligt?

  ▶ Wo sind momentan die Schwachstellen?

  ▶ Gibt es Kennzahlen zu diesem Prozess?

  ▶ Resümee der Centerleiter mit kurzer Analyse

  ▶ Niederschrift der Erkenntnisse durch die Beraterfirma

Das Assessment dauert ungefähr 2,5 Stunden je Prozess. Dies ist ein Erfahrungswert und natürlich von Prozess zu Prozess verschieden.

Auswertung

Ziel des Assessment ist es, die Frage zu klären: **»Wo stehen wir mit unserer IT?«** Damit dies konkret und messbar ist, wird der konkrete Reifegrad aller IT-Service-Management-Prozesse erstellt, auch als eine Empfehlung sinnvoller Maßnahmen für die Annäherung an den ITIL/ISO 20000-Standard.

Die Standortbestimmung beinhaltet folgende Komponenten und beantwortet folgende Fragen:

▶ Welche Verbesserungspotentiale gibt es?

▶ Was sind die nächsten sinnvollen Schritte des ITIL-Service-Managements?

▶ Was ist noch zu tun, damit eine erfolgreiche Zertifizierung nach dem internationalen Standard ISO 20000 erreicht werden kann?

Diese Fragen werden mit folgenden Auswertungen beantwortet: dem Reifegradmodell, der Einzelbewertung der einzelnen Prozesse und den erforderlichen nächsten Schritten.

Reifegradmodell

Das Reifegradmodell von ISO 20000 besitzt fünf Level (nach dem umgekehrten Schulnotensystem). Dabei ist zu beachten, dass für eine erfolgreiche Zertifizierung ein Wert von 3 je Prozess erforderlich ist.

Level	Charakteristika	Wichtigster Unterschied zum vorherigen Level
❺ Optimierend	► dynamische Anpassung an Geschäftsziele ► regelmäßige Prozessaudits	der Prozess wird dynamisch den Geschäftsanforderungen angepasst
❹ Voraussagbar	► Prozessleistung im vorgegebenen Rahmen ► Trendanalyse der Prozessleistung ► Prozesse gelten unternehmensweit	die Prozessergebnisse sind voraussagbar
❸ Etabliert	► Prozess definiert und etabliert ► Kennzahlen steuern den Prozess ► Benötigte Ressourcen werden bereitgestellt ► Tools prozessunterstützend eingeführt	definierter Prozess wird gelebt
❷ Geführt	► gemanagte Ressourcen und Zeit ► dokumentierte Prozeduren ► dokumentierter Output ► belegbare Qualität	die Ausführung der Arbeiten wird geplant und gemanagt
❶ Situativ	► festgestellte Inputs ► bekannte ausgeübte Handlungsweise ► festgestellte Outputs	Ziele werden grundsätzlich erreicht

Tabelle 2.1 Assessment – Reifegradmodell

Die Interpretation der Reifestufen (nach ISO 15504, SPICE)

Level 0: Es gibt Tätigkeiten, die weder einem Ablauf noch einem definierten Ziel zugeordnet sind. Arbeitsergebnisse liegen entweder unvollständig oder gar nicht vor.

Level 1: Die Mitarbeiter der Organisation erachten die Tätigkeiten für wichtig und führen diese bei Bedarf aus. Die Ziele des Prozesses werden grundsätzlich erreicht, Aktivitäten werden aber nicht konsequent geplant und überwacht. Identifizierbare Ergebnisse belegen, dass die Ziele erreicht werden.

Level 2: Die zu erreichende Qualität der Arbeitsergebnisse wird dokumentiert und nachweislich erreicht. Die Ergebnisse werden in der vorgegebenen Zeit erstellt und die dafür notwendigen Ressourcen sind bekannt und stehen zur Verfügung. Die Arbeitsergebnisse werden geplant, nach dokumentierten Prozeduren erstellt und überwacht.

Level 3: Es wird ein definierter Prozess verwendet, der auf bewährten Vorgehensweisen des Unternehmens basiert und es ermöglicht, die definierten Ergebnisse zu erreichen.

Level 4: Die definierten und etablierten Prozesse werden einheitlich in festgesetzten Grenzen ausgeführt, um die Ergebnisse zu erreichen. Das Erfassen und Analysieren von Performancemessungen führt zu voraussagbaren Ergebnissen und stellt eine geeignete Prozessfähigkeit sicher.

Level 5: Die definierten und standardisierten Prozesse können dynamisch optimiert und im Hinblick auf die Geschäftsanforderungen angepasst werden. Die kontinuierliche Überwachung der Effektivität und Effizienz der Prozesse ist auf die Geschäftsanforderungen ausgerichtet.

Das Ergebnis dieses Reifegradmodells wird als Spinnendiagramm (siehe Abbildungen 2.3 und 2.4) dargestellt, getrennt nach ITIL- und ISO 20000-Prozessen.

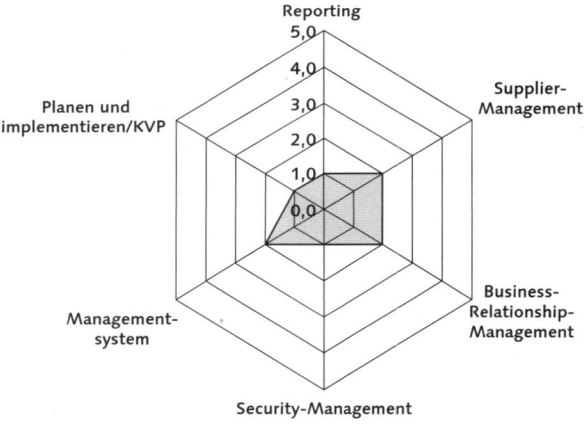

Abbildung 2.3 Reifegrade ISO 20000-Prozesse

Aus diesen Spinnendiagrammen ist ersichtlich: Alle Prozesse werden zumindest im Ansatz bereits in der ITIL Vision, Inc. gelebt.

Das Ergebnis dieser Reifegradermittlung wird dann als Übersichtbild (siehe Abbildung 2.5) dargestellt. Damit erhält man einen schnellen Überblick, wie die Prozesse sich im Hinblick auf die Kunden und Anwender darstellen. Auf einen Blick kann man erkennen, bei welchen und zwischen welchen Prozessen Defizite bestehen und wo man mit der Entwicklung bereits relativ weit ist.

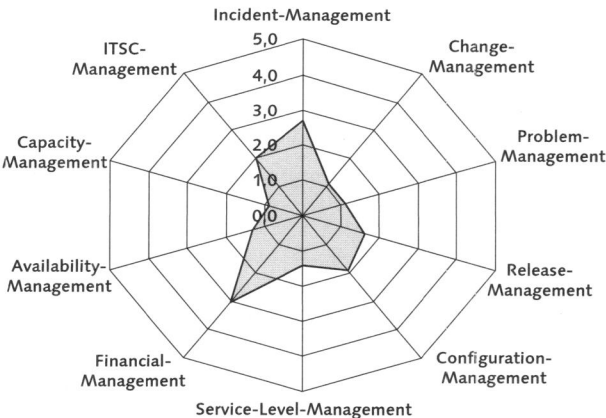

Abbildung 2.4 Reifegrade ITIL-Prozesse

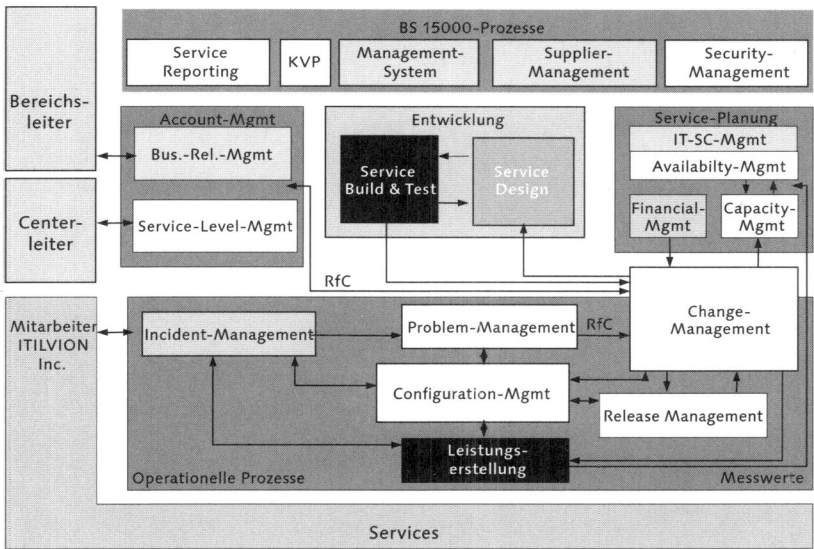

Abbildung 2.5 Ergebnis der Reifegradermittlung

Bericht zum Assessment

Zusätzlich wird durch die Beraterfirma ein Bericht zum Assessment erstellt. Dieser besteht aus drei Teilen:

▶ einer Management Summary

▶ der Ermittlung und Berechnung der Reifegrade

▶ Empfehlungen hinsichtlich ITIL und ISO 20000

Management Summary

Die Management Summary spiegelt die Ergebnisse des Assessments wider, bestehend aus der Reifegradermittlung (dargestellt als Spinnendiagramme), der Bewertung der Prozesse und der Empfehlungen.

Ergebnis des Assessments bei der ITIL Vision, Inc.

Über das itSM3 Assessment (*Information Technology Maturity Modell*) konnte dargelegt werden, dass die Prozesse Incident-Management, Financial-Management, Service-Level-Management und Continuity-Management nach ITIL praktiziert werden. Die Prozesse Configuration-Management und Release-Management werden in ihren Grundzügen nach ITIL gelebt. Die Prozesse Problem-Management, Change-Management, Availability- und Capacity-Management werden ansatzweise konform zu ITIL durchgeführt.

Zusammengefasst kann man somit sagen, dass alle ITIL-Prozesse im Ansatz gelebt werden. Die einzelnen Prozesse werden in unterschiedlicher Ausprägung und Stringenz praktiziert, was sich auch in den ermittelten Reifegraden ausdrückt, die von 1 bis 3 auf einer möglichen Reifegradskala von 1 bis 5 ermittelt wurden. Eine Detaildarstellung der Ergebnisse findet sich in den folgenden Ausführungen dieses Berichts.

Hinsichtlich der weiteren Themen und Prozesse, welche die Norm ISO 20000-1:2002 zusätzlich zu den ITIL-Prozessen nennt, kann festgestellt werden, dass auch hier vom Grundsatz her wesentliche Anforderungen erfüllt sind, wenn auch noch etliche Aspekte gänzlich fehlen. Die Detaildarstellung der Ergebnisse liefert auch in diesem Punkt einen entsprechenden Status Quo.

Zu allen Prozessen bzw. Themen wurden in diesem Bericht Empfehlungen (priorisiert) ausgesprochen, die zum einem geeignet scheinen, den jeweils nächsthöheren Level des Reifegradmodells zu erreichen, und die zum anderen notwendigerweise umgesetzt werden sollten, will sich der Bereich IT der ITIL Vision, Inc. nach ISO 20000-1: 2002 zertifizieren lassen. Hier kann als Richtschnur angenommen werden, dass bei Erreichen von Level 3 des Reifegradmodells in allen Prozessen grundsätzlich eine erfolgreiche Zertifizierung nach ISO 20000-1:2002 möglich ist.

Bewertung der Prozesse

Die Bewertung der einzelnen Prozesse erfolgt immer nach dem gleichen Schema (siehe Tabelle 2.2). Dies soll am Beispiel des Incident-Managements gezeigt werden. Dabei gibt es für jeden Prozess eigene Parameter. Beim Incident-Management geht es um das schnellstmögliche Beheben von Störungen und die dazu erforderlichen Parameter sind daher:

- ▶ Allgemein (Allgemeine Vorkehrung zum Prozess)
- ▶ Erkennen und Erfassen (von Störungen)
- ▶ Beheben und Wiederherstellen (von gestörten Funktionen)
- ▶ Verfolgung und Reporten der Störung

Alle diese Parameter werden dann hinsichtlich der verschiedenen Levelstufen (nach ISO 15504, SPICE) bewertet. Es gibt dabei folgende Graduierungen:

- Fully Achieved (vollständig)
- Largely Achieved (großteils)
- Partially Achieved (teilweise)
- Not Achieved (nicht)

	Level 1	Level 2	Level 3	Level 4	Level 5
Allgemein	Fully Achieved	Fully Achieved	Largely Achieved	Largely Achieved	*Not Achieved*
Erkennen und Erfassen	Fully Achieved	Fully Achieved	Partially Achieved	Partially Achieved	*Not Achieved*
Beheben und Wiederherstellen	Fully Achieved	Largely Achieved	Partially Achieved	*Not Achieved*	*Not Achieved*
Verfolgung und Reporten der Störung	Fully Achieved	Largely Achieved	Largely Achieved	Partially Achieved	*Not Achieved*

Tabelle 2.2 Assessment – Reifegradberechnung

Aus dieser Matrix wird dann der Reifegrad errechnet, in unserem Beispiel beim Incident-Management der Wert von 2,7. Dieser Wert wird dann ganzzahlig nach oben oder unten korrigiert, entsprechend wie sich der Prozess im Gesamten darstellt. Dies ergab einen Wert von 3 für das Incident-Management.

Empfehlungen

Ein weiterer Punkt dieses Berichtes sind die Empfehlungen, die sich aus dieser Standortbestimmung des Prozesses ableiten. Sie beinhalten detailliert Auffälligkeiten des Prozesses und welche Schritte als Nächstes getan werden sollten sowie eine Priorisierung, in welcher Reihenfolge die Maßnahmen bewältigt werden sollen. Diese Betrachtung erfolgte bisher aus ITIL-Sicht. Zusätzlich wird noch eine Empfehlung abgegeben aus ISO 20000-Sicht, falls sich dadurch auch noch andere Aspekte ergeben.

Folgende Empfehlungen geben wir aus ITIL-Sicht

- **Keine Routine Incidents (Level 2)**
  Wir empfehlen die Einführung von Routine Incidents, da dadurch sowohl eine zeitliche Einsparung als auch ein immer gleich ausgefülltes Ticket sichergestellt werden kann.

> ▶ **Keine Schließung der Incidents durch den Service-Desk (Level 2)**
> Wir empfehlen, dass die Incidents durch die Hotline (Service-Desk) geschlossen werden. Dadurch kann sichergestellt werden, dass die Anwender in Zukunft nicht direkt unter Umgehung der Hotline bei dem zuständigen 2nd Level Supporter anrufen.
>
> ▶ **Keine regelmäßige Überwachung der überfälligen Tickets und nachhaltige Eskalation (Level 2)**
> Wir empfehlen, dass die Tickets regelmäßig überwacht und nachhaltig eskaliert werden. Unter nachhaltiger Eskalation verstehen wir, dass im Falle einer Eskalation der Prozessverantwortliche sowohl aktiv das Einhalten der SLAs (*Service Level Agreement*) einfordert als auch die Kompetenz oder Möglichkeit erhält, dieses zu erwirken.

Präsentation

Sehr wichtig ist es, das Ergebnis des Assessments bekannt zu machen. Damit ist nicht gemeint, nur die Projektteilnehmer zu informieren. Bei der ITIL Vision, Inc. erfolgte die Kommunikation und Präsentation in folgenden Schritten:

1. Leiter der IT und der Service-Manager erhalten vorab die Ergebnisse
2. Präsentation durch die Beraterfirma an das Projektteam
3. Diskussion des Ergebnisses in der IT-Führung (Leiter IT, Centerleiter, Assistenten, Service-Manager)
4. Präsentation der Ergebnisse an alle Mitarbeiter der IT durch den IT-Leiter

Diese Präsentation schließt man am besten mit einer konstruktiven Diskussion aller Beteiligten ab. Dadurch kann man Unklarheiten sowie Ängste und Befürchtungen der Mitarbeiter größtenteils beseitigen.

Checkliste für die Umsetzung

- ☑ Eine ausformulierte Unternehmensstrategie sollte vorhanden sein.
- ☑ Bestimmung des Projektleiters, der auch meist Service-Manager ist
- ☑ Bestimmung (wenn möglich) der Prozessverantwortlichen
- ☑ Wahl des geeigneten Beratungsunternehmens entsprechend der Firmenkultur
- ☑ Mitteilung an die Mitarbeiter der IT, dass ein Assessment durchgeführt wird
- ☑ Vorgespräch zum Assessment planen und durchführen. Die Unterlagen zeitgerecht zur Verfügung stellen
- ☑ Assessment durchführen
- ☑ Präsentation des Ergebnisses

> **Was ist zu beachten?**
>
> ☑ Der Service-Manager sollte ein erfahrener Projektleiter sein.
>
> ☑ Seien Sie ehrlich bei den Befragungen. Geben Sie nicht mehr vor, als Sie wirklich haben. Bei der Zertifizierung wird es sich sonst rächen.
>
> ☑ Sorgen Sie dafür, dass alle Unterlagen immer rechtzeitig zur Verfügung stehen.
>
> ☑ Sorgen Sie dafür, dass alle erforderlichen Mitarbeiter zur Verfügung stehen.
>
> ☑ Veröffentlichen Sie die Ergebnisse, damit keine schlechte Stimmung entsteht.
>
> ☑ Die Führungskraft ist für die personelle Führung der Mitarbeiter verantwortlich, der Prozessmanager für das Funktionieren des Prozesses.

2.2 Der Maßnahmenplan

Der Maßnahmenkatalog bzw. Maßnahmenplan ist kein Erfordernis. Er ist für die erfolgreiche Zertifizierung kein Muss, aber er hilft dabei, einzuschätzen, welcher Aufwand zur Erreichung des Zieles erforderlich ist. Grundlage des Maßnahmenkatalogs ist das (hoffentlich durchgeführte) Assessment. Dabei gibt es grundsätzlich zwei Möglichkeiten der Nutzung:

▶ **Variante 1:** Es werden alle notwendigen Aktionen und Umsetzungserfordernisse aufgelistet, die eine Zertifizierfähigkeit nach ISO 20000 (= Reifegradlevel von mindestens 3) sicherstellen.

▶ **Variante 2:** Es werden alle notwendigen Aktionen und Umsetzungserfordernisse aufgezeigt, die einem entsprechenden Reifegradlevel entsprechen.

Wir von der Firma ITIL Vision, Inc. haben uns für die Variante 1 entschieden.

2.2.1 Grundvoraussetzungen

Voraussetzung für alle Prozesse (ITIL und BS 15000) ist, dass diese eingeführt sind. Dies bedeutet, dass für alle Prozesse eine Prozessdokumentation vorliegen muss. Es ist aber unbedeutend, auf welche Art und Weise und mit welchem Medium diese Prozessdokumentation erstellt wird. Man kann also sowohl so einfache Hilfsmittel wie Microsoft PowerPoint oder Microsoft Visio dazu einsetzen als auch Hilfsmittel wie z. B. Profit oder Aris, die diese Prozesserstellung und -verwaltung erheblich unterstützen. Sehr viel hängt bei dieser Entscheidung sicher davon ab, welche Tools in der Organisation/Firma schon etabliert sind.

Wir von der Firma ITIL Vision, Inc. haben uns für das Produkt Profit der Firma BOC entschieden. Dieses wird auch vom TÜV Süd für diese Aufgabenstellung empfohlen. Die Gründe für die Entscheidung für dieses Produkt waren:

▶ leichte Bedienbarkeit

▶ relativ geringe Investitionskosten

▶ Die erstellten Prozesse können als Link in das Intranteportal eingebunden werden.

▶ Der TÜV sollte uns die Prozesse auch erstellen, wir wollten nur die Veränderungen durchführen. Der TÜV arbeitet fast ausschließlich mit diesem Produkt zur Prozessmodellierung.

2.2.2 Einführen eines Prozesses

Diese Schritte sind für alle Prozesse gleich. Einführen eines Prozesses im Zusammenhang mit diesem Maßnahmenkatalog bedeutet:

▶ Den Prozess beschreiben

  ▶ Einen Prozessverantwortlichen (Prozesseigner) benennen

  ▶ Die wesentlichen Prozess-Schritte beschreiben mit einem geeigneten Tool

  ▶ Für die Prozess-Schritte die verantwortlichen Rollen definieren

  ▶ Notwendige Dokumente und Aufzeichnungen benennen, die im entsprechenden Prozess verwendet und geführt werden

  ▶ Kennzahlen bezüglich Quantität, Qualität und Kosten/Zeiten definieren

▶ Alle Prozesse in diesem Sinne sind Bestandteil einer Übersicht, einer **Prozesslandschaft**. Das heißt, es ist eine Prozesslandschaft zu erstellen, aus der die wesentlichen Zusammenhänge erkennbar sind.

▶ Und das Wichtigste ist: **Jeder Prozess muss umgesetzt, gelebt und laufend verbessert werden** – sofern dies möglich und sinnvoll ist.

2.2.3 Einführen von Kennzahlen für jeden Prozess

Der Sinn der Kennzahlen ist, die Prozesse über diese Kennzahlen zu steuern. Bei der Einführung ist es sinnvoll, die Kennzahlen vorerst nach folgenden Kriterien zu erstellen.

▶ Sie sollten einfach zu definieren sein.

▶ Sie sollten einfach zu erheben sein.

▶ Sie sollten relativ schnell zu erfassen sein.

Nach einer gewissen Zeit der Nutzung dieser Kennzahlen zeigt sich dann, ob sie langfristig sinnvoll sind oder durch andere ersetzt werden müssen. Insofern sind die Kennzahlen nicht »für alle Zeiten« definiert, sondern sollten immer bei Bedarf den geänderten Gegebenheiten und den Rahmenbedingungen angepasst werden.

In der ISO 20000 werden häufig die Begriffe »procedure« und »process« verwendet. Beim Aufbau des (dokumentierten) Management-Systems geht man der Einfachheit halber grundsätzlich davon aus, dass sobald »processes« oder »procedures« gefordert werden, die Einführung von Prozessen im eigentlichen Sinne gemeint ist.

2.2.4 Besonderheiten für jeden Prozess

Über die oben genannten Punkte hinausgehende Anforderungen und/oder Konkretisierungen erfolgen in den einzelnen Maßnahmen bei den jeweiligen Prozessen themenspezifisch. In den folgenden Abschnitten werden die Maßnahmen je Prozess in gekürzter Form wiedergegeben.

Incident-Management

▶ Es muss über den Prozess (siehe Prozessmanagement) sichergestellt werden, **dass der Kunde über eine Verletzung der Service-Levels im Voraus informiert wird**. Dies kann durch eine organisatorische Anweisung im Service-Desk oder eine automatisierte Routine im Trouble-Ticket-System realisiert werden.

▶ Den Service-Desk-Mitarbeitern muss Zugriff auf die Wissensdatenbank und zu der CMDB (Configuration Management Database) des Server-Bereiches gewährt werden.

▶ Die Vorgaben aus dem Thema Management-System (Lenkung Dokumente und Aufzeichnungen) und KVP sind zu beachten.

Der Prozess Incident-Management war bei der ITIL Vision, Inc. schon seit einem Jahrzehnt eingeführt inklusive einem SPOC (Single Point of Contact).

Problem-Management

▶ Es muss ein Prozess eingeführt werden, der u. a. sicherstellt, dass

　▶ alle Probleme aufgezeichnet und gezielt bearbeitet werden,

　▶ Vorbeugemaßnahmen angestoßen werden (evtl. aufgrund von Audits oder Trendanalysen),

　▶ notwendige Änderungen durch einen Change (über den Change-Prozess) eingespielt werden.

▶ Als einfache **Kennzahlen** zu Beginn schlagen wir beispielsweise folgende vor:

   ▶ Anzahl der behobenen bekannten Fehler pro Monat (known errors)

   ▶ Anzahl der Changes, die durch das Problem-Management gestellt wurden

   Ist das Problem-Management hinreichend etabliert, sollten/könnten andere, dann aussagekräftigere Kennzahlen verfolgt werden.

▶ Die Vorgaben aus dem Thema Management-System (Lenkung Dokumente und Aufzeichnungen) und KVP sind zu beachten.

Bisher wurde das Hauptaugenmerk in der ITIL Vision, Inc. auf die schnellstmögliche Behebung von Störungen gelegt. Ein eigenes Problem-Management zur Vermeidung dieser Störungen war bisher – abhängig vom Center – nur in Ansätzen vorhanden.

Release-Management

▶ Es muss eine **Release Policy** erstellt werden, die u. a. Frequenz und Umfang von Releases definiert.

▶ Es muss ein Prozess eingeführt werden, der u. a. sicherstellt, dass

   ▶ für größere Releases ein (Projekt-)Plan erstellt wird

   ▶ die erfolgreichen und die fehlerhaften Releases nach einer gewissen Zeit nach Ausrollen erfasst und analysiert werden und gegebenenfalls Input für den KVP darstellen

   ▶ ein **Emergency-Release**-Vorgehen explizit definiert ist

▶ Alle CIs müssen aktualisiert werden.

▶ Als **Kennzahlen** schlagen wir folgende vor:

   ▶ Anzahl der erfolgreich durchgeführten Releases

   ▶ Für größere Rollouts: Messung der Zufriedenheit der Anwender

   ▶ Anzahl der Störungsmeldungen (die in direktem Zusammenhang stehen) nach einem Release

▶ Die Vorgaben aus dem Thema Management-System (Lenkung Dokumente und Aufzeichnungen) und KVP sind zu beachten.

Anmerkung: Wichtig dabei ist, dass die CIs nach der Release-Durchführung aktualisiert werden, damit die CMDB immer aktuell ist. Die CMDB ist die Grundlage um auf Daten basierende Entscheidungen treffen zu können.

Change-Management

▶ Wir empfehlen, neben den bereits vorhandenen Ansätzen für einen Change-Prozess im Produkt-Service und für den Infrastrukturbereich (Client und Server) einen toolgestützten Change-Prozess im Sinne eines Prozesses einzuführen.

▶ Eine Verknüpfung beider Systeme kann zu einem späteren Zeitpunkt durch den kontinuierlichen Verbesserungsprozess, falls dies dann sinnvoll erscheint, erfolgen.

▶ **Der Change-Antrag muss per Intranetmaske in ein Datenbanksystem eingegeben werden.** Dieser sollte mindestens folgende Punkte enthalten:

  ▷ ID des RfC (*Request for Change*)

  ▷ Auslösende Rolle des Antrags

  ▷ Beschreibung der Änderung

  ▷ Grund der Änderung

  ▷ Betroffene Instanzen (Komponenten, Abteilungen etc.)

  ▷ Plandaten (Startdatum, Meilensteine, Enddatum)

  ▷ Priorität/Klassifizierung des Changes

  ▷ Kategorie des Changes aufgrund Risikoanalyse

▶ Der Prozess muss unter anderem auch sicherstellen, dass

  ▷ alle Changes geprüft, freigegeben und durch den Verantwortlichen (Change-Manager) vorgehalten werden,

  ▷ ein Follow-up von Changes durchgeführt wird und gegebenenfalls weitere Maßnahmen ergriffen werden und

  ▷ Notfall-Changes (Emergency Changes) explizit behandelt werden.

▶ Als einfache **Kennzahl** zu Beginn schlagen wir beispielsweise folgende vor:

  ▷ Anzahl der Changes pro Kategorie und Zeiteinheit (Monat)

  ▷ Anzahl der In-Time durchgeführten Changes (bezogen auf die Plandaten)

  ▷ Anzahl der erfolgreich durchgeführten Changes (oder der nicht erfolgreichen Changes)

▶ Ist das Change-Management hinreichend etabliert, sollten/könnten andere, dann aussagekräftigere Kennzahlen verfolgt werden.

▶ Die Vorgaben aus dem Thema Management-System (Lenkung Dokumente und Aufzeichnungen) und KVP sind zu beachten.

Anmerkung: Um ein übergreifendes (über die ganze IT) Change-Management einzuführen, ist ein erheblicher Aufwand erforderlich.

Configuration-Management

▶ Es muss eine **Beschreibung** erstellt werden, die folgende Inhalte trägt:

  ▶ Definition von CIs (was ist ein CI und welche CIs werden betrachtet)

  ▶ Definition der Relationen zwischen den CIs

  ▶ Wie werden die CIs identifiziert (Aufkleber o. Ä.)

  ▶ Wo und wie werden die CIs verwaltet (eine oder mehrere CMDBs, Versionsverwaltung etc.)

▶ Wo und wie werden **Originalkopien von Softwareprogrammen** aufbewahrt (Vorschlag: Beschreibung des Vorgehens im Client-Bereich, Erstellen und analoges Vorgehen etablieren für die anderen Bereiche)

▶ Als **Kennzahlen** schlagen wir folgende vor:

  ▶ Anzahl der nicht korrekt erfassten CIs

  ▶ Anzahl der nicht genutzten Softwarelizenzen

▶ Des Weiteren muss ein **Prozess eingeführt werden für regelmäßige Audits der CMDB** (nicht nur für Clients, sondern für alle Komponenten). Dieser Prozess muss u.a. sicherstellen, dass Korrekturmaßnahmen abgeleitet werden, wo notwendig.

▶ Die Vorgaben aus dem Thema Management-System (Lenkung Dokumente und Aufzeichnungen) und KVP sind zu beachten.

Anmerkung: Es sollte im ersten Schritt keine »einzige physikalische CMDB«, sondern nur eine »logische CMDB« mit verknüpften Tabellen, Dokumenten und Aufzeichnungen erstellt werden. Eine andere Vorgehensweise hätte der Zeitplan unmöglich gemacht.

Availability- und Service-Continuity-Management

▶ Es muss eine **Beschreibung** erstellt werden, die u.a. folgende Punkte enthält:

  ▶ Definition der Anforderungen an Verfügbarkeit und Kontinuität

  ▶ Die Anforderungen müssen nachvollziehbar aus den SLAs, den Kundenanforderungen und einer Risikoabschätzung abgeleitet werden.

  ▶ Wann und wie werden die Anforderungen auf Aktualität überprüft (mindestens ein Mal im Jahr)?

  ▶ Verfügbarkeiten der Services müssen gemessen und aufgezeichnet werden.

  ▶ Ungeplante Verfügbarkeiten müssen untersucht werden und, wo notwendig, müssen Maßnahmen abgeleitet werden.

- Das **Notfallkonzept** muss getestet und die Ergebnisse aufgezeichnet werden; wo notwendig, müssen Maßnahmen abgeleitet werden.
- Als **Kennzahl** schlagen wir folgende vor:
  - Zeiteinheiten, in denen keine Verfügbarkeiten von Services gegeben sind
- Die Vorgaben aus dem Thema Management-System (Lenkung Dokumente und Aufzeichnungen) und KVP sind zu beachten.

Anmerkung: Wegen der »Verzahnung« dieser beiden Prozesse werden Availability- und Service-Continuity-Management hier gemeinsam betrachtet.

Capacity-Management

- Es muss ein Prozess eingeführt werden, der u. a. sicherstellt, dass ein **Kapazitätsplan** erstellt wird. Der Kapazitätsplan muss aktuelle und zukünftige Anforderungen berücksichtigen. Hier sollte zunächst eine Übersicht über die zu betrachtenden Systeme erstellt werden (für das Kundengeschäft relevante Systeme).
- Es sollten Schwellwerte pro System definiert werden, wenn Handlungsbedarf besteht, und es sollte eine stetige Messung dieser Werte erfolgen.
- Es sollte eine stetige Performance-Verbesserung durchgeführt werden.
- Ein Beispiel für einen rudimentären Prozess bietet das derzeitige Vorgehen im SAN-Bereich, das jedoch noch dokumentiert werden muss.
- Als **Kennzahl** schlagen wir folgende vor:
  - Anzahl der Störungen/Nichtverfügbarkeiten aufgrund unzureichender Kapazität
- Die Vorgaben aus dem Thema Management-System (Lenkung Dokumente und Aufzeichnungen) und KVP sind zu beachten.

Anmerkung: Der Kapazitätsplan und die Schwellwerte bzw. deren permanente Überwachung stellen das Grundgerüst dieses Prozesses dar.

Service-Level-Management

- Es muss eine **Beschreibung/Übersicht** erstellt werden, die u. a. folgende Punkte enthält:
  - Wie und für welche Services mit welchen Kunden SLAs erstellt wurden/werden
  - Wie und in welchem Zeitintervall SLAs überarbeitet werden

- ▶ Wie und für welche Bereiche UCs (*Underpinning Contract*), Wartungsverträge etc. erstellt wurden/werden
  - ▶ Wie und in welchem Zeitintervall UCs, Wartungsverträge etc. überarbeitet werden
- ▶ Jedes **SLA** und jede **Änderung eines SLAs** müssen **unter der Kontrolle des Change-Managements** durchgeführt werden.
- ▶ Die SLAs müssen bezüglich der vereinbarten Kennzahlen gemessen und eine Berichterstattung muss erstellt und an den Kunden weitergeleitet werden.
- ▶ Als **Kennzahlen** schlagen wir folgende vor:
  - ▶ Messung der Kundenzufriedenheit mit den Produkten und Leistungen
  - ▶ Anzahl der SLA-Verletzungen pro Zeiteinheit (Monat oder Jahr)
- ▶ Die Vorgaben aus dem Thema Management-System (Lenkung Dokumente und Aufzeichnungen) und KVP sind zu beachten.

Anmerkung: Die Definition aller Kundenvereinbarungen – auch der internen – ist unerlässlich.

Financial-Management

- ▶ Es muss eine **Beschreibung** existieren, aus der die Budgetierung und Verrechnung aller IT-Assets klar hervorgeht.
- ▶ Die Vorgaben aus dem Thema Management-System (Lenkung Dokumente und Aufzeichnungen) und KVP sind zu beachten.

Das Financial-Management war bei der ITIL Vision, Inc. schon sehr ausgeprägt (siehe Assessment), daher diese kurze Maßnahmenliste.

Business-Relationship-Management (BRM)

- ▶ Es muss eine **Terminplanung** inkl. Agenda und Follow-up für die regelmäßigen Kundengespräche definiert und etabliert werden (insbesondere Themen für die Agenda standardisieren inkl. der Zukunftsaspekte). Es müssen Protokolle zu den Gesprächen geführt werden.
- ▶ Es muss ein **Prozess zum Beschwerdemanagement** eingeführt werden, der u.a. Folgendes enthält:
  - ▶ Definition von Beschwerden (und was sind keine Beschwerden)
  - ▶ Definition der Ansprechpartner innerhalb der IT
  - ▶ Eskalationsmöglichkeiten für Kunden
  - ▶ Abstimmung des Prozesses mit den Kunden

- ▶ Definition des Follow-up bei Beschwerden und geplanten Aktionen
- ▶ Auswertungen zum Beschwerdemanagement

▶ Es muss eine Beschreibung erstellt werden, die in groben Zügen das Vorgehen zur **Messung der Kundenzufriedenheit** wiedergibt. Die Beschreibung muss auch das Nacharbeiten der Ergebnisse einer Kundenzufriedenheitsanalyse vorgeben.

▶ Eine oder mehrere benannte verantwortliche Personen festlegen für das BRM bzw. für bestimmte Kunden.

▶ Es muss sichergestellt werden, dass alle erkannten Potenziale aus den Frühstücksgesprächen, dem Beschwerdemanagement und der Kundenzufriedenheitsanalyse Input in den KVP darstellen.

▶ Die Vorgaben aus dem Thema Management-System (Lenkung Dokumente und Aufzeichnungen) und KVP sind zu beachten.

Anmerkung: Das Beschwerdemanagement und die gezielte Abarbeitung der Beschwerden und die Definition der Eskalationen sind wichtige Bestandteile des BRM.

Supplier-Management

▶ Es muss ein Prozess Supplier-Management eingeführt werden, der u.a. Folgendes vorsieht:

- ▶ Klärung und Definition von »contract managern« für alle in Betracht kommenden Lieferanten
- ▶ Rollen und Beziehungen zwischen Zulieferern (lead supplier) und deren Zulieferern (subcontracted supplier)
- ▶ Klärung, dass Änderungen in den Vertragsbeziehungen im Change-Management-Prozess abgewickelt werden.

▶ Es muss ein Prozess für das **Vorgehen in Streitfällen** eingeführt werden, der u.a. Folgendes vorsieht:

- ▶ Definition von Eskalationsstufen
- ▶ Follow-up und das Schließen der Vorfälle

▶ Es muss ein Prozess für das Beenden von Vertragsverhältnissen mit Suppliern eingeführt werden, der u.a. Folgendes vorsieht:

- ▶ erwartete Beendigung
- ▶ frühzeitige Beendigung
- ▶ Übertragung auf andere Dienstleister

▸ Es muss eine **Beschreibung** erstellt und abgestimmt werden, die die Schnittstellen zu allen anderen Prozessen enthält.

▸ Die Vorgaben aus dem Thema Management-System (Lenkung Dokumente und Aufzeichnungen) und KVP sind zu beachten.

Anmerkung: Das »Vorbereitetsein« auf Streitfälle und ein gezieltes Vorgehen dabei ist ein wesentlicher Punkt.

Service Reporting

▸ Es muss eine **Übersicht** erstellt werden für alle zu erstellenden Reports/ Berichte, die Folgendes erhält:

- ▸ Titel/Name des Reports
- ▸ Wem soll berichtet werden?
- ▸ Aus welchen Bereichen soll berichtet werden?
- ▸ Was/welche Inhalte sollen berichtet werden?
- ▸ Welches sind die Datenquellen (inkl. Verifizierung derselben)?
- ▸ Zeitpunkt/Anlässe für die Reports
- ▸ Verantwortlichkeiten (wer berichtet?)
- ▸ Die Vorgehensweisen müssen mit den Kunden abgestimmt werden.

▸ Die laufenden Berichte werden in einer »**Berichtsmatrix**« im Intranet zur Verfügung gestellt und in einem einheitlichen Layout verbreitet.

▸ Die Vorgaben aus dem Thema Management-System (Lenkung Dokumente und Aufzeichnungen) und KVP sind zu beachten.

Anmerkung: Die Berichtsmatrix ist ein wichtiger Bestandteil des Projektes, um gezielt alle erforderlichen Informationen, vor allem die stets aktuellen Kennzahlen, im schnellen Zugriff zu haben.

Security-Management

▸ Es muss eine **Sicherheitspolitik** formuliert und bekannt gemacht werden. Inhalte einer solchen Sicherheitspolitik sind unter anderem:

- ▸ Sicherheitspolitische Vorgaben seitens des Geschäftsumfeldes und des Gesetzgebers
- ▸ Berücksichtigung strategischer, organisatorischer Rahmenbedingungen
- ▸ Berücksichtigung des **Risikomanagements** und dessen Vorgehen
- ▸ Freigabevermerk durch die Leitung

- Es muss eine **Beschreibung/Auflistung aller sicherheitsrelevanten Aspekte** (Security Controls) in Matrixform erstellt werden, die u.a. Folgendes enthält:
  - Sicherheitsaspekte
  - relevante Risiken
  - operative Maßnahmen
  - Verantwortlichkeiten
- **Tickets zu Security Incidents** müssen erstellt und verfolgt werden wie im Incident-Management-Prozess.
- Die Vorgaben aus dem Thema Management-System (Lenkung Dokumente und Aufzeichnungen) und KVP sind zu beachten.

Anmerkung: Eine genaue Auflistung der Personen, die bei sicherheitsrelevanten Aspekten zuständig sind und wie sie handeln müssen, ist enorm wichtig.

Management-System

Zur Erlangung der Zertifizierfähigkeit ist es notwendig, alle übergreifenden Themen, die in der ISO 20000 beschrieben sind, im Management-System zu behandeln. Folgende **übergeordnete Dokumente** sind erforderlich.

- Aus den im Intranet veröffentlichten Leitsätzen muss eine **Service-Management-Politik** abgeleitet werden, die eine Formulierung einer »Verbesserungspolitik« beinhaltet. Es muss sichergestellt werden, dass diese allen Mitarbeitern bekannt sind und dass die Leitsätze regelmäßig den Rahmenbedingungen angepasst werden.
- Die formulierten **Ziele** für den Bereich sollten im Intranet veröffentlicht und allen Mitarbeitern bekannt gemacht werden.
- Es muss ein übergeordnetes Dokument **Management-System** mit folgendem Inhalt erstellt werden:
  - Bezugnahme zur Service-Management-Politik und zu Zielen mit Hinweis darauf, dass und wie diese laufend den Rahmenbedingungen angepasst werden
  - Geltungsbereich (betroffene Organisationseinheit, Standorte, benannte Dienstleistungen)
  - Nennung eines Beauftragten des Managements für das Management-System (»Service-Manager«)
  - Bezugnahme zur Risikoanalyse
  - Bezugnahme zur quartalsweisen Berichterstattung an den Vorstand als kontinuierliches Review

▷ Informationen über die Art und Weise, wie das Management-System und insbesondere die Prozesse beschrieben werden (mit welcher »Methodik«, »Systematik«)

▶ Des Weiteren ist die Einführung eines **Prozesses zur Lenkung von Dokumenten** und Daten sowie Aufzeichnungen erforderlich. Das heißt: für alle Vorgabedokumente wie übergeordnete Dokumente, Prozessbeschreibungen, Betriebshandbücher, Service Level Agreements, Formblätter etc. muss geklärt sein, wer/welche Rolle diese erstellt, prüft und Freigabe erteilt. Weiterhin muss geklärt sein wer/welche Rolle und wie für Änderungen verantwortlich ist und wo und wie lange Dokumente und Aufzeichnungen aufbewahrt werden.

▶ Notwendig ist auch das Etablieren einer regelmäßigen (jährlichen) **Risikoanalyse** für den Bereich IT (hier gab es bereits ein Vorgehen; eine Beschreibung des Vorgehens ist nicht erforderlich).

▶ Es muss eine Übersicht aller ablaufenden Prozesse erstellt werden. Sinnvollerweise wird diese Übersicht als **Prozesslandschaft** (grafisch aufbereitet fürs Intranet) dargestellt.

Anmerkung: Das Management-System ist das »Kernstück« und der »Ausgangspunkt« aller anderen Prozesse.

Kontinuierliche Verbesserung (KVP)

▶ Zur Information: Dieses Kapitel aus der ISO 20000:2002 stellt im Grunde auch einen **übergeordneten Rahmen** für alle weiteren Prozesse unter ISO 20000 bzw. ITIL dar.

▶ Es muss ein **Prozess** eingeführt werden zur kontinuierlichen Weiterentwicklung (Verbesserung), der im Grunde an alle anderen Prozesse anschließt, falls sich dort aufgrund von Nonkonformitäten (mit den Prozessvorgaben und/oder ISO 20000) Handlungsbedarf ableiten lässt.

▶ Der Prozess muss die folgenden Aktivitäten beinhalten:

▷ Fehlerbewertung

▷ Ermittlung der Ursachen

▷ Ableitung von Handlungsbedarf für zukünftige Fehlervermeidung

▷ Ermittlung und Verwirklichung von Maßnahmen

▷ Aufzeichnungen der Ergebnisse der ergriffenen Maßnahmen

▷ Bewertung der ergriffenen Maßnahmen

▶ Gemeint ist hier ein eher methodisches Vorgehen (prozessual) analog wie beim Projektmanagement der ITIL Vision, Inc.

▶ Einführung eines Prozesses für die **jährliche Auditierung** gemäß ISO 20000. Hier kann u. U. auf die Inhalte des zentralen Qualitätsmanagementsystems der ITIL Vision, Inc. zurückgegriffen werden. Für den erforderlichen Fragenkatalog empfehlen wir, Auszüge aus der PD0015 zu verwenden.

▶ Die Vorgaben aus dem Thema Management-System (Lenkung Dokumente und Aufzeichnungen) sind zu berücksichtigen.

Anmerkung: KVP ist das »eigentliche Thema« von ITIL und ISO 20000.

2.2.5 Erkenntnisse aus dem Maßnahmenkatalog

Aufgrund dieser Informationen ist man dann imstande, eine genaue Planung hinsichtlich des Zeitrahmens, der Kosten und der Aufwände vorzunehmen. Daher ist es einfach sinnvoll, sich von der Beraterfirma (im Falle der ITIL Vision, Inc. durch den TÜV) einen Maßnahmenplan erstellen zu lassen.

Checkliste für die Umsetzung

☑ Entscheidung, ob ein Maßnahmenkatalog benötigt wird (Empfehlung: Ja)

☑ Variante wählen: Variante »bis zur Zertifizierfähigkeit« (entspricht dem Reifegradlevel 3) oder die Variante »für einen bestimmten Reifegradlevel«

☑ Ein Angebot erstellen lassen (Umfang ca. 2 Manntage). Die Grundlage bildet das Assessment.

Was ist zu beachten?

☑ Grundvoraussetzung für jeden Prozess: Prozess beschreiben

☑ Prozessverantwortlichen benennen

☑ Rollen definieren

☑ Kennzahlen definieren

☑ Kennzahlen einführen je Prozess (Kriterium: einfach und schnell und später dann bei Bedarf den Gegebenheiten anpassen)

☑ Prozess umsetzen, leben und laufend verbessern

2.3 Die Entscheidung für ITIL/ISO 20000

Moderne IT-Umgebungen und das IT-Management befinden sich in einer stetigen Anpassungsphase. Immer neue Technologien, Methoden und Anwendungen werden eingesetzt. Bei sinkenden Budgets steht die IT vor einem Problem, weil der Spagat zwischen Leistungen und Aufwand im IT-Betrieb immer schwieriger zu überwinden ist. Genau dafür setzen wir mit ITIL den Hebel an.

Die ITIL-Bibliothek und die dort beschriebenen Verfahren sollen bei uns eigentlich drei Dinge bewirken:

▶ Wenn notwendig, vorhandene Strukturen ändern,

▶ die abteilungsübergreifende Kooperation fördern und

▶ eine Transparenz durch Messen und Reporting schaffen.

Eine zentrale Vorgabe in unserem Fall war, dass auf keinen Fall ITIL die bestehende IT-Abteilung in eine Matrix-Organisation verwandeln darf. Das heißt, die an die Prozess-Manager verteilten Kompetenzen dürfen nicht gegen die Linienorganisation arbeiten.

2.3.1 Pro und Kontra

Pro: ITIL stellt ein neutrales und herstellerunabhängiges Best-Practices-Regelwerk dar. Es bietet uns einen definierten Standard für die strategischen, operativen und taktischen Geschäftsprozesse und Steuermechanismen. Damit wurden bei uns Prozesse systematisch aufgebaut. Die IT-Infrastrukturen werden damit effizienter gesteuert. Zugleich können wir durch Kostenersparnis unsere Services marktfähig machen.

Kontra: In der Praxis tauchen bei der Umsetzung oft Schwierigkeiten auf, weil das Verständnis für Inhalte und Ziele der IT oftmals in nur ungenügender Form vorhanden ist. Die Verfahren und Prozesse, die sich aus der konsequenten Umsetzung ergeben, müssen nicht nur eingeführt werden. Sie befinden sich auch in einer permanenten Anpassungsnotwendigkeit.

2.3.2 Das Projektteam definieren

Der Leiter des Projektes kommt aus dem eigenen Personalstand des Bereiches IT und war bereits vor Projektbeginn in der Leitung als Assistent tätig. Die erste Projektphase wurde von der gesamten Führungsmannschaft abgearbeitet und geprägt. In dieser Phase wurden bereits die Weichen gestellt, ob ITIL für die IT-Abteilung überhaupt ein Thema ist bzw. ob wir eine ISO 20000-Zertifizierung anstreben. Nach der ersten Phase wurde das Projektteam um die Prozessverantwortlichen erweitert.

Service-Manager auswählen

Als Service-Manager wurde in der ITIL Vision, Inc. der Projektleiter ausgewählt. Die für die Umsetzung erforderliche Präsenz der Projektleitung bei allen ITIL- und ISO 20000-Prozessen machen ihn für diese Position zur optimalen Wahl.

Prozessverantwortliche auswählen

Für alle Aufgaben innerhalb der IT gibt es Spezialisten, die ihre Aufgaben sehr gut erledigen. Mit ITIL werden genau diese Spezialisten mit Verantwortungen betraut, die ihren Kenntnissen entsprechen. Das heißt, Spezialisten im Server-Betrieb können zum Beispiel für Prozesse wie Capacity-, Continuity- oder Availability-Management die Verantwortung als Manager übernehmen. Für Mitarbeiter des Benutzerservice bieten sich die Prozesse Incident- oder Problem-Management an.

Als Beispiel finden Sie in der folgenden Tabelle die Prozessverantwortlichen und deren Fertigkeiten im operativen Betrieb in der ITIL Vision, Inc.[1]

Prozess	Organisations-einheit/Position	Fertigkeiten/Verantwortungen
Management-System	IT-Leiter Leitung	Planen und kontinuierliche Weiterentwicklung des Bereiches IT
KVP und interne Auditierung	IT-Assistent Leitung	kontinuierlichen Regelkreis (Plan – Do – Check – Act) managen
Service Reporting und Lenkung Dokumente	IT-Assistent Leitung	verantwortlich für vereinbarte, verlässliche und genaue Berichte
Supplier-Management	IT-Leiter Leitung	Lieferanten (3rd party) managen
Business-Relation-Management	IT Controlling/ Leitung	Steigerung der Kundenzufriedenheit durch laufende Verbesserung der Servicequalität
Security-Management	Administrator Systemservice	zentrale Säule zur Steigerung von Zuverlässigkeit und Vertrauen in die IT
Incident-Management	Hotline Verantw. Benutzerservice	Störungen/Zwischenfälle schnellstmöglich beheben
Problem-Management	Centerleiter Benutzerservice	Störungen (Incidents) nachhaltig vermeiden
Change-Management	Centerleiter Produktservice	Erfassung und Koordinierung aller Änderungen an laufenden Systemen
Release-Management	Applikations-verantw. Produktservice	ganzheitliche Release-Planung für eine bessere Abstimmung
Configuration-Management	Centerleiter Benutzerservice	zentrale Auskunftsstelle für alle Komponenten
Availability-Management	Administrator Systemservice	Überwachung und Steuerung aller im SLA definierten Systeme

Tabelle 2.3 Prozessverantwortliche und deren Fertigkeiten im operativen Betrieb

1 Prozesse, die für die ISO 20000-Zertifizierung benötigt werden

Prozess	Organisations-einheit/Position	Fertigkeiten/Verantwortungen
Capacity-Management	Administrator Systemservice	erforderliche Kapazitäten sicherstellen
Continuity-Management	Administrator Systemservice	schnellstmögliche Wiederherstellung im Katastrophenfall
Service-Level-Management	IT-Controlling Leitung	Überwachung und Steuerung der IT-Services
Financial-Management	IT-Controlling Leitung	effektive Steuerung der Kosten und der finanziellen Ressourcen

Tabelle 2.3 Prozessverantwortliche und deren Fertigkeiten im operativen Betrieb (Forts.)

Berater wählen

Die Auswahl der Berater ist wie bei allen IT-Projekten ein sehr heikles Thema. Das Beratungsgeschäft ist Vertrauenssache. Für die meisten IT-Aufgaben sind in den verschiedenen Beratungshäusern die Mitarbeiter bekannt. Zum Thema ITIL hatten wir ein Problem: Es gibt kein Beratungshaus, das bereits ein Umsetzungsprojekt vorweisen kann. Unser Ansatz zu diesem Thema war, das Projekt in der Startphase ohne Umsetzungsberater zu starten, aber eine Standortbestimmung durch ein externes Audit durchführen zu lassen. Das hat uns nicht nur geholfen die Grundlagen für unser Projekt zu erstellen, sondern auch das nötige Vertrauen in unser Beratungshaus zu gewinnen. In unserem Fall war das der TÜV Süd. Die Berater begleiteten uns nicht nur während der Umsetzungsphase, sondern auch bei der Zertifizierung.

2.3.3 Der Projektplan

Üblicherweise werden eine Roadmap und ein Projektplan für das Vorhaben erstellt. Dazu gehören Standortbestimmung und die Überprüfung des derzeitigen Ist-Zustandes. Das Vorgehen kann durch die folgenden Phasen definiert werden:

► Implementierungsplan und Zielformulierungen

► Überarbeitung der Ablauforganisation

► Toolgestaltung und Tooleinbindung

► Training, Information und Realisierungsaktionen

Die einzelnen im Projektplan der ITIL Vision, Inc. festgelegten Umsetzungsphasen sind (siehe Abbildung 2.6):

► Maßnahmenplan

► Prozessdefinition

▶ Umsetzung der Prozesse

▶ Prozesse werden aktiviert und gelebt

▶ Beraterkontrolle (TÜV)

▶ Zertifizierung nach ISO 20000

▶ Interne Audits

▶ Kontinuierlicher Verbesserungsprozess (KVP)

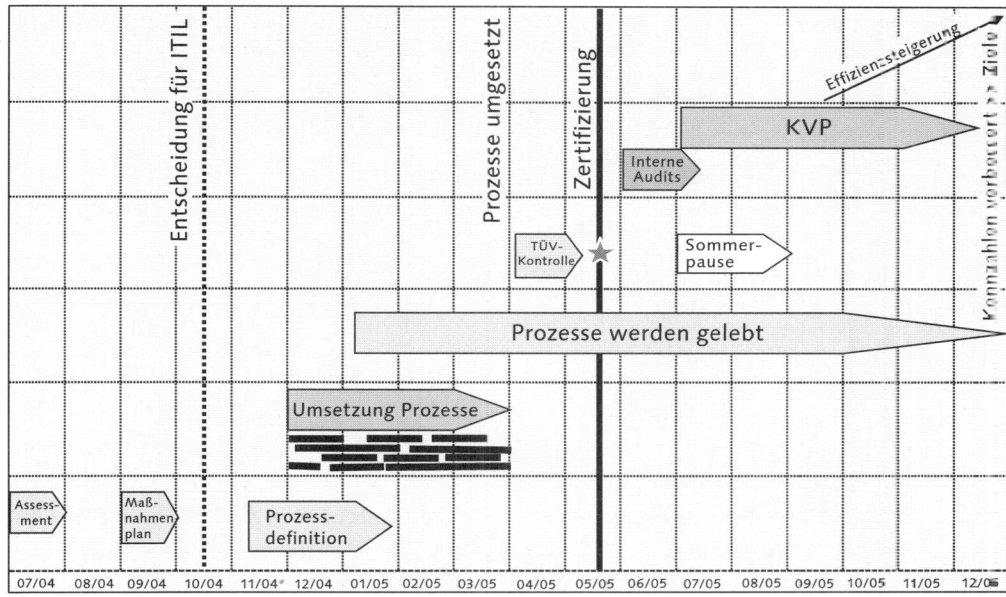

Abbildung 2.6 Zeitplan des Projekts

2.3.4   Die Prozesslandkarte

Die Prozesslandkarte diente uns während der gesamten Projekt- und Schulungsphase zur Orientierung. Die Standard-ITIL-Einteilung nach Service Support und Service Delivery wollten wir in dieser Form nicht einfach nur übernehmen. Wir mussten die Landkarte nicht nur um die ISO 20000-Prozesse erweitern, sondern auch um die Punkte der Leistungserstellung in den einzelnen Centern. Damit schufen wir eine Landkarte, die alle IT-Belange abdeckt (siehe Abbildung 2.7).

Es war ein längerer Prozess, diese Prozesslandkarte zu erstellen. Fragen wie: »Sollen wir sofort die ITIL-Begriffe verwenden oder sollten wir für eine Übergangsphase die für unsere derzeitigen Abläufe gültigen Beschreibungen verwenden?«, stellten sich uns.

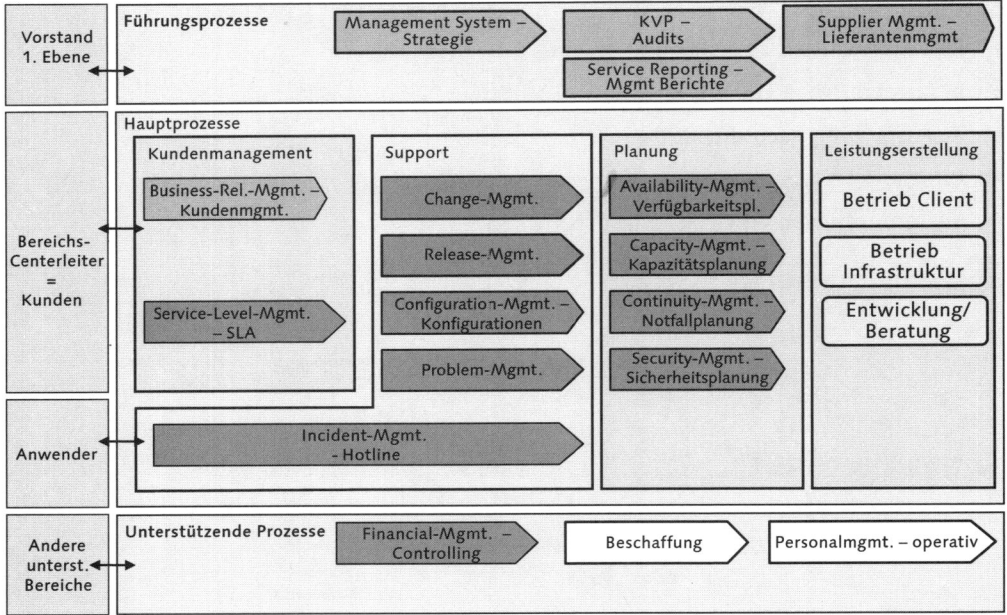

Abbildung 2.7 Prozesslandkarte

2.3.5 Die Verfügbarkeit der Information

Die gesamte Dokumentation des Projektes und der umgesetzten Prozesse ist aus dem firmeneigenen Intranet abzurufen. Außer HTML-Seiten und Office-Dokumenten wurden einfache Intranet-Applikationen erstellt.

2.3.6 Struktur der Dokumentation

Die Struktur der Dokumentation kann in zwei Teilen dargestellt werden:

▶ **Intranet:** Hier wurden die einzelnen Prozesse nach Themengruppen und nach ITIL- bzw. ISO 20000-Zugehörigkeit dargestellt. Ein weiterer Schwerpunkt ist die IT-Leistungserstellung. Darin sind die Regeln für die Umsetzung der operativen IT-Leistungen in den einzelnen Organisationseinheiten bzw. Centern enthalten.

▶ **Im Filesystem** werden alle Office-Dokumente und alle Archivdokumente abgelegt.

Abbildung 2.8   Prozessdokumentation

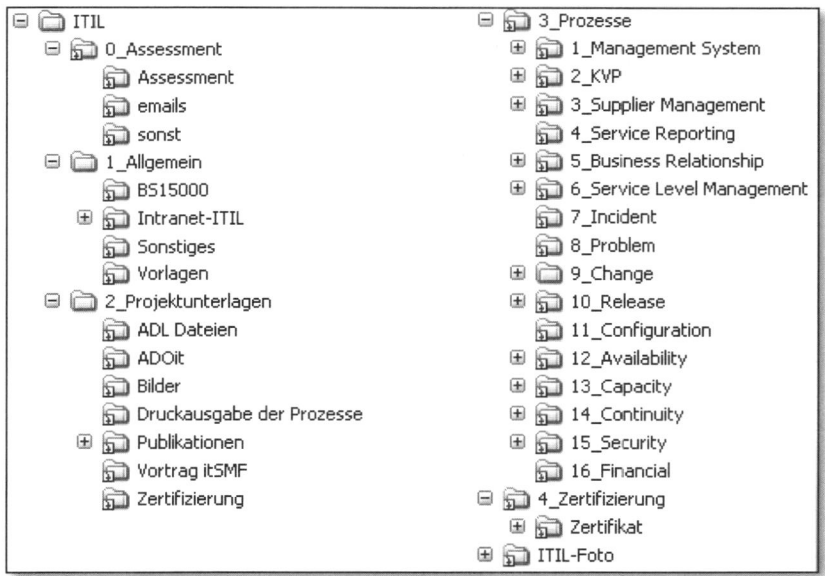

Abbildung 2.9   Dokumente Filesystem

2.4   Unsere Sicht der Marktentwicklung

Seit der Umsetzung der ITIL-Zertifizierung und den anschließenden Erneuerungen unseres Zertifikats sind nun drei Jahre vergangen. Eigentlich hatten wir erwartet, dass sich der ITIL-Gedanke irgendwann wie ein Lauffeuer in der IT-Branche verbreiten wird. Aufgrund der in der ITIL Vision, Inc. festgestellten Performance und Produktivitätssteigerungen, gab es für uns keinen Zweifel – ITIL würde sich über kurz oder lang als *der Standard* für IT-Service-Dienstleister etablieren. Alle großen IT-Hersteller begannen ihre Softwareentwicklungen ITIL-fähig zu machen. Sämtliche Helpdesk-, Inventory- und IT-Accounting-Tools wurden rasch mit dem ITIL-Stempel versehen. Wie immer war bei einigen Herstellern das Marketing schneller als die Softwareentwicklung. Da es in der kurzen Zeit meist nicht möglich war alle Funktionen umzugestalten, wurden eine Vielzahl von »Abwandlungen« des ITIL-Standards geschaffen, damit die jeweilige Software trotzdem unter dem Deckmantel des ITIL-Trends verkauft werden konnte. So gab es bald bei jedem großen IT-Softwarelieferanten eine eigene Abteilung, die zur Verfügung stand, um das jeweilige Produkt mit Hilfe des »speziell für unser Produkt verbesserten ITIL-Standards« einzuführen.

Dies führte natürlich dazu, dass viele Kunden es sich dreimal überlegten bevor Sie sich solchermaßen von einem einzelnen Hersteller abhängig machten. Vom ursprünglichen Best-Practice-Ansatz, aus dem man frei seine besten Verfahren entwickeln konnte, blieb dabei wenig übrig. Betrachtet man heute den Markt, so gibt es neben ITIL eine ganze Reihe von etablierten Standards. Alle verfolgen sie das Ziel, IT-Prozesse zu normieren und zu standardisieren. Sie folgen also dem Trend die IT zu industrialisieren. In Abschnitt 1.2 wurden einige davon vorgestellt und besprochen.

Doch wie sieht nun der Markt rund um ITIL aus? Welche Teile des Standards muss man umsetzen, um in der heutigen Zeit als IT-Service-Dienstleister bestehen zu können? Welche Norm wird sich als Industriestandard etablieren? Gibt es den alles umfassenden Standardisierungsansatz? All diesen Fragen widmet sich das vorliegende Kapitel.

2.4.1   Generelle Übersicht

Aus unserer Sicht hat sich ITIL leider bis dato eher auf der Toolanbieter-Seite etabliert als bei den IT-Dienstleistern selbst. Sehr viele Unternehmen beschäftigen sich zwar mit ITIL, jedoch meist nur mit einigen wenigen ausgewählten Prozessen.

Ein mindestens ebenso verbreitetes Thema in der IT-Branche breitet sich rund um IT-Governance aus. Geht es bei ITIL um die Ausrichtung der IT-Services primär auf den oder die Kunden, so befasst sich Governance mehr mit der Frage der Ausrichtung an der Unternehmensstrategie. Wie im nächsten Abschnitt noch genauer ausgeführt, wurde ITIL hauptsächlich zum Thema der IT-Softwarelieferanten, die Ihren Produkten – zwecks Verkaufsförderung – den ITIL-Stempel aufrücken wollen. Ebenso gibt es zum Thema Governance eine schiere Unzahl von Beratern, die jeweils für sich in Anspruch nehmen die perfekte Umsetzung des Governance-Prinzips zu besitzen. Natürlich gibt es dabei große Überschneidungen mit ITIL, das ja auch in gewissem Maße die Ausrichtung der Prozesse und Ziele an vorhandenen Unternehmensstrategien beinhaltet.

Wenn man also die strategische Ausrichtung der IT im Sinn hat, oder mit einem teilweise chaotischen Anforderungsmanagement an die IT-Abteilung konfrontiert ist, dann sollte man sich schleunigst mit dem Thema Governance beschäftigen.

Anders verhält es sich, wenn man aus gesetzlicher Sicht oder aus Geschäftssicht mehr in Richtung Qualitätssicherung und Kontrollmechanismen tendiert. Hierzu gibt es den neben ITIL und Governance aus unserer Sicht einen dritten Mainstream bei IT-Standards, nämlich COBIT. In Abschnitt 1.2 ausführlich dargestellt, hat dieser Standard den Hauptzweck, sogenannte »Control Objectives« zu definieren. Anhand dieser Kontrollpunkte kann dann das »richtige und einwandfreie« Funktionieren des Geschäfts« gemessen und gesteuert werden. Nicht umsonst erfreut sich dieser Standard bei internen Revisionen und Wirtschaftsprüfern besonderer Beliebtheit. Macht er es ihnen doch leicht, Fehler in der Prozesskette aufzuspüren und kritisch zu bewerten. In der Übersicht ist dieser Standard deshalb auch mit dem Vermerk »Strategisches und operatives Controlling« versehen.

Fazit ist, dass diese drei Themenblöcke derzeit in aller Munde sind, jedoch kaum jemand umfassend alle drei Standards eingeführt hat. Wir haben bei unseren Recherchen erarbeitet, dass neben der ITIL/ISO 20000-Zertifizierung eine Erweiterung um die ISO 17799 einen Vorteil bringen würde. Dadurch wären große Teile der Sicherheitsaspekte aus COBIT abgedeckt. Von Wirtschaftsprüfern erhielten wir die Rückmeldung, dass diese Kombination ideal wäre.

Es wird wohl noch einige Zeit in Anspruch nehmen, bis es den *einen* endgültigen »Super«-Standard geben wird, der eindeutig alle Bereiche regelt. Bis dahin muss sich jeder Anwender genau überlegen, was er haben will und womit er die Anforderungen seines Geschäftes (und derer, die dies überprüfen) am besten abdeckt.

2.4.2 Welche Prozesse sind die »must haves«?

Fakt ist, dass der große Funktionsumfang der ITIL/ISO 20000-Standards viele Anwender abgeschreckt hat. Viele Unternehmen, mit denen wir bisher über ITIL gesprochen haben, fragten uns stets nur nach einigen wenigen Prozessen. Die von uns am häufigsten beobachtete Art ITIL anzugehen, ist jene über den Helpdesk. Wenn ein IT-Service-Dienstleister noch keine oder eine nur rudimentär eingeführte IT-Hotline besitzt, so kommt er heute kaum um die ITIL-Prozesse Incident- und Problem-Management herum. Praktisch alle Anbieter von Software in diesem Segment haben ihre Produkte mittlerweile nach ITIL ausgerichtet. Daher macht eine Adaptierung der Prozesse vor oder im Zuge der Einführung eines solchen Tools absolut Sinn.

Die übliche Vorgehensweise dabei ist:

▶ Dokumentation des Ist-Zustandes

▶ Analyse der Schwachstellen und Verbesserungspotentiale

▶ Abklären der Rahmenbedingungen und der Kundenanforderungen

▶ Auswahl der relevanten ITIL-Prozesse

▶ Deltaanalyse Ist-/Soll-Prozesse

▶ Maßnahmen zu Anpassung festlegen

▶ Softwareauswahl, Toolunterstützung festlegen

▶ gegebenenfalls Anpassen der Organisation

▶ Schulung der Mitarbeiter

▶ Umsetzung der neuen Prozesse im Zuge der Einführung des Tools

▶ Probebetrieb

▶ Produktivsetzung

Meist jedoch wird ein scheinbar einfacherer Weg gewählt, bei dem ein Softwarelieferant ausgewählt wird und gleich mit der Umsetzung der Prozesse in dessen System begonnen wird. Wie bei jeder Softwareeinführung besitzt dieser Weg die Schwäche, dass der Auftraggeber kaum mehr die Chance hat, sich frei zu überlegen was er genau haben will.

Daher sollten Sie sich stets vorher überlegen welchen Weg Sie einschlagen wollen. Hilfreich ist es aufzuschreiben, was man mit der Optimierung erreichen will und was die zentralen Probleme sind. Und zwar *bevor* Sie mit einem Lieferanten sprechen. Das garantiert Ihnen ein Maximum an Unabhängigkeit.

Doch zurück zur Kernfrage dieses Abschnitts: Welche Prozesse muss man haben, um als IT-Dienstleister erfolgreich zu sein?

Wir meinen, dass von allen ISO 20000-Prozessen das Management-System das effektivste Instrument ist. Nur wenn allen Beteiligten klar ist, welche Ziele verfolgt werden, wie die Politik definiert ist um diese umzusetzen, und welche Messgrößen angewandt werden um die Erreichung der Ziele sicherzustellen, nur dann werden Sie auch nachhaltig erfolgreich sein!

Ein weiterer unabdingbarer Prozess scheint uns das Thema »Management der Finanzen« zu sein. Ohne eine strickte Vorgabe, wie die finanzielle Steuerung und Verrechnung Ihrer IT-Dienstleistungen erfolgen soll, werden Sie in der heutigen Zeit am Markt wohl kaum lange bestehen können.

Gleichermaßen sind eine geordnete Beziehung zu Ihren Kunden und Auftraggebern, regelmäßige Statusinformationen sowie eindeutige Serviceverträge heutzutage bei modernen Service-Dienstleistern nicht mehr wegzudenken. Die zugehörigen ITIL-Prozesse nennen sich »Business Relationship« und »Service-Level-Management«. Wir möchten Ihnen auch diese sehr ans Herz legen.

Somit sollte Ihr Mindestumfang an standardisierten Prozessen folgende Bereiche – in der Reihenfolge nach Priorität – umfassen:

▶ Financial-Management
▶ Management-System
▶ Business-Relationship-Management
▶ Service-Level-Management
▶ Helpdesk, Incident-Management
▶ Problem-Managment

Natürlich müssen sie nicht alle Teile auf einmal angehen. Vielleicht regt Sie unsere Kurzübersicht jedoch zum Nachdenken an, falls Sie eine andere Reihenfolge bei der Einführung gewählt haben. Wie bereits erwähnt, haben wir schon eine Reihe von Gesprächen geführt, in denen der Helpdesk und das Incident-Management der IT-Organisation oberste Priorität bei der Standardisierung hatte. Einige Zeit nach der Einführung haben wir uns wieder mit den Kollegen unterhalten. Nun war zwar das operative Störungs- und Anforderungsmanagement abgedeckt, aber die Frage, welches Ziel der Incident-Prozess eigentlich verfolgen soll, konnte nicht beantwortet werden. Sollte er hauptsächlich schnell, billiger oder einfach nur »besser« werden? Da dies nicht geklärt war, wussten die Leute an der Hotline auch nicht, welche Kennzahl warum gemessen wird. Genau diese Fragen werden im ITIL-Prozess Management-System behandelt. Wichtig dabei ist, dass das Management eine klare Zielvorgabe zu den einzelnen Prozessen geben muss und diese tunlichst im Zusammenhang mit den Unternehmenszielen stehen sollte!

2.4.3 Ausblick auf mögliche zukünftige Entwicklungen

Ausgehend von den zuvor dargestellten derzeitigen drei Megatrends in der Standardisierung von IT-Prozessen

- ITIL/BS 15000/ISO 20000
- IT-Governance
- COBIT

kann es eigentlich nur zwei Szenarien für die Zukunft geben:

ITIL erlebt endgültig den Durchbruch und vollendet seinen Siegeszug in der Standardisierungsbewegung. Ausgehend von der Best-Practice-Ideologie werden auch für die Themenbereiche IT-Anforderungsmanagement (Governance) und Kontrollmechanismen (COBIT) ähnliche Verfahren gesammelt und in das Standardwerk integriert. Somit würde ein allumfassender Standard für den gesamten IT-Betrieb eines Unternehmens zur Verfügung stehen. Vorraussetzung dafür wäre allerdings das Zusammengehen der verschiedenen existierenden Gremien der jeweiligen Themen und die Bereitschaft der IT-Lieferanten (Toolhersteller gleichermaßen, wie Berater und Wirtschaftsprüfer) von Ihren jeweiligen proprietären Lösungsansätzen abzugehen.

Ein ziemlich unwahrscheinliches Szenario also, wenngleich aus Anwendersicht absolut wünschenswert. Egal welches Problem Sie hätten – ein Griff zum richtigen ITIL-Kapitel und Sie könnten lesen, wie Sie es richtig machen können.

Eher anzunehmen ist, dass sich einige wenige Hauptstandards etablieren, die zwar alle die wesentlichen Agenden eines IT-Dienstleisters definieren, jedoch aus unterschiedlichen Blickwinkeln und Motivationen heraus. Im Prinzip entspricht dieses Szenario der Fortschreibung des heutigen Status Quo. Jeder Standard wird dabei für sich weiterentwickelt und dringt zunehmend in die Kernbereiche des anderen vor. Der Anwender hat dann die Qual der Wahl und muss letztendlich entscheiden, welcher Ansatz der für ihn passende ist.

*In diesem Kapitel geht es nun um die eigentliche Prozessumsetzung. Der
kontinuierliche Verbesserungsprozess (KVP), die interne Auditierung
und alle Teile des Management-Systems werden vorgestellt. Dabei finden
Sie neben einer Kurzbeschreibung immer die Ziele, die angestrebt werden, den Prozessablauf und die damit verbundenen Aufgaben. An einigen Stellen finden Sie außerdem Checklisten, die Ihnen helfen, den Überblick zu behalten.*

3   Die Prozessumsetzung

3.1   Management-System (ISO 20000)

Das Ziel des Management-Systems ist eigentlich einfach: Schreiben Sie nieder,
wie Sie als verantwortlicher IT-Manager sicherstellen, dass die durch das Unternehmen verfolgte Strategie durch die IT-Services effizient und effektiv unterstützt
werden.

3.1.1   Kurzbeschreibung

Das Management-System ist das Rahmenwerk (Framework), das die Politik und
die Organisation definiert, mit der Sie eine effiziente und effektive Erbringung
der IT-Services sicherstellen.

Es müssen also alle strategischen, organisatorischen und politischen Zielsetzungen des Bereiches IT definiert werden. Das Spannende dabei ist, dass in der Regel
jeder eine Vorstellung hat, wofür und warum IT-Services in einem Unternehmen
erbracht werden. Schwieriger wird es dann schon die Frage zu beantworten, was
die Erbringung der Dienstleistungen dem Unternehmen bringt. Ganz sicher ist es
aber ohne ausformulierte IT-Strategie und -Politik unmöglich, ein gemeinsames
Verständnis über die Ausrichtung der Services zu Stande zu bringen und wie
diese im Zusammenhang mit der Unternehmensstrategie zu sehen sind.

Haben sich in der Vergangenheit viele Berater und Bücher mit dem Thema
IT-Strategie auseinandergesetzt, so lautet das moderne Schlagwort hierzu auch
»IT-Governance«. Gemeint ist dabei, wie sichergestellt wird, dass nicht nur die IT-
Ziele aus der Unternehmensstrategie abgeleitet sind, sondern auch, wie man ga-
rantiert, dass diese Ziele erreicht werden.

Der ISO 20000-Prozess Management-System versucht beides zu vereinen. Sie müssen also nicht nur eine IT-Strategie aus der Unternehmensstrategie ableiten, sondern Sie müssen auch – »schriftlich« – ausformulieren, wie Sie sicherstellen, dass die Ziele erreicht werden. Wichtig dabei ist, dass ISO 20000 auch verlangt, dass Sie die Art und Weise, wie Sie die jeweilige Aktualität der Dokumente gewährleisten, festschreiben.

3.1.2 Zielsetzung

Aus der Unternehmensstrategie abgeleitete und mit der Geschäftsleitung abgestimmte **IT-Strategie**:

▸ Vision/Mission des Bereiches/Unternehmens

▸ Strategische Zielsetzungen entsprechend einer Balanced Scorecard

▸ Strategische Vorhaben oder Maßnahmen (z. B.: Prozesseffizienz durch ITIL)

▸ Ressourcen-Strategie: Mit welchen strategischen Mitteln wollen Sie die Ziele erreichen?

▸ Anwendungsstrategie: Auf welche Anwendungsphilosophie setzen Sie?

▸ Plattform-/System- oder Lieferantenstrategie: Mit welchen strategischen Partnern/Plattformen wollen Sie zusammenarbeiten?

▸ Organisationsstrategie

▸ Sourcing-Strategien: Definieren Sie den Grad der Eigenleistungstiefen. Prüfen Sie, ob IT zentral oder dezentral betrieben wird etc.

Die grundlegenden Elemente einer IT-Strategie und ihre Ableitung zeigt Ihnen die folgende Skizze:

▸ Die **Politik** heruntergebrochen auf die einzelnen Prozesse. Definieren Sie also die Art und Weise, wie Sie – abgeleitet aus dem Leitbild/den Leitlinien – Ihre Dienstleistungen verstehen wollen. Also zum Beispiel: Ist Kundenorientierung Ihre oberste Maxime? Oder wollen Sie den Nutzen für das Unternehmen in den Vordergrund stellen?

▸ Ein definiertes und dokumentiertes Vorgehen, wie Sie die Risiken und Chancen erkennen und wie Sie Gegenmaßnahmen ergreifen und deren Wirksamkeit feststellen.

▸ Definierte **Rollen und Verantwortlichkeiten** für sämtliche Aufgaben und Prozesse insbesondere für die Rolle des Service-Managers.

▸ Definierte konkrete Ziele für das laufende Geschäftsjahr, inklusive einer Dokumentation, wie diese jährlich aktualisiert werden und wie Sie sicherstellen, dass diese Ziele auch erreicht werden (**Service-Management-Plan**).

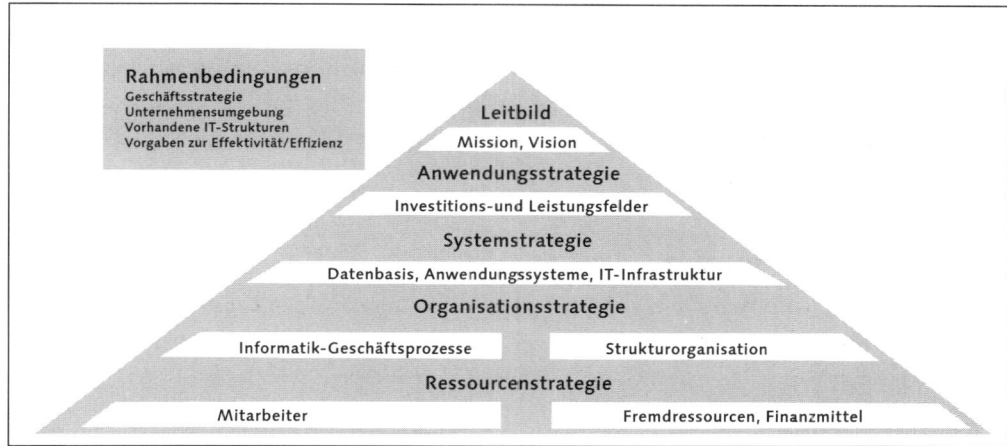

Abbildung 3.1 Strategiekonzept

3.1.3 Prozess

In der ITIL Vision, Inc. wurde an den Beginn des Prozesses die Entwicklung der IT-Strategie gestellt. Aus ihr leiten sich alle anderen Dokumente und Zielsetzungen ab.

Als wesentlicher Input für die jährliche Überarbeitung der Strategie dient das Dokument »IT-Trends«. Hier wird jährlich vor dem Update eine Marktbeobachtung von allgemeinen IT-Trends und Technologien vorgenommen. Wichtig dabei ist, eine gemeinsame Einschätzung der Relevanz der Trends für das Unternehmen herbeizuführen. Die meist per Internetrecherche festgestellten Trends werden durch die Spezialisten und Führungskräfte der IT auf ihre Anwendbarkeit auf das eigene Unternehmen überprüft.

Die dadurch als wichtig klassifizierten Trends werden in die IT-Strategie mit aufgenommen.

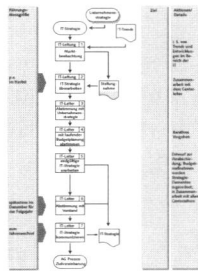

Abbildung 3.2 IT-Strategie (aus Platzgründen ist die Abbildung hier verkleinert dargestellt; die Abbildung in voller Größe finden Sie in Anhang B: Abbildung B.1, Seite 326)

3.1.4 Aufgaben

Aufgabe	Erläuterung
❶ **Marktbeobachtung**	Recherche von IT-Trends (meist via Internet): ▶ Was sagen Analysten (Gartner, Forrester etc.), welche sind die kommenden IT-Trends? ▶ Was sagen die Beratungsunternehmen (siehe z. B. »The CIO Agenda« von Accenture)? ▶ Was sagen namhafte IT-Zeitschriften (CIO Magazine, ZDNet etc.)? ▶ Was sagen Ihre Lieferanten über deren Strategien? ▶ Welche sonstigen Trends können für die Zukunft für Ihr Unternehmen relevant sein? Grobeinschätzung der Trends über ihre Relevanz für Ihr Unternehmen. Stellen Sie die Trends in Beziehung zu Ihrer Unternehmensstrategie. Stellen Sie ein gemeinsames Verständnis über die Einschätzung her.
❷ **Überarbeitung IT-Strategie**	Ausgehend von der bisherigen IT-Strategie wird diese auf Veränderungen in der Unternehmensstrategie oder Erfordernisse aufgrund der festgestellten IT-Trends überarbeitet.
❸ **Abstimmung mit laufender Planung**	Stellen Sie fest, ob sich aus der geänderten Strategie mittelbare oder unmittelbare Änderungen für Ihre Budget- bzw. Maßnahmenplanung ergeben. Fügen Sie diese Änderungen eventuell als Simulationen oder Szenarien in Ihre Planungen ein.
❹ **Abstimmung der IT-Strategie mit der Unternehmensleitung**	Diskutieren Sie die Strategie mit Ihrer Geschäftsleitung oder Ihren Eigentümern. Hierbei sind nicht Details, sondern ein gemeinsames Grundverständnis zu den Themen wichtig.
❺ **Kommunizieren der Strategie**	Nach der Abstimmung der Strategie müssen Sie nun noch dafür sorgen, dass diese allen Mitarbeitern und Mitarbeiterinnen bekannt ist. Auch hier ist wichtig, dass die wesentlichen Elemente von allen verstanden werden.

Tabelle 3.1 Aufgaben

3.1.5 Erforderliche Dokumente und Tools

Je nach Umfang und Komplexität Ihres Unternehmens können Sie ein zentrales Dokument oder mehrere einzelne Präsentationen erstellen. Als Minimum brauchen Sie ein Dokument, das die Ziele (Strategie, Politik etc.) enthält und eines, das den organisatorischen Rahmen (Verantwortlichkeiten, Rollen, Risikomanagement etc.) definiert.

Innerhalb der ITIL Vision, Inc. wurde mit mehreren Dokumenten begonnen und später verdichtet. Dies diente auch dem einfacheren und verständlicheren Übergang auf die ITIL-Prozesse.

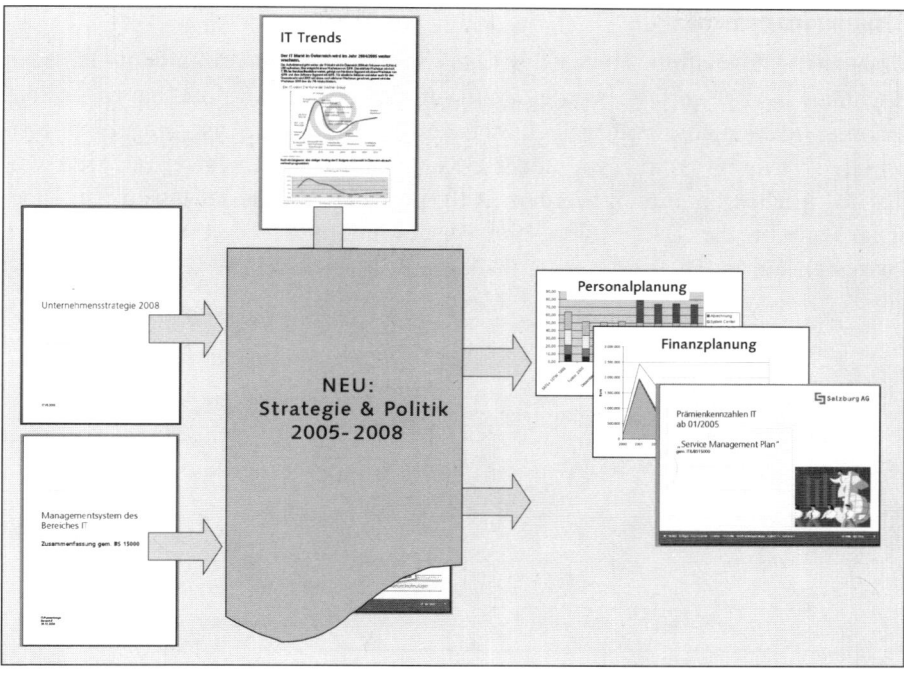

Abbildung 3.3   Dokumentenübersicht

Im Folgenden sind die einzelnen Inhaltsblöcke beschrieben.

Management-System

Das Dokument **Management-System** beschreibt die wesentlichen planerischen Tätigkeiten und die für eine kontinuierliche Weiterentwicklung des Bereichs IT notwendigen Aufgaben und deren Verantwortlichkeiten:

▶ Geltungsbereich der Regelungen (intern, extern, nur im Bereich oder im gesamten Unternehmen)

▶ Grundprinzipien (welche Dokumentationstools werden eingesetzt)

▶ Verantwortung für das Dokument und Freigaberegelung

▶ Grundsätzlicher Planungsprozess: Wie planen Sie Finanzen und Personal etc.

▶ Rollen und Verantwortlichkeiten (wer ist für was zuständig) bezogen auf die Dokumente und Prozesse

▶ Organisatorische Grundprinzipien (z.B. welche Vorgaben, Gesetze, Regelungen sind bindend etc.)

▶ Vorgaben für Reporting zur Sicherstellung eines regelmäßigen Berichtswesens

Risikomanagement

Über das letztgenannte Thema des Chancen- und Risikomanagements könnten nochmals Bücher verfasst werden. Wir von der ITIL Vision, Inc. haben uns auf einen einfachen Ansatz festgelegt. Stets soll dabei auf die Ausgewogenheit zwischen Erreichung der angestrebten Ziele und Einhaltung eines vertretbaren Risikos Rücksicht genommen werden. Aufgrund des Marktes (Massenkundengeschäft) strebt die ITIL Vision, Inc. insbesondere bei den unterstützenden Prozessen ein möglichst geringes Risiko (z.B. hinsichtlich Systemausfällen etc.) an!

Risikomatrix vor Gegenmaßnahme

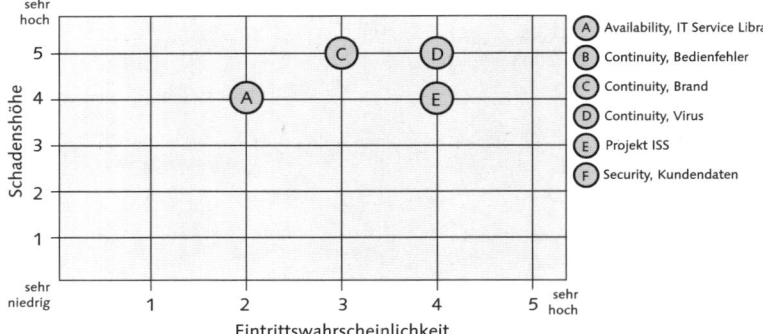

Risikomatrix nach Gegenmaßnahme

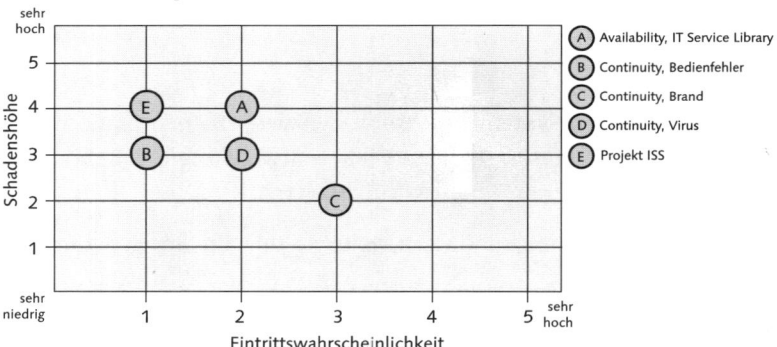

Abbildung 3.4   Risikomatrix

Über die relevanten Risiken, deren Einschätzung und die Einleitung etwaiger **Gegen-/Präventivmaßnahmen** sind innerhalb des Bereiches entsprechende Aufzeichnungen in Form einer übergeordneten Risikomatrix zu führen.

Die Basis für das Risikomanagement der IT der ITIL Vision, Inc. bildet eine Bewertung des möglichen Schadens, der sich durch Ausfälle für das Unternehmen ergeben würde (Business Impact Matrix). In dieser Tabelle werden pro System die im SLA (Service Level Agreement) festgelegten Parameter (Verfügbarkeit, Ausfallszeit, maximal tolerierbarer Datenverlust) dem möglichen Schaden bei einer Überschreitung dieser Schwellwerte gegenübergestellt.

Diese Aufstellung bildet die Grundlage für die Bewertung von Gegenmaßnahmen, falls eine hohe Wahrscheinlichkeit für das Überschreiten der SLA-Parameter festgestellt wird.

Die Bewertung der Eintrittswahrscheinlichkeiten gliedert sich in fünf Stufen und wird der Einfachheit halber in Schulnoten (1 = *sehr niedriges Risiko* bis 5 = *sehr hohes Risiko*) bewertet.

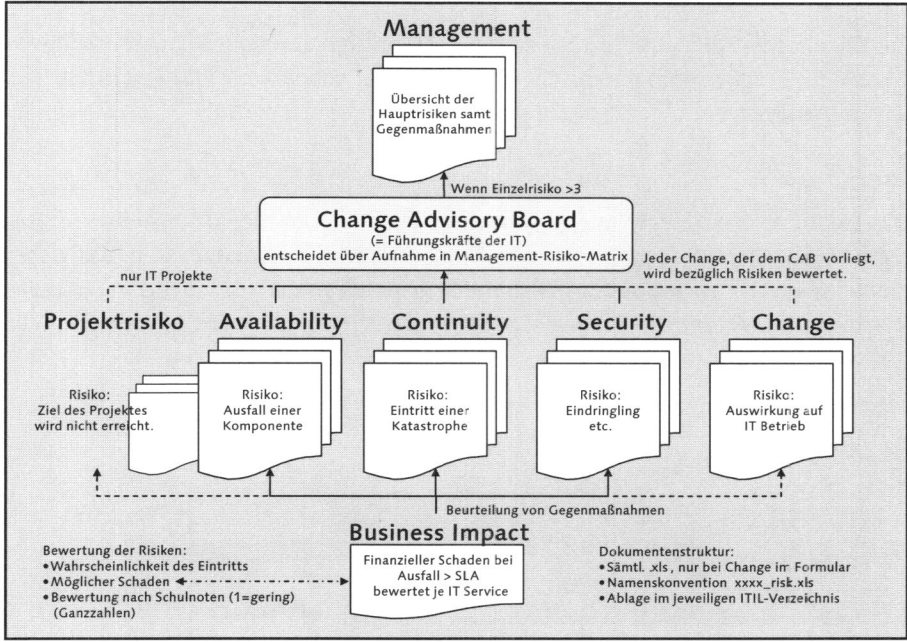

Abbildung 3.5 Zusammenhang Risikoreports

In einer eigenen Excel-Tabelle werden strukturiert im Rahmen des monatlich stattfindenden Jour Fixe (= Change Advisory Board, Kernteam) der Führungskräfte der IT sämtliche relevanten Risiken erfasst, bewertet und Gegenmaßnahmen beschlossen. Gleichzeitig werden die Umsetzung und die Ergebniswirksamkeit bestehender Maßnahmen überwacht.

Bei der Bewertung der Risiken ist eine Gegenüberstellung vor und nach der Umsetzung der Gegenmaßnahmen durchzuführen. Wird ein Risiko bewusst eingegangen, so ist dies in einem entsprechenden Bemerkungsfeld zu kommentieren. Monatlich werden alle nicht mehr aktiven Risiken in ein Archivblatt verschoben.

Durch die jeweiligen Prozessverantwortlichen der oben angeführten Prozesse wird eine laufende Bewertung der verschiedenen Risiken in getrennten Tabellen durchgeführt. Ergibt die Bewertung des Risikos einer Einzelkomponente eine hohe oder gar sehr hohe Wahrscheinlichkeit (>3), so ist eine Gegenmaßnahme zu erstellen und das Risiko in das Management-System zu übernehmen.

Das Risiko von Projekten wird nur dann im oben beschriebenen Ablauf behandelt, wenn es sich um reine IT-Projekte oder solche mit Projektleitung durch die IT handelt. Verantwortlich für eine entsprechende Risikoabschätzung ist der jeweils zuständige Projektleiter.

Bei Changes werden alle Anträge an das CAB bezüglich möglicher Umsetzungsrisiken oder Folgewirkungen durchgesprochen und nach oben skizziertem Schema in die Management-Übersicht aufgenommen.

IT-Strategie

Das Dokument »Strategie und Politik« beschreibt die aus der Unternehmensstrategie abgeleiteten Strategien für den Bereich. Die IT-Trendanalyse liefert dabei einen wesentlichen Input zum IT-Planungsprozess sowie zur jährlichen Aktualisierung und Weiterentwicklung der Strategie. Die folgende Skizze verdeutlicht nochmals den Zusammenhang:

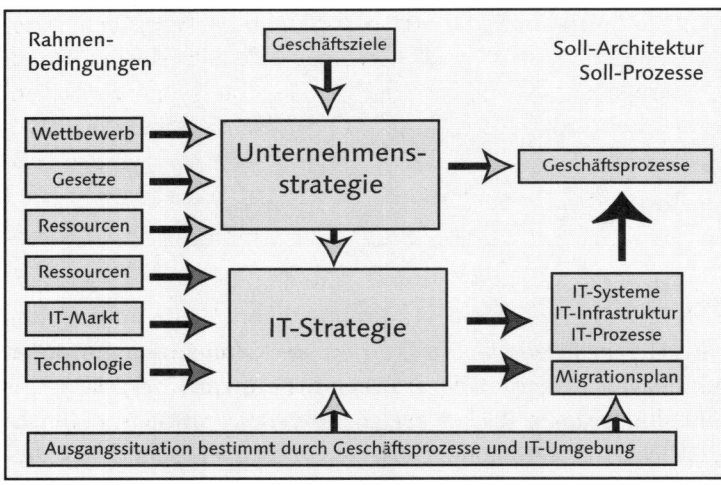

Abbildung 3.6 Einbettung der IT-Strategie

Abgeleitet aus der Unternehmensstrategie werden strategische Zielsetzungen entsprechend einer Balanced Scorecard für die Felder Prozesse, Kunden, Finanzen und Mitarbeiter definiert. Die strategischen Vorhaben und Zielsetzungen werden dann für diese vier Felder heruntergebrochen.

In weiteren Abschnitten ist dann die Auswirkung der Strategie auf die konkreten Plattformstrategien der IT-Systeme und Anwendungen schriftlich festgehalten.

	Ziel-Plattform		Ziel-Plattform
Technische/Operative Prozesse	Siemens	Archiv	Detec/ Easy
Vertriebsunterstützung (CRM)	SAP CRM	DMS/Workflow	Technodat/ Cimgraph
MIS/Datawarehouse (Managementinformationssystem)	SAP BW	Datenbank	Oracle/Microsoft
CAD (Planunterstützung)	Autocad	Betriebssystem (Server & Clients)	Microsoft
ERP („Unterstützende Bereiche")	SAP R/3	Serverhardware	Intel/HP
EAI/Middleware	SAP XI	Netzwerkhardware	Enterasys/Kapsch
Mobiler Zugriff	In Arbeit	Clienthardware	Intel/Fujitsu/IBM

Abbildung 3.7 Plattformstrategie

Service-Management-Politik

Ein weiteres wesentliches Element der Strategie sind politische Vorgaben, bezogen auf die ITIL-Prozesse. Sie können diese Vorgaben in einem eigenen Dokument beschreiben oder wie in unserem Fall gleich in die Strategie mitverpacken. Dafür wurde die Gliederung der Strategie im Feld Prozesse nach den durch ITIL definierten Prozessgruppen durchgeführt. Für jeden Teilprozess werden adäquate Strategien und Zielausrichtungen festgeschrieben. Diese Detaillierung der Prozessziele ergibt zusammengefasst die laut ITIL definierte Service-Management-Politik.

Der Bereich IT der ITIL Vision, Inc. hat sich die konsequente Weiterentwicklung im Sinne einer nachhaltigen Verbesserung von **Qualität und Kundenorientierung** sowie der sukzessiven Steigerung der **Prozesseffizienz** zum Ziel gesetzt. Als eine der Hauptmaßnahmen dafür wurden alle IT-Prozesse konsequent nach den ITIL- bzw. ISO 20000-Standards ausgerichtet. Vorrangiges Ziel dabei ist nicht in letzter Konsequenz die Normen zu erfüllen, sondern die Optimierung von Effizienz und Effektivität durch Nutzung von Best-Practice-Prozessen.

Dabei wurden nicht nur alle Prozesse dokumentiert und dadurch nachvollziehbar gemacht, sondern es werden stets auch Messgrößen und Mechanismen zur laufenden weiteren Verbesserung im Sinne eines kontinuierlichen Verbesserungsprozesses etabliert. Wesentlich ist dabei, dass alle erstellten Dokumente allen Mitarbeitern via Intranet zugänglich und somit jederzeit einsehbar sind. Nur dadurch kann höchstmögliche Effizienz in der Informationsweitergabe sichergestellt werden. Neben dieser Veröffentlichung sind laufende Schulungen und **klare Prozessverantwortung** wichtige Voraussetzung für die nachhaltige Verbesserung von Qualität und Service.

Im Folgenden lesen Sie einen Auszug aus der Service-Management-Politik:

Support-Prozesse

Nur ein effizientes Störungsmanagement schafft zufriedenere Kunden. Daher sind die Ziele des Störungsmanagements (**Incident-Managements**):

- optimale **Erreichbarkeit** am zentralen Helpdesk in Bezug auf **Wartezeiten** und **Verfügbarkeit**
- rasche und effiziente **Störungsbehebung** durch kurze **Problemlösungszeiten**

Eine **kundenorientierte Kommunikation** verstärkt die Wahrnehmung als die kompetente Anlaufstelle für alle EDV-Probleme im Unternehmen!

Die Ziele werden erreicht durch:

- permanente Verbesserung des Zugriffs auf die Monitoring-Systeme in der Hotline inklusive Generierung automatischer Tickets aus diesen Systemen
- Erstellung von Tickets für Standardstörungen (Routine Incidents)
- Vorabinformation der Kunden bei SLA-Verletzungen
- Nutzung einer einheitlichen Wissensdatenbank in der ganzen IT
- Erstellung von allgemein zugänglichen FAQ-Listen

Gemäß dem Motto »Der zufriedenste Kunde ist eigentlich der, der uns nie braucht!« wird ein strukturiertes Problem-Management eingeführt. Dabei wird bei wiederholtem Auftreten einer Störung klar unterschieden, dass es sich eigentlich um ein Grundproblem handelt. Durch gezielte Ursachenforschung ist dann das Problem dauerhaft und nachhaltig zu beheben und somit die Anzahl der Störungen laufend zu verringen!

Dieses Ziel kann nur erreicht werden durch:

- permanente Verbesserung der Diagnose, Identifikation, Bewertung und Dokumentation der Probleme
- eine proaktive Fehlervermeidung durch
  - Trendanalysen
  - laufende Analyse der Störungen (Incidents)
- gezieltes Vorgehen bei Großstörungen

Service-Management-Plan

In diesem Dokument müssen – abgeleitet aus den vorherigen – die jeweiligen konkreten Ziele für das kommende Geschäftsjahr definiert werden.

3.1.6 Kennzahlen

Eine konkrete Kennzahl für die Optimierung des Prozesses Management-System gibt es bei der ITIL Vision, Inc. nicht. Jedoch liefern die Dauer und der Aufwand des jährlichen Updates aller Dokumente sowie die subjektive Zufriedenheit der Geschäftsleitung mit der Umsetzung der Unternehmensstrategie einen Eindruck.

Checkliste für die Umsetzung

☑ Eine ausformulierte Unternehmensstrategie sollte vorhanden sein.

☑ Ableiten, Abstimmen und Verbreiten der IT-Strategie.

☑ Eine schriftliche Stellungnahme zu den aktuellen IT-Trends und deren Einfluss auf die IT-Strategie ist nicht zwingend erforderlich, erleichtert aber die Kommunikation.

☑ Ausformulieren einer Service-Management-Politik. Sie beschreibt die Art und Weise, wie Sie die IT-Services erbringen wollen.

☑ Ausformulieren der konkreten Ziele und Vorhaben für das laufende Geschäftsjahr in Form eines Service-Management-Plans.

☑ Definition eines Risikomanagement-Prozesses.

Was ist zu beachten?

☑ Sämtliche Dokumente des Management-Prozesses sollten exakt sein (keine Begriffe wie optimal, bestens, schneller etc.). Verwenden Sie stets möglichst konkrete Begriffe.

☑ Achten Sie bei allen Formulierungen darauf, dass diese von einem »Nicht-Spezialisten« ebenso verstanden werden können.

☑ Die hohe Kunst des Managements ist, Dinge so zu formulieren, dass sie sowohl von »Unten« als auch von »Oben« verstanden werden.

☑ Definieren Sie von Beginn an einen Prozess, wie Sie die Dokumente regelmäßig aktualisieren. Am besten betten Sie dieses Update in Ihren jährlichen Planungszyklus ein.

☑ Überprüfen Sie immer, ob jedes konkrete Ziel aus der Strategie und Politik abgeleitet wurde. Hier ist es oft hilfreich, den Weg zurückzugehen, d. h. sich von der Zieldefinition aus zurückzufragen bis zur Unternehmensstrategie.

3.2   KVP und interne Auditierung (ISO 20000)

Ziel des KVP ist eine ständige Verbesserung der Leistungen. Ziel der jährlichen Audits der Einzelprozesse ist es, diese kontinuierliche Verbesserung für die Prozesse sicherzustellen.

3.2.1   Kontinuierlicher Verbesserungsprozess (KVP)

KVP ist **der zentrale Prozess von ITIL und ISO 20000**. Durch einen permanenten Regelkreis soll eine ständige Verbesserung der Leistungen erfolgen.

Beim KVP ist über einen kontinuierlichen Regelkreis eine ständige Verbesserung der Leistungen zum Nutzen der Kunden zu erreichen. Das heißt, es soll nach einer erfolgreichen ITIL/ISO 20000-Einführung zu keinem Stillstand kommen, sondern die Leistungen sollen weiter ständig verbessert und weiterentwickelt werden. Das ist der Hauptgrund, warum sich ITIL/ISO 20000 in so kurzer Zeit am Markt durchgesetzt hat. Der KVP verwendet als Input die jährlichen Audits, alle Prozesse, die Reviews der Prozesse, die Gespräche mit den Kunden und Lieferanten, die Ergebnisse aus den Kundenzufriedenheitsbefragungen usw.

Dieser Prozess stellt im Grunde auch einen übergeordneten Rahmen für alle weiteren Prozesse unter ISO 20000 bzw. ITIL dar. Ein abgestimmtes und integriertes Set von Service-Management-Prozessen ermöglicht eine fortdauernde Steuerung derselben mit verbesserter Effizienz und der Möglichkeit zur kontinuierlichen Verbesserung.

In manchen Beschreibungen wird der Prozess auch »Management planen und einführen« genannt. Wie Sie den Prozess intern benennen, ist unwichtig, es ist immer dasselbe gemeint. Wichtig ist aber, dass die Vorgaben aus dem Thema Management-System wiederum die Grundlage für das gezielte Vorgehen bestimmen. Die bei diesem Prozess verwendeten wichtigsten Grundbegriffe und ITIL- oder ISO 20000-Definitionen sind:

Grundbegriff	Definition
Maßnahme	Aufgrund eines Verbesserungsvorschlages, eines Audits, der jährlichen Zertifizierung, geänderten Vorgaben aus dem Management, einer anderen Einschätzung des Risikomanagements o. Ä. kann sich eine Maßnahme ergeben, die eine Verbesserung im Sinne von ITIL/ISO 20000 darstellt.

Tabelle 3.2   Grundbegriffe und Definitionen

Grundbegriff	Definition
	Diese ist zu prüfen und zu bearbeiten. Man unterscheidet folgende Typen:
	▸ **A** – Abweichung: klarer Verstoß gegen die Anforderungen. Die erforderliche Maßnahme muss sofort erfolgen. Die Wirksamkeit des gesamten Systems ist in Frage gestellt.
	▸ **F** – Feststellung: Verstoß gegen die Anforderungen. Diese Maßnahme sollte bis zur nächsten Überprüfung abgearbeitet sein.
	▸ **V** – Verbesserungspotential: kein Verstoß gegen die Anforderung, die Maßnahme hat aber Verbesserungspotential.
	Wichtig ist, nicht nur die erforderliche Maßnahme zu erkennen, sondern auch umzusetzen, später die Auswirkungen zu messen und bei Bedarf dann auch wieder den neuen Gegebenheiten anzupassen, also den Regelkreis einzuhalten.
Maßnahmenkatalog	Der Maßnahmenkatalog ist die Ansammlung der offenen und abgearbeiteten Maßnahmen. Der Katalog wird meist und sinnvollerweise mit einer kleinen Anwendung verwaltet. Die Bearbeitung des Kataloges und die Verfolgung der Umsetzung erfolgen durch den KVP-Manager (der meist auch der Service-Manager ist).
Internes Audit	Die Wirksamkeit und Effizienz der Prozesse ist ständig zu überwachen. Dies erfolgt mit internen Audits, zumindest ein Mal im Jahr. Als Grundlage für die Befragung dient ein ISO 20000-Fragenkatalog, der um firmenspezifische Gegebenheiten erweitert wird.
Auditplan	Die Audits und Reviews haben rechtzeitig angekündigt zu erfolgen. Dazu ist ein Auditplan Pflicht.
Management Review	Nach jedem internen Audit (über alle Prozesse), nach dem Zertifizierungsaudit, dem Assessment oder anderen internen oder externen Überprüfungen soll ein Management Review durchgeführt werden. Dabei wird die Wirksamkeit der gesetzten Maßnahmen mit den Prozessmanagern besprochen. Ein Management Review muss zumindest ein Mal im Jahr stattfinden. In der Praxis zeigt sich, dass dies öfter geschehen sollte.
Jahres-Management-Review	Dieses ist ähnlich wie das Management Review, wobei bei diesem die Dinge etwas »globaler« betrachtet werden. Also nicht, wie die Prozesse im Einzelnen funktionieren, sondern wie ITIL/ISO 20000 insgesamt im Unternehmen läuft, welche Stärken und Schwachstellen es zwischen den Prozessen gibt, wie die Vorgaben eingehalten werden, wie sich die Kennzahlen entwickeln usw.
	Dieses Jahres-Management-Review ist ein Mal im Jahr erforderlich.

Tabelle 3.2 Grundbegriffe und Definitionen (Forts.)

Grundbegriff	Definition
Assessment	Bei einem Assessment (Überprüfung) wird eine Standortbestimmung der derzeitigen IT-Service-Management-Prozesse durchgeführt. Als Ergebnis dieses Assessments erhält man: ▸ eine Standortbestimmung in Form eines Reifegradmodells 　▸ für die ISO 20000-Prozesse (»Managementprozesse«) und 　▸ für die eigentlichen IT!L-Prozesse ▸ und eine Empfehlungsliste für die Annäherung an den ITIL/ISO 20000-Standard.
Auditfragenkatalog	Damit die Fragen beim internen Audit (sind gleich wie beim Zertifizierungsaudit) einem gewissen Standard entsprechen, gibt es dazu je Prozess eine ISO 20000-Vorgabe, die um firmenspezifische Fragen erweitert wird.
Auditnotizen	Die während der internen Audits gemachten Aufzeichnungen bezeichnet man als Auditnotizen. Dazu wird eine Vorlage verwendet. In dieser hält man Auffälligkeiten fest und bewertet sie entsprechend der erforderlichen Maßnahme mit **A** (Abweichung), **F** (Feststellung) oder **V** (Verbesserung). Die Maßnahmen werden im Anschluss an das Audit in den Maßnahmenkatalog – der mit dem KVP-Programm verwaltet wird – aufgenommen.
Auditberichte	Zu den einzelnen Audits müssen Auditberichte erstellt werden. Diese entsprechen im Prinzip den handschriftlich gemachten Auditnotizen.
Zertifizierungsaudit	Das Zertifizierungsaudit muss durch eine autorisierte Organisation jährlich durchgeführt werden. Die Prüfer erstellen einen Auditbericht mit einem Vorschlag, ob das Zertifikat ausgestellt werden soll oder nicht. Die Zertifizierungsstelle entscheidet letztendlich – aufgrund der Aufzeichnungen – ob dieses auch erteilt wird. Normalerweise ist dies immer mit dem Vorschlag des Prüfers identisch.

Tabelle 3.2　Grundbegriffe und Definitionen (Forts.)

Kurzbeschreibung

Der Prozess KVP sorgt also für die ständige Weiterentwicklung und Optimierung der Prozesse. Dies geschieht über einen Regelkreis, der in vier Stufen abläuft und nie endet:

▸ **Plan** (Planen): Die Einführung und die Erbringung von Dienstleistungen planen

▸ **Do** (Ausführen): Die Planung umsetzen und Dienstleistungen erbringen

▸ **Check** (Messen): Dienstleistungen überwachen, messen und überprüfen und interne Audits durchführen

▶ **Act** (Anpassen): Abgeleitet aus den Checks Maßnahmen zur kontinuierlichen Verbesserung der Dienstleistungen und des Managements einleiten und verfolgen

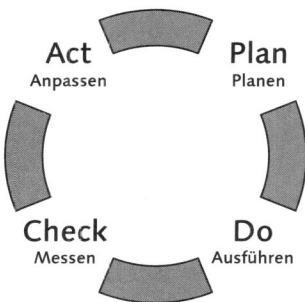

Abbildung 3.8 KVP – ein ständiger Regelkreis

Zu überwachen, dass diese ständige Verbesserung auch wirklich durchgeführt wird, ist die Aufgabe des KVP-Managers. Weil dies eine sehr zentrale, wenn nicht die wichtigste Aufgabe ist, wird sie sehr häufig vom Service-Manager wahrgenommen.

Zielsetzung

▶ Der KVP stellt eine Methode dar, welche die kontinuierliche Verbesserung gewährleistet. Es soll kein Stillstand eintreten, sondern eine permanente Reform zum Besseren stattfinden.

▶ Der Prozess stellt den übergeordneten Rahmen (gemeinsam mit dem Prozess-Management-System) für alle anderen Prozesse dar und ist das eigentliche Ziel von ITIL und ISO 20000. Er garantiert, dass erforderliche Maßnahmen erkannt und umgesetzt werden.

▶ Jeder IT-Mitarbeiter ist aufgefordert, Verbesserungspotential zu identifizieren und die Vorschläge über den Centerleiter oder direkt dem KVP-Manager mitzuteilen.

▶ Jeder Prozessverantwortliche hat für die zumindest ein Mal im Jahr stattfindenden Audits alle Unterlagen zu aktualisieren und bereitzustellen.

▶ Der Service-Manager führt die rechtzeitig angekündigten Audits entsprechend dem Auditplan durch.

▶ Der Service-Manager stimmt den ermittelten Handlungsbedarf und die erforderlichen Maßnahmen mit dem IT-CAB (Change Advisory Board = Führungskräfte IT) ab.

- Der Service-Manager überwacht anhand der Übersicht »KVP-Maßnahmen-liste« die Umsetzung aller getroffenen Maßnahmen.

- Der Prozess garantiert die Unterscheidung von Maßnahmen in Verbesserung (V), Abweichung (A) und Feststellung (F), so dass nicht jede Maßnahme gleich behandelt wird.

- Die unentwegte Verbesserung wird durch interne und externe Checks und Audits sichergestellt, wie

  - Assessment

  - interne Audits

  - Zertifizierungsaudit

  - Folgezertifizierungsaudit

  - Management Review

  - Jahres-Management-Review

  - Kennzahlen

- Die Maßnahmen werden in einem Tool zentral verwaltet.

Prozess

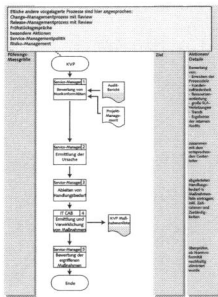

Abbildung 3.9 Prozessübersicht KVP (verkleinerte Darstellung; die Abbildung finden Sie in voller Größe in Anhang B: Abbildung B.2, Seite 327)

Aufgaben

Entspricht im Ablauf der Prozessbeschreibung.

Aufgabe	Beschreibung
❶ **Bewertung von Nonkonformitäten**	Als Eingangsgröße für den KVP dienen: ▶ alle anderen Prozesse und deren Reviews ▶ Lieferantengespräche

Tabelle 3.3 KVP – Aufgaben

Aufgabe	Beschreibung
	▸ Kundengespräche ▸ Kundenzufriedenheitsumfragen ▸ Service-Management-Politik (also wenn sich die Vorgaben ändern) ▸ Risikomanagement ▸ erkanntes Verbesserungspotential der IT-Mitarbeiter oder anderer Personen ▸ interne und externe Audits ▸ interne und externe Assessments ▸ Zertifizierungsaudit ▸ Projektmanagement ▸ Auslastung der Ressourcen ▸ Kennzahlen ▸ SLA-Verletzungen ▸ Trends Die Aufgabe des KVP-Managers (im Falle der ITIL Vision, Inc. und vieler anderer Firmen ist dies auch der Service-Manager) ist es, für diese Nonkonformitäten (Feststellung, Abweichung, Verbesserung) eine **erste Grobeinschätzung der Lage** durchzuführen und eine erste Bewertung anzustellen, ob Handlungsbedarf besteht.
❷ **Ermittlung der Ursache**	Der folgende Schritt betrifft die Ermittlung der Ursache. Dies erfolgt natürlich nicht durch den KVP-Manager (Service-Manager), sondern wird von diesem nur initiiert. Die eigentliche Ursachenfeststellung erfolgt durch die entsprechenden Spezialisten – meistens den jeweils zuständigen Prozessmanager und seinen Centerleiter. Nach abgeschlossener Prüfung werden ein oder mehrere Lösungsvorschläge ausgearbeitet.
❸ **Ableiten von Handlungsbedarf**	Durch den KVP-Manager (Service-Manager) wird der erforderliche Handlungsbedarf aufgrund der Lösungsvorschläge abgeleitet. Diese erforderlichen Maßnahmen werden in die Maßnahmenliste (bzw. das Programm zur Verfolgung der Maßnahmen) übernommen. Dabei werden die Zuständigkeiten festgelegt und der Zeitrahmen für die Umsetzung geschätzt.
❹ **Ermittlung und Verwirklichung von Maßnahmen**	Im CAB, also der IT-Leitung, wird die Umsetzung der Maßnahme genehmigt oder abgelehnt. Eine Ablehnung kann nur mit einer Begründung erfolgen. Die Entscheidung wird im KVP-Programm festgehalten und die Rahmenbedingungen für die Umsetzung werden ebenfalls darin aufgezeichnet.
❺ **Bewertung der ergriffenen Maßnahmen**	Nach der Umsetzung der Maßnahmen ist es Aufgabe des KVP-Managers (Service-Manager), die Umsetzung und die Einhaltung der Rahmenbedingungen (Dauer, Funktionalität) zu überprüfen. Nach der erfolgten Kontrolle wird die Maßnahme im KVP-Programm als »erledigt« markiert oder bei Nichteinhaltung offen gelassen – mit einer Beschreibung der Gründe.

Tabelle 3.3 KVP – Aufgaben (Forts.)

Aufgabe	Beschreibung
	Anschließend müssen alle Mitarbeiter über die Maßnahme informiert und bei größeren Änderungen auch geschult werden.

Tabelle 3.3   KVP – Aufgaben (Forts.)

Erforderliche Dokumente und Tools

KVP-Maßnahmenliste (KVP-Programm): Wurde ein Verbesserungspotential identifiziert, dann ist es erforderlich, dies in die KVP-Maßnahmenliste aufzunehmen. Sinnvollerweise verwendet man dazu eine Anwendung. ITIL Vision, Inc. nutzt dafür eine einfache Intranetapplikation. Nur der Service-Manager kann darin Veränderungen vornehmen, alle anderen IT-Mitarbeiter haben nur Leserechte.

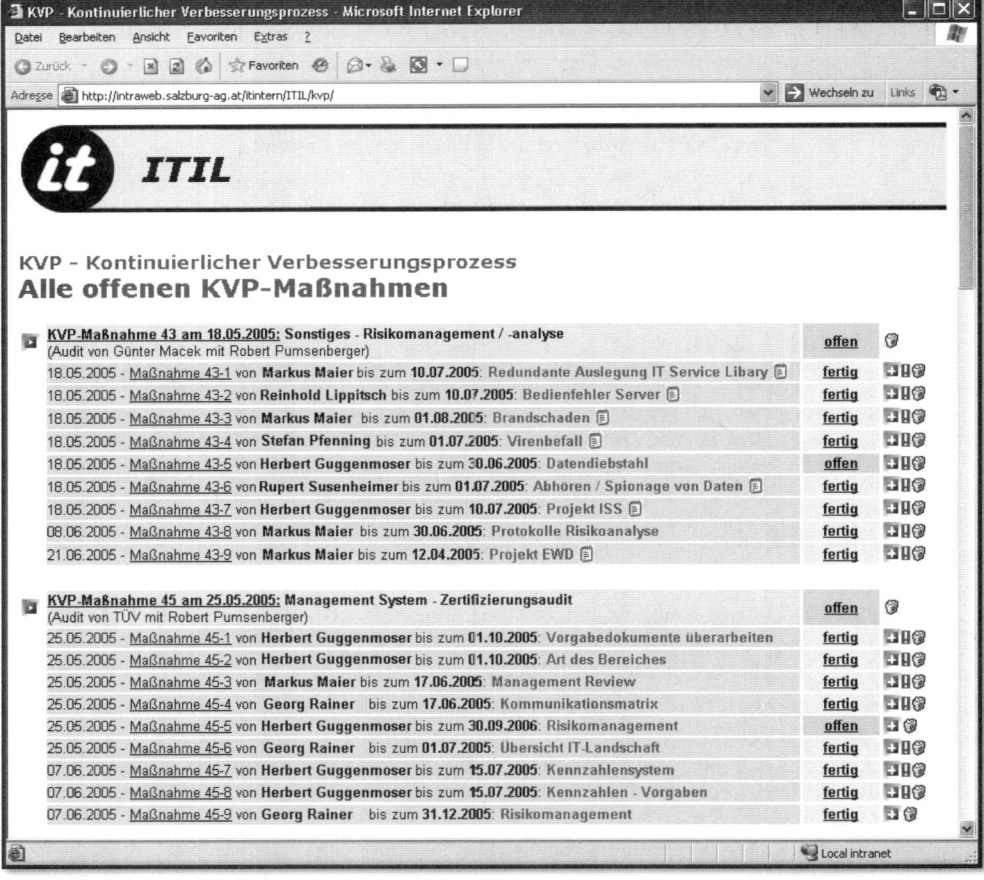

Abbildung 3.10   KVP-Programm

Es folgt eine kurze Beschreibung der Felder der Eingabemaske:

▶ Maßnahme am: In dieses Feld ist das Datum einzutragen, wann die Maßnahme durch den Service-Manager aufgenommen wurde.

▶ Maßnahme bis: In dieses Feld ist das Datum einzutragen, bis wann die Maßnahme abgearbeitet und freigegeben sein muss. Eine Verlängerung des Termins ist nur nach Absprache mit dem Service-Manager möglich und bei größeren Maßnahmen ist dazu auch die Zustimmung des CAB erforderlich. Es empfiehlt sich, dass der Service-Manager nicht wartet, bis das Datum abgelaufen ist, sondern dazwischen immer wieder den Status der Umsetzung gezielt abfragt. So kann auf eventuelle Verzögerungen rechtzeitig reagiert werden. Dies ist vor allem dann wichtig, wenn von der Maßnahme mehrere Prozesse betroffen sind oder die Maßnahme in Zusammenhang mit einer anderen Maßnahme steht.

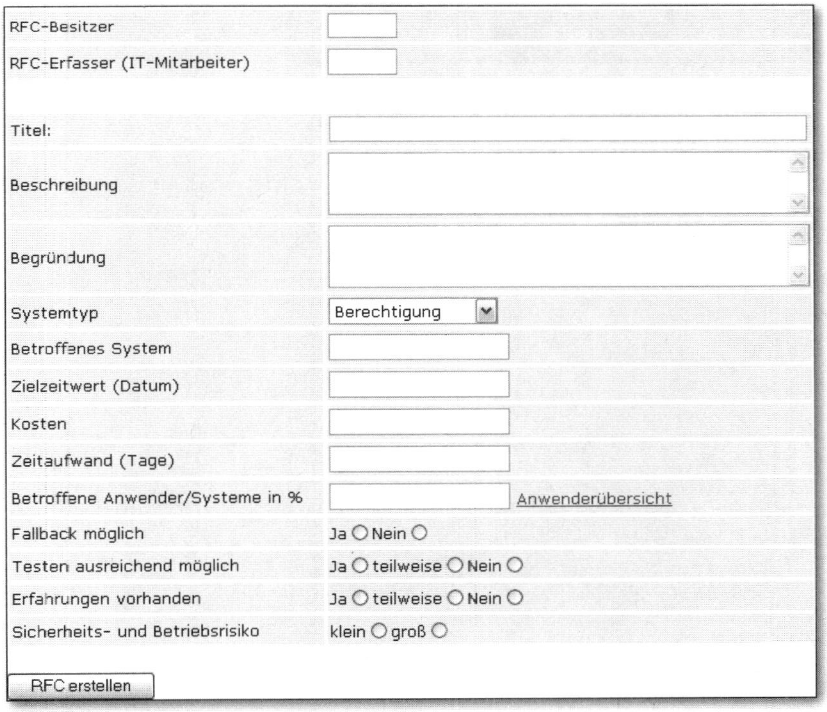

Abbildung 3.11 KVP-Programm – Eingabemaske für die Erfassung von Maßnahmen

▶ Maßnahme für: Hier steht bei der ITIL Vision, Inc. die Personalnummer. Der Grund ist, dass dies die einzige eindeutige Kennzeichnung der Mitarbeiter ist. Natürlich wird in den diversen Anzeigen der Masken und Berichte der wirkliche Name angezeigt. Außerdem ist es empfehlenswert, dass außer der Personalnummer auch alphanumerische Zeichen eingegeben werden können. Der Grund liegt darin, dass manche Maßnahmen – vor allem in der Einführungsphase – an die Beraterfirma (z.B. TICS) oder andere externe Dienstleister zur Umsetzung weitergegeben werden. Auf diese Art und Weise können auch diese eingegeben werden.

▶ Maßnahmentitel: Der Titel der Maßnahme sollte selbsterklärend sein, so dass man sich relativ rasch einen Überblick verschaffen kann.

▶ Problembeschreibung: In dieses Feld wird die Beschreibung des Problems eingetragen, also der Grund, warum eine Maßnahme erforderlich ist. Wurde bei der Problemerkennung auch schon eine Lösung erkennbar, kann dieser Vorschlag hier ebenfalls eingetragen werden.

Abbildung 3.12 KVP – Status der Maßnahmen

▶ Lösungsbeschreibung: Hier ist einzutragen, wie die Maßnahme umgesetzt werden soll.

▶ Beurteilung: Nach Umsetzung der Maßnahme wird diese durch den Service-Manager geprüft oder deren Prüfung veranlasst. Ist alles in Ordnung, dann wird die Maßnahme abgeschlossen. Dies wird in diesem Feld vermerkt. Auch andere Dinge wie z.B. eine Terminverlängerung, eine Abweichung in der Umsetzung usw. werden hier registriert.

▶ Datei: Viele Maßnahmen erfordern Untersuchungen und Tests. Die erforderlichen Protokolle dazu werden als Anlage zu der Maßnahme hinzugefügt.

Folgende Funktionen sollte das Tool abdecken:

▶ Erfassungsmaske mit den beschriebenen Feldern

▶ Gruppierung der Maßnahmen zu Prozessen

▶ Möglichkeit, Protokolle zu den Maßnahmen hinzuzufügen

▶ Auflistung aller offenen Maßnahmen

▶ Auflistung aller abgeschlossenen Maßnahmen

▶ Auswertung der Maßnahmen je Person – um einen schnellen Überblick zu haben, wer mit welchen Maßnahmen beschäftigt ist

▶ Auflistung der Summe aller Maßnahmen

▶ Unterscheidung der Maßnahmen in

    ▶ **A** – Abweichung

    ▶ **F** – Feststellung

    ▶ **V** – Verbesserungspotential

Unterschied KVP, Change und SLR

	KVP Kontinuierlicher Verbesserungsprozess	Change/Release	SLR Service-Level-Requirements
Auslöser	▶ Prozessmanager ▶ »alle Mitarbeiter« IT ▶ Kunden/Lieferanten ▶ S/M-Politik ▶ Umfragen	▶ »alle Mitarbeiter« IT	▶ »Kunden« über GFB ▶ »Kunden« über Mitarbeiter der IT R GFB

Tabelle 3.4 Unterschied zwischen KVP, Change/Release und SLR

	KVP Kontinuierlicher Verbesserungsprozess	Change/Release	SLR Service-Level-Requirements
Eigenschaft	Verbesserung der Prozesse	technische Veränderungen von HW, SW und Infrastruktur ... oder Neueinführungen	Kundenwünsche bzw. -Anforderungen, die nicht über eine Hotline entgegengenommen werden
Sonstiges	»Verbesserungsvorschlag« ▶ erkanntes V-Potential ▶ Abläufe ▶ Ressourcen ▶ Kundenzufriedenheit ...	»Konkrete Anforderung«	»Vage Anforderungen« ▶ u. a. von Projekten ▶ Check durch Produktverantwortlichen (PV) ▶ Exit ▶ Change/Release ▶ Standardkomponenten

Tabelle 3.4 Unterschied zwischen KVP, Change/Release und SLR (Forts.)

Zu Beginn der Einführung von ITIL/ISO 20000 ist es oft verhältnismäßig schwierig zu unterscheiden, ob eine Tätigkeit dem KVP oder dem Change-Prozess zuzuordnen ist oder ob es sich um einen SLR (Service Level Request) handelt. Die Tabelle 3.4 verdeutlicht die Unterschiede. Grundsätzlich kann man sagen, dass es bei KVP um die Verbesserung der Prozesse oder um ein erkanntes Verbesserungspotential geht. Beim Change- und Release-Prozess handelt es sich immer um konkrete Anforderungen von Hardware, Software und Infrastruktur oder deren Neueinführung. Für einen Service Level Request ist der Auslöser immer ein Kunde, egal welchen Weg er dazu wählt. Es geht dabei also um vage Anforderungen der Kunden, die meist aus Projekten entstehen. Aufgrund eines SLR wird der Produktverantwortliche einen Vorschlag für die Umsetzung abgeben. Im CAB wird dann entschieden, ob daraus ein Change wird, ob die Anforderung mit einem Standardprodukt abgedeckt werden kann oder ob die Idee verworfen wird – natürlich nur nach Rücksprache mit dem Kunden.

Kennzahlen

Die einzige Kennzahl in der ITIL Vision, Inc. ist die des Service-Managers, nämlich die Erreichung der ISO 20000-Zertifizierung und die Aufrechterhaltung des Zertifikats.

Checkliste für die Umsetzung

☑ Bestimmung des Prozessmanagers für KVP und internes Audit. Dies sollte, aufgrund der zentralen Bedeutung der Aufgabe, der Service-Manager sein.

☑ Erstellen der Prozessbeschreibungen für den KVP.

☑ Erstellung einer KVP-Anwendung zur Verwaltung der Maßnahmen. Nur der Service-Manager sollte Schreibrechte besitzen.

☑ Den KVP etablieren als »Verbesserungsbörse«.

☑ Es sind keine Kennzahlen erforderlich. Einzig die Zertifizierung bzw. deren Erhaltung kann das Ziel sein.

Was ist zu beachten?

☑ Der KVP-Manager sollte der Service-Manager sein.

☑ KVP, Change und SLR (Service Level Request) nicht vermengen.

☑ Die Qualifikation des KVP-Managers (Service-Manager) ist sehr wichtig. Damit können Widerstände bei der Beurteilung, Bearbeitung und Umsetzung der Maßnahmen minimiert werden.

3.2.2   Interne Auditierung

Der Prozess interne Auditierung ist ein **Teil des KVP**. Ziel der internen Auditierung der Einzelprozesse ist es, die kontinuierliche Verbesserung für die Prozesse sicherzustellen und damit den geforderten Regelkreis einzuhalten.

Zur Erreichung des Zertifikates sind diese Audits vorgeschrieben. Es ist sogar erforderlich, dass vor der Erstzertifizierung bereits interne Audits durchgeführt wurden und davon sämtliche Aufzeichnungen vorhanden sind. Das heißt: Auditfragen, Auditnotizen, Auditberichte, Auditplan sind erforderlich. Ebenso ist es erforderlich, dass bereits ein Management Review durchgeführt wurde. Die bei diesem Prozess verwendeten wichtigsten Grundbegriffe und ITIL- oder ISO 20000-Definitionen sind:

Begriff	Definition
Internes Audit	Die Wirksamkeit und Effizienz der Prozesse ist ständig zu überwachen. Dies erfolgt mit internen Audits, zumindest ein Mal im Jahr. Als Grundlage für die Befragung dient ein ISO 20000-Fragenkatalog, der um firmenspezifische Gegebenheiten erweitert wird.
Auditplan	Die Audits und Reviews haben rechtzeitig angekündigt zu erfolgen. Dazu ist ein Auditplan Pflicht.

Tabelle 3.5   Begriffe und Definitionen für interne Auditierung

Begriff	Definition
Management Review	Nach jedem internen Audit (über alle Prozesse), nach dem Zertifizierungsaudit, dem Assessment oder anderen internen oder externen Überprüfungen soll ein Management Review durchgeführt werden. Dabei wird die Wirksamkeit der gesetzten Maßnahmen mit den Prozessmanagern besprochen. Ein Management Review muss zumindest ein Mal im Jahr stattfinden. In der Praxis zeigt sich, dass dies öfter geschehen sollte.
Jahres-Management-Review	Dieses ist ähnlich wie das Management Review, wobei hier die Dinge etwas »globaler« betrachtet werden. Also nicht, wie die Prozesse im Einzelnen funktionieren, sondern wie ITIL/ISO 20000 insgesamt im Unternehmen läuft, welche Stärken und Schwachstellen es zwischen den Prozessen gibt, wie die Vorgaben eingehalten werden, wie sich die Kennzahlen entwickeln usw. Dieses Jahres-Management-Review ist ein Mal im Jahr erforderlich.
Auditfragenkatalog	Damit die Fragen beim internen Audit (sind gleich wie beim Zertifizierungsaudit) einem gewissen Standard entsprechen, gibt es dazu je Prozess eine ISO 20000-Vorgabe. Dieser Katalog wird um firmenspezifische Fragen erweitert.
Auditnotizen	Die während der internen Audits gemachten Aufzeichnungen bezeichnet man als Auditnotizen. Dazu wird eine Vorlage verwendet. In dieser hält man Auffälligkeiten fest und bewertet sie entsprechend der erforderlichen Maßnahme mit A (Abweichung), F (Feststellung) oder V (Verbesserung). Die Maßnahmen werden im Anschluss an das Audit in den Maßnahmenkatalog – der mit dem KVP-Programm verwaltet wird – aufgenommen.
Auditberichte	Zu den einzelnen Audits müssen Auditberichte erstellt werden. Diese entsprechen im Prinzip den handschriftlich gemachten Auditnotizen.
Zertifizierungsaudit	Das Zertifizierungsaudit muss durch eine autorisierte Organisation jährlich durchgeführt werden. Die Prüfer erstellen einen Auditbericht mit einem Vorschlag, ob das Zertifikat ausgestellt werden soll oder nicht. Die Zertifizierungsstelle entscheidet letztendlich – aufgrund der Aufzeichnungen – ob dieses auch erteilt wird. Normalerweise wird immer der Vorschlag des Prüfers übernommen.

Tabelle 3.5 Begriffe und Definitionen für interne Auditierung (Forts.)

Kurzbeschreibung

Der Prozess interne Auditierung gewährleistet den Regelkreis der kontinuierlichen Verbesserung. Er gliedert sich in folgende Teilbereiche:

► **Interne Audits:** Die Wirksamkeit und Effizienz der Prozesse ist zumindest ein Mal im Jahr mittels eines Audits für jeden Prozess zu überwachen. Die Audits werden vom Service-Manager durchgeführt. Für die Prozesse, bei denen der Service-Manager gleichzeitig Prozessmanager ist, übernimmt die Funktion des Auditors der IT-Leiter. Eine Sonderstellung nimmt der zentrale Prozess

»Management-System« ein. Der Prozessmanager dieses Prozesses ist fast immer der IT-Leiter. Dieser Prozess kann durch den Service-Manager auditiert (Mitarbeiter auditiert den Chef?) werden oder, was sinnvoller wäre, durch ein externes Unternehmen.

▸ **Management Review:** Nach größerer Veränderungen bzw. Umsetzung von mehreren Maßnahmen nach

  ▸ internen Audits (über alle Prozesse)

  ▸ dem Zertifizierungsaudit

  ▸ dem Assessment

  ▸ oder anderen internen oder externen Überprüfungen

Aber zumindest ein Mal im Jahr ist ein Management Review durchzuführen. Verantwortlich für die Durchführung ist der Service-Manager. Die Effizienz der umgesetzten Maßnahmen wird dabei im Detail besprochen und eventuelle Korrekturmaßnahmen eingeleitet. Über die Erkenntnisse und die umgesetzten Maßnahmen ist ein Bericht zu erstellen.

▸ **Jahres-Management-Review:** Dieses dient zur umfassenden Betrachtung der Prozesse, deren Wirksamkeit, der Betrachtung der Kennzahlenentwicklung und der Schnittstellen zwischen den Prozessen. Verantwortlich für die Durchführung ist der IT-Leiter. Der Service-Manager koordiniert die Aktivitäten. Über die Erkenntnisse und die gesetzten Maßnahmen ist ein Bericht zu erstellen. Dieses Jahres-Management-Review findet ein Mal im Jahr statt.

▸ **Zertifizierungsaudit:** Hier übernimmt der Service-Manager nur die Koordination der Aktivitäten. Das Zertifizierungsaudit ist ein Mal erforderlich, sofern jedes Jahr ein Folgezertifizierungsaudit durchgeführt wird. Ansonsten muss alle drei Jahre ein Zertifizierungsaudit durchgeführt werden.

▸ **Folgezertifizierungsaudit:** Hier übernimmt der Service-Manager nur die Koordination der Aktivitäten.

Zielsetzung

▸ Die regelmäßigen und rechtzeitig angekündigten Audits sollen den KVP gewährleisten.

▸ Management Reviews durchführen nach größeren Veränderungen

▸ Ein Mal im Jahr ein Jahres-Management-Review durchführen

▸ Ableitung der erforderlichen Maßnahmen aus den Audits und Reviews

▸ Fragenkatalog entsprechend den Firmengegebenheiten anpassen und die ISO 20000-Vorgabe nur als Vorlage verwenden

Prozess

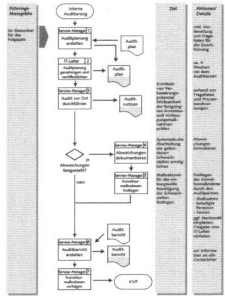

Abbildung 3.13 Prozess interne Auditierung (verkleinerte Darstellung; die Abbildung finden Sie in voller Größe in Anhang B: Abbildung B.3, Seite 328)

Aufgaben

Entspricht im Ablauf der Prozessbeschreibung.

Aufgabe	Beschreibung
❶ Auditplan erstellen	Ein Auditplan ist zwingend vorgeschrieben. Die Audits und Reviews müssen durch den Service-Manager rechtzeitig angekündigt werden. Dazu ist es auch erforderlich, die Fragelisten je Prozess für die Audits vorzubereiten. Damit die Fragen beim internen Audit (sind identisch mit jenen beim Zertifizierungsaudit) einem gewissen Standard entsprechen, gibt es dazu je Prozess eine ISO 20000-Vorgabe, die um firmenspezifische Fragen erweitert wird.
❷ Auditplan genehmigen und veröffentlichen	Der vom Service-Manager vorbereitete Auditplan muss vom IT-Chef genehmigt werden. Erst danach kann und muss der Plan veröffentlicht werden. Die Termine sollen zumindest zwei Monate im Voraus bekannt sein. Bei der ITIL Vision, Inc. erfolgt dies im Intranet und gleichzeitig erhalten alle Betroffenen eine Termineinladung mittels Outlook.
❸ Audit vor Ort durchführen	Das Audit wird in einem Besprechungszimmer durchgeführt. In diesem bestehen auch alle technischen Möglichkeiten um sich die Maßnahmen, Vorgänge und Abläufe online ansehen zu können.
	Das Audit wird vom Service-Manager mit dem Prozessverantwortlichen und seinem Stellvertreter durchgeführt. Zusätzlich besteht die Möglichkeit, dass der zuständige Centerleiter mit eingeladen wird. Die Dauer des Audits richtet sich nach dem Prozess. Man sollte aber schon ungefähr zwei Stunden für die Durchführung und etwa die gleiche Zeit für die Vor- und Nachbereitung ansetzen.
	▸ Ablauf
	▹ Eingangsfragen (Standard)
	▹ Abarbeitung der Frageliste

Tabelle 3.6 Aufgaben interne Auditierung

Aufgabe	Beschreibung

	▸ Quercheck mit den anderen Prozessen
	▸ Die Prozesse zeigen lassen anhand der Prozessbeschreibung
	▸ Aufzeichnungen zeigen lassen
	▸ Kennzahlen besprechen
	▸ Folgefrage (Standard)
	▶ Vorbereitung
	  ▸ Erstellen der Fragenliste
	  ▸ Einarbeitung in den Prozess
	  ▸ Quercheck mit den anderen betroffenen Prozessen
	▶ Nachbereitung
	  ▸ Übertragen der Notizen in den Bericht
	  ▸ Beurteilung des Zustandes
	  ▸ Maßnahmen erkennen und in das KVP-Programm eingeben
	  ▸ Mit dem CAB die Umsetzung besprechen
	Es geht darum, Verbesserungspotential zu identifizieren und die Umsetzung der Maßnahmen zu überprüfen.

❹ **Abweichungen dokumentieren**	Die Abweichungen müssen in den Notizen dokumentiert werden und der entsprechende Typ muss mit aufgezeichnet werden. ▶ Verbesserung (V) ▶ Abweichung (A) oder ▶ Feststellung (F)
❺ **Korrekturmaß-nahmen festlegen**	Dabei muss der Service-Manager in Absprache mit dem Prozess-manager die Korrekturmaßnahmen festlegen, die eine wirkungsvole Beseitigung der Schwachstellen erfordern.
❻ **Auditbericht erstellen**	Es werden die handschriftlichen Notizen des Audits in geordneter Form in den Auditbericht übertragen. Diese Aufgabe erledigt der Service-Manager. Die Auditberichte werden allen Mitarbeitern zur Verfügung gestellt (Holschuld) und dem IT-Leiter und seinen Center-leitern baldmöglichst zur Kenntnis gebracht (Bringschuld).
❼ **Korrekturmaß-nahmen verfolgen**	Die Korrekturmaßnahmen werden in das KVP-Programm eingegeben und – nach Abstimmung mit dem CAB – umgesetzt. Die Aufgabe des Service-Managers ist es, die Umsetzung zu verfolgen und eventuele Unstimmigkeiten in der Umsetzung aufzuzeigen.

Tabelle 3.6 Aufgaben interne Auditierung (Forts.)

Erforderliche Dokumente und Tools

Auditplan

Die Audits und Reviews haben rechtzeitig angekündigt zu erfolgen. Dazu ist ein Auditplan Pflicht. Der Aufbau dieses Planes ist nicht definiert, es empfiehlt sich aber, folgende Kriterien zu berücksichtigen (siehe Abbildung 3.14):

- Eigene Gruppen für geplante und durchgeführte Audits

- **Prozess:** das Feld, das den Prozess kennzeichnet

- **Audit mit:** mit wem das Audit gemacht wird. Dies ist im Normalfall der Prozessmanager.

- **Audit durch:** Dies ist im Normalfall der Service-Manager. Bei seinen eigenen Prozessen ist es der IT-Leiter. Wie oben bereits erwähnt, könnte beim Prozess-Management-System auch eine externe Firma sinnvoll sein.

- **Am:** Datum, Uhrzeit und Dauer des Audits

- **Verständigt am:** Wann wurde der zu Auditierende verständigt und hat er diesem Termin zugestimmt? Andernfalls ist umgehend ein neuer Termin vorzuschlagen.

- **Bereichsleiter O.K.:** Hat der IT-Leiter (Bereichsleiter) das Audit genehmigt?

- **Protokoll:** Nach erfolgtem Audit wird der Auditbericht dem Datensatz als Hyperlink hinzugefügt.

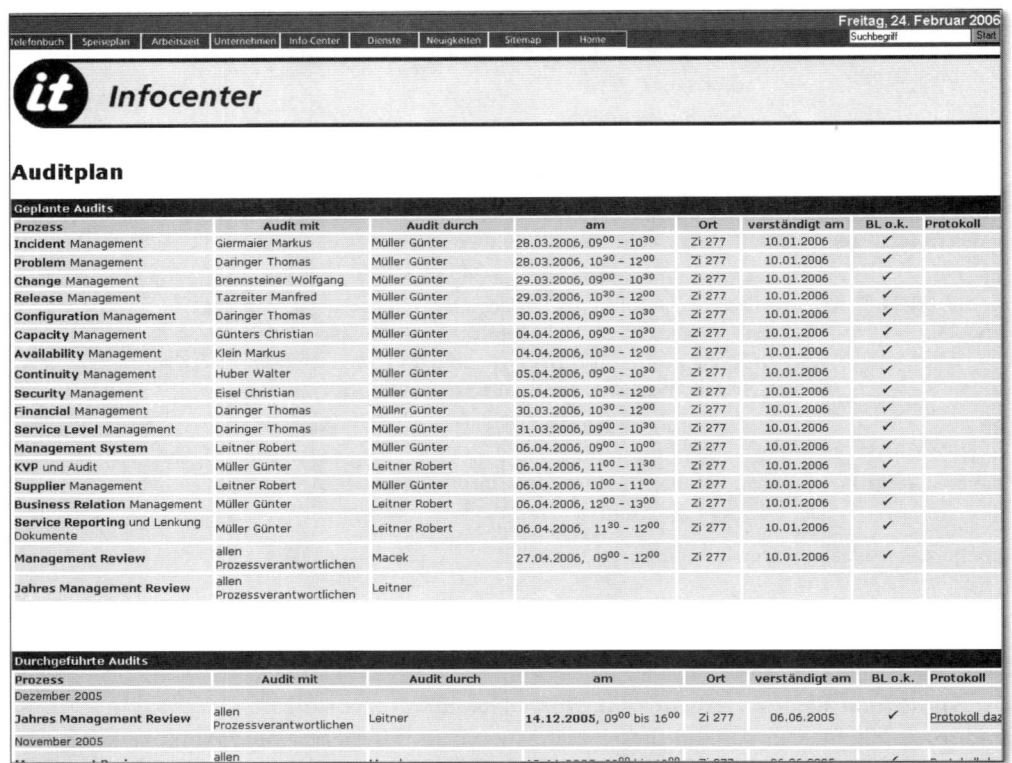

Abbildung 3.14 Auditplan

Auditfragen

Die Fragen je Prozess beim internen Audit sollen dem Standard ISO 20000 entsprechen und um firmenspezifische Fragen erweitert werden. Daher gliedert sich der Fragenkatalog je Prozess in drei Teile:

Standardfragen zu Beginn des Audits

▸ Was ist Ihre Aufgabe? (Aufgaben und Ziele des Prozesses)

▸ Welche Ziele haben Sie sich gesteckt und wo wollen Sie hin? (Verbesserungspotential)

▸ Wie verfolgen Sie diese Ziele? (Was wurde bereits dazu unternommen?)

▸ Wissen die Betroffenen davon? (Wurden die entsprechenden Mitarbeiter davon informiert?)

▸ Wie überprüfen Sie die Erreichung dieser Ziele (Gibt es Kriterien und Kennzahlen für die Erreichbarkeit der Ziele?)

▸ Was bringt mir das? (Warum ist dies eigentlich erforderlich?)

▸ Wurden die Standardfragen lt. ISO 20000 erweitert um firmenspezifische Fragen? (siehe folgenden Abschnitt)

Internes Audit – Fragenkatalog Incident-Management

▸ Werden alle Incidents aufgezeichnet? Wie erfolgt die nachträgliche Ticketerfassung?

▸ Ist die Wissensdatenbank (WDB) aktuell und wird sie von allen verwendet? Ist dies bei den FAQ ebenso?

▸ Werden im Prozess folgende Aktivitäten durchgeführt:

  ▸ Aufzeichnung?

  ▸ Priorisierung?

  ▸ Bewertung der Geschäftsauswirkung?

  ▸ Klassifizierung?

  ▸ Aktualisierung?

  ▸ Eskalation?

  ▸ Lösung?

  ▸ formeller Abschluss?

▸ Erfolgt eine Auswertung der offenen Tickets, wobei SLA-Verletzungen auftraten?

▸ Werden Kunden über den Fortschritt der von ihnen gemeldeten Incidents auf dem Laufenden gehalten?

- ▶ Ist die Zuordnung der Tickets eindeutig?
- ▶ Werden Kunden im Voraus informiert, wenn vereinbarte Service-Level nicht erfüllt werden können, und werden Maßnahmen beschlossen?
- ▶ Wie sieht der Umgang mit Eskalationen aus?
- ▶ Haben alle Mitarbeiter im Incident-Management Zugriff auf die notwendigen Daten (z. B. Knowledge Base, CMDB, NETIQ, Spectrum usw.)?
- ▶ Funktioniert die Übergabe in das Problem-Management?
- ▶ Werden schwerwiegende Vorfälle klassifiziert und gemäß einem definierten Prozess gehandhabt?

Standardfragen am Ende des Audits
- ▶ Kennzahlen und Trendanalyse erklären lassen
- ▶ Welche Schnittstellen zu anderen Prozessen gibt es und wie funktionieren diese?
- ▶ Wie, glauben Sie, läuft der Prozess?
- ▶ Wo sehen Sie persönlich Verbesserungspotential?
- ▶ Wie bewerten Sie, ob eine Verbesserung stattgefunden hat?

Auditnotizen
Für die Aufzeichnungen während der internen Audits müssen Vorlagen verwendet werden. In diesen Vorlagen sind unter anderem die Nonkonformitäten aufzuzeichnen. Die Standardfelder der Vorlage betreffen Prozess, Prozessverantwortlichen, Datum des Audits, Auditteam, Gesprächsteilnehmer und Verteilerkreis. Die weiteren Kriterien können der Abbildung 3.15 entnommen werden. Im zweiten Teil der Auditnotizen erfolgt die Aufzeichnung der erforderlichen Maßnahmen – unterteilt in Verbesserung, Feststellung oder Abweichung, je nachdem, inwieweit dadurch der Prozess in Frage gestellt wird. Außerdem wird der Termin der Umsetzung festgehalten und wer verantwortlich ist für die Bearbeitung.

Auditberichte
Die handschriftlichen Auditnotizen werden in die Auditberichte übertragen inklusive der Bewertung der Auditergebnisse (siehe Abbildung 3.16).

Berichte zu Management Reviews
Nach jedem Management Review oder Jahres-Management-Review wird ein Protokoll angelegt und ebenfalls veröffentlicht. Der Aufbau ist ähnlich dem Auditbericht. Die aus den Reviews abgeleiteten Aufgaben werden wieder in das KVP-Programm übernommen.

Internes Audit

Prozess:	
Prozessverantwortlicher:	
Datum des Audits:	
Auditteam:	
Gesprächsteilnehmer:	
Verteilerkreis:	

Dokumente und Aufzeichnungen:

- ☐ Es ist eine aktuelle Prozessbeschreibung vorhanden.
  - ☐ inkl. der wesentlichen Prozessschritte
  - ☐ inkl. der Rollenbeschreibung
- ☐ Es ist definiert, welche Aufzeichnungen geführt werden müssen.
- ☐ Weitere mitgeltende Dokumente sind identifiziert.

Umsetzung des Prozesses:

- ☐ Der definierte Prozess ist umgesetzt, kommuniziert und wird gelebt.
- ☐ Verbesserungsmaßnahmen werden im Prozess identifiziert, aufgezeichnet und im Service-Verbesserungsplan eingegeben.
- ☐ Die Wirksamkeit auf die Ziele des Service Management Planes kann nachgewiesen werden.
- ☐ Der Prozess erreicht nachweislich die gesetzten Ziele.
- ☐ Die Wechselwirkung zu anderen Prozessen kann benannt werden.
- ☐ Risiken für den Prozess können benannt werden.
- ☐ Kennzahlen bzgl. Quantität, Qualität und Kosten/Zeiten sind vorhanden.
- ☐ Der Prozess wird durch angemessene Tools unterstützt.
- ☐ Maßnahmen aus dem letzten Audit wurden abgearbeitet

Datum und Unterschrift: _____

Die Bewertung der Auditergebnisse erfolgt nach folgender Einteilung:

Abweichungen (A):	klarer Verstoß gegen die Anforderungen, muss sofort behoben werden (Wirksamkeit des gesamten Systems ist in Frage gestellt)
Feststellungen (F):	Verstoß gegen die Anforderungen, sollte bis zur nächsten Überprüfung abgearbeitet sein.
Verbesserungspotential (V):	Kein Verstoß gegen die Anforderung, stellt aber ein Verbesserungspotential dar

Abbildung 3.15   Interne Auditierung – Vorlage

Thema/Anforderung	Beschreibung Status Quo	A/F/V	Maßnahmen	Verantwortlich	Termin

Abbildung 3.16   Interne Auditierung – Vorlage Ergänzung

Verwendete Tools

Es werden für »interne Auditierung« keine Tools benötigt. Die erforderlichen Dokumentenvorlagen wurden bereits besprochen.

Kennzahlen

Es sind keine Kennzahlen erforderlich.

Checkliste für die Umsetzung

- ☑ Fragenkatalog je Prozess für interne Audits vorbereiten und dem Unternehmen anpassen
- ☑ Eine Vorlage für die Auditnotizen vorbereiten
- ☑ Eine Vorlage für die Auditberichte vorbereiten (ist fast identisch mit den Auditnotizen)
- ☑ Einen Auditplan erstellen (Aufgabe des Service-Managers)
- ☑ Interne Audits durchführen (Aufgabe des Service-Managers)
- ☑ Zumindest ein Mal im Jahr ein Management Review durchführen (Aufgabe des Service-Managers)
- ☑ Ein Jahres-Management-Review durchführen (Aufgabe des IT-Leiters)
- ☑ Bei der Bewertung der Maßnahmen ist eine Unterscheidung in Verbesserung (V), Feststellung (F) und Abweichung (A) erforderlich.

Was ist zu beachten?

- ☑ Im Auditplan nicht nur die internen Audits, sondern auch die Reviews und Zertifizierungsaudits planen
- ☑ Die Audits zumindest zwei Monate vorab ankündigen
- ☑ Ungefähr zwei Stunden für ein Audit einplanen plus den gleichen Zeitraum für die Vorbereitung und die Nachbereitung
- ☑ Bei den Audits ein Schema der Befragung einhalten mit Eingangsfragen, Abarbeitung der Frageliste und Folgefragen
- ☑ Je Audit oder Review ein Protokoll hinzufügen
- ☑ Bei der Durchführung der Audits einen ungestörten Raum verwenden und dafür sorgen, dass alle technischen Hilfsmittel vorhanden sind (online zeigen lassen)
- ☑ Es sind keine Kennzahlen erforderlich.

3.3 Service Reporting und Lenkung Dokumente (ISO 20000)

Service Reporting ist ein kleiner, aber wichtiger Prozess. Er besteht im Prinzip nur aus einer einzigen Matrix, in der alle wichtigen Reports/Berichte aufgelistet sind. Der Prozess Lenkung von Dokumenten und Daten gehört nicht zwingend zum Service Reporting – er kann genauso gut beim Management-System angesiedelt werden. Wo er vorkommt, ist Geschmackssache. Wichtig ist nur, dass er vorhanden ist. Es geht dabei um den Weg, wie Prozesse oder Dokumente verändert werden, wie die Versionsführung und die Archivierung alter Dokumente und Daten erfolgen.

3.3.1 Service Reporting

Der Sinn des Service Reporting ist es, vereinbarte, verlässliche und genaue Berichte rechtzeitig zu liefern, um eine effektive Kommunikation zu gewährleisten und damit datenbasierende Entscheidungen zu ermöglichen. Wie das Service Reporting auszusehen hat, ist nicht definiert. Es empfiehlt sich aber, über eine Intranetseite sämtliche erforderlichen Reports zur Verfügung zu stellen.

Zu diesem Prozess gibt es weder zu definierende Grundbegriffe noch ITIL- oder ISO 20000-Definitionen.

Kurzbeschreibung

Das Service Reporting ist also nur eine Ansammlung von Berichten in Form einer Matrix, die jederzeit im Zugriff sind und immer die aktuellsten Daten enthalten. Diese Matrix hat bei der ITIL Vision, Inc. folgendes Aussehen – besteht also aus folgenden Feldern:

Feld	Erklärung
Nummer	Es ist nicht zwingend vorgeschrieben, aber es wird empfohlen, die Reports mit einer eindeutigen Nummer zu versehen.
	Beispiel der ITIL Vision, Inc.:
	▶ Gruppierung 1 (z.B. externe Reports)
	▶ 1–1 Bericht 1
	▶ 1–2 Bericht 2
	▶ 1–x Bericht x
	▶ Gruppierung 2 (z.B. interne Reports)
	▶ 2–1 Bericht 1
	▶ 2–2 Bericht 2
	▶ 2–x Bericht x

Tabelle 3.7 Service-Reporting-Matrix bei der ITIL Vision, Inc.

Feld	Erklärung
	▶ Interne Reports Management-System ▶ 3–1 Bericht 1 ▶ 3–2 Bericht 2 ▶ 3–x Bericht x ▶ ... ▶ Interne Reports Incident-Management ▶ 8–1 Bericht 1 ▶ 8–2 Bericht 2 ▶ 8–x Bericht x ▶ Interne Reports Prozess Z ▶ Z–1 Bericht 1 ▶ Z–2 Bericht 2 ▶ Z–x Bericht x
Titel	Der Report wird mit einem aussagekräftigen, **selbsterklärenden Titel** versehen. Empfehlenswert ist, den Titel mit einem **Hyperlink** zu versehen, damit der entsprechende Report sofort aus dieser Ansicht aufgerufen werden kann. Grundsätzlich sind in der ITIL Vision, Inc. **alle Reports allen Mitarbeitern des Bereiches zugänglich**. Es gibt hier nur ganz wenige Ausnahmen. Diese Reports sind mit »nicht allgemein zugänglich« gekennzeichnet und stehen nur der IT-Leitung (IT-Leiter, Centerleiter und Assistenten) zur Verfügung. Beispiele für diese Ausnahmen: ▶ Finanzreport der IT ▶ Mitarbeiterübersicht und Zukunftsplanung ▶ Verträge/Software/Berater (dabei geht es um die Konditionen mit den Firmen) Diese Ausnahmen sollten aber wirklich die Ausnahme sein und nur der IT-Leiter kann bestimmen, welche Berichte zu diesen Ausnahmen gehören.
Wem wird berichtet	Hier ist einzutragen, **für wen die Reports bestimmt sind** – also wer sie hauptsächlich benötigt bzw. aufgrund welcher Person diese Reports überhaupt erstellt wurden.
Inhalt	Dieses Feld dient zur **weiteren Kennzeichnung** und ist als Erweiterung zum Feld »Titel« zu sehen. Falls es sich um eine Kennzahl handelt, ist das Wort »Kennzahl« hier aufzunehmen.
Datenquelle	In diesem Feld ist die Datenquelle zu nennen, aus welcher der Bericht erstellt wird. Beispiele: ▶ SAP R/3 ▶ Hotline-Tool (Ticketsystem) ▶ NETIQ (Überwachungssystem) ▶ EXCEL-File

Tabelle 3.7   Service-Reporting-Matrix bei der ITIL Vision, Inc. (Forts.)

Feld	Erklärung
Zeitpunkt/ Rhythmus	Berichte sind ▶ zu einem bestimmten Zeitpunkt vorzulegen ▶ oder in einem bestimmten Rhythmus zu erstellen. ▶ Ist dies jederzeit automatisch – also online – möglich, dann ist das Wort »automatisch« hier einzutragen.
Verantwortliche Rolle	Dabei geht es um folgende Punkte: ▶ Wer hat die Daten zur Verfügung zu stellen und ▶ wer ist für die Richtigkeit der Daten verantwortlich? Die Aktualisierung der Daten hat durch die zuständige Person zumindest in dem geforderten Rhythmus (siehe Feld »Zeitpunkt/Rhythmus«) zu erfolgen. Meistens wird die »verantwortliche Rolle« ein Prozessmanager sein. Dies ist aber nicht zwingend erforderlich.

Tabelle 3.7   Service-Reporting-Matrix bei der ITIL Vision, Inc. (Forts.)

Zielsetzung

▶ Das Service Reporting stellt vereinbarte Berichte in folgender Form zur Verfügung:

  ▶ verlässlich

  ▶ genau

  ▶ rechtzeitig

▶ Die Berichte sollen eine effektive Kommunikation gewährleisten. Eine effektive Kommunikation ist aber nur möglich, wenn Fakten bei den Besprechungen und Entscheidungen vorliegen. Fakten in Form von Kennzahlen, Auswertungen usw.

▶ Die Berichte sollen datenbasierende Entscheidungen ermöglichen. Nur mit aktuellen Daten ist dies möglich. Daher ist es absolut erforderlich, dass die im Feld »verantwortliche Rolle« genannte Person auch dafür sorgt.

▶ Jeder IT-Mitarbeiter hat bezüglich der Berichte eine »Holschuld«. Das bedeutet, er muss sich von sich aus über die für ihn relevanten Berichte informieren.

Prozess

Für das Service Reporting ist **kein Prozess erforderlich**. Unter Umständen könnte man sich überlegen, für folgende Aufgaben Kurzprozesse zu definieren:

▶ Aufnahme, Änderung oder Löschung von Reports aus der Matrix

▶ Aktualisierung der Daten

Aufgaben

Die wenigen Aufgaben wurden bereits im Punkt »Kurzbeschreibung« genannt. Nicht die Erstellung der Matrix ist zeitaufwendig, sondern natürlich die Erstellung aller erforderlichen Reports.

Erforderliche Dokumente und Tools

Es ist nur eine Intranetseite zur Darstellung und Verlinkung der Reports erforderlich.

Kennzahlen

Es sind keine Kennzahlen erforderlich.

Checkliste für die Umsetzung

☑ Bestimmung des Prozessmanagers für das Service Reporting

☑ Erstellen der Prozessbeschreibungen (ist normalerweise nicht erforderlich)

☑ Festlegung, welche Berichte in die Matrix aufgenommen werden sollen

☑ Die Berichte erstellen, falls noch nicht vorhanden

☑ Die Service-Reporting-Matrix erstellen und befüllen

Was ist zu beachten?

☑ Durchgängige Nummerierung der Berichte in der Matrix

☑ Erstellen von Kategorien je Prozess und eine zusätzliche Kategorie für »externe Reports«

☑ Es sind keine Kennzahlen erforderlich.

☑ Für alle Mitarbeiter: Holschuld anstatt Bringschuld der Berichte

☑ Die Prozessmanager sollen/müssen die wichtigsten Kennzahlen »im Kopf« haben, zumindest die Dimension der Kennzahl.

☑ Die Aktualität der Berichte in regelmäßigen Abständen kontrollieren

---

3.3.2 Lenkung von Dokumenten und Daten

»Lenkung von Dokumenten und Daten« beschreibt die Veränderung von Dokumentationen und deren Versionsführung. Der Prozess Lenkung von Dokumenten und Daten ist kein eigenständiger Prozess im Sinne von ITIL oder ISO 20000. Er muss aber vorhanden sein, egal ob beim Prozess Management-System oder eben beim Prozess Service Reporting.

Es geht bei diesem Prozess um den Weg, wie Prozesse oder Dokumente verändert werden, sowie um die Versionsführung und die Archivierung alter Dokumente und Daten. Zu diesem Prozess gibt es weder zu definierende Grundbegriffe noch ITIL- oder ISO 20000-Definitionen.

Kurzbeschreibung

Der Prozess Lenkung von Dokumenten und Daten muss in jedem Fall alle Veränderungen an Dokumentationen steuern. Er gliedert sich in drei Teilbereiche:

▶ Veränderung von Dokumentationen

▶ Versionsführung von Dokumenten

▶ Archivierung von Dokumenten und Daten

Zielsetzung

▶ »Lenkung von Dokumenten und Daten« stellt standardisierte Methoden und Verfahren zu Änderungen der Prozessdokumentation zur Verfügung und garantiert damit einen geregelten Ablauf der Veränderungen.

▶ Es garantiert die korrekte Versionsführung der Dokumentation und die exakte Archivierung der Dokumentation.

▶ Es sorgt für eine geregelte Freigabe von Änderungen. Die Form der Freigabe richtet sich nach dem Umfang und der Wichtigkeit der Änderung – entweder durch den Service-Manager oder das CAB.

▶ Unkontrollierte Änderungen an der Prozessdokumentation sollten vermieden werden.

Prozess

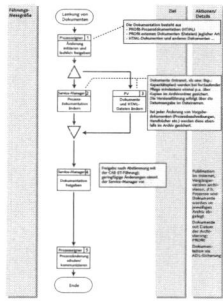

Abbildung 3.17 Lenkung von Dokumenten und Daten (verkleinerte Darstellung; die Abbildung finden Sie in voller Größe in Anhang B: Abbildung B.4, Seite 329)

Aufgaben

Entspricht im Ablauf der Prozessbeschreibung:

Aufgabe	Beschreibung
❶ Initiierung	Die ITIL/ISO 20000-Dokumentation in der ITIL Vision, Inc. besteht im Wesentlichen aus folgenden Teilen: ▸ aus der Prozessdokumentation, die mit dem Prozessmodellie-rungstool Profit erstellt wurde ▸ aus HTML-Dokumenten ▸ aus verschiedensten externen Dokumenten verschiedenster Formate (DOC, XLS, PPT ...), die in Profit und die HTML-Seiten eingebunden wurden Der Prozessverantwortliche (Prozesseigner) hat bei Bedarf dafür zu sorgen, dass die Änderung der Dokumentation initiiert und auch vorbereitet wird. Dies kann er selbst machen oder die Aufgabe an jemanden delegieren. Die Freigabe aus »fachlicher Sicht« hat dann aber in jedem Fall durch den Prozessverantwortlichen zu erfolgen.
❷ Prozessdokumen-tation ändern	Falls es die Änderungen erfordern, wird durch den Service-Manager mit dem Prozessmodellierungstool (Profit) die Prozessdokumenta-tion geändert.
❸ Dokumente ändern	Dieser Schritt erfolgt parallel zu Schritt 2. Die vorbereiteten Ände-rungen führen meist auch zu Änderungen an Dokumenten und HTML-Seiten. Diese sind durch den Prozessverantwortlichen vorzu-bereiten. Ein wichtiger Punkt dabei ist die Versionsführung und die erforder-liche Archivierung. Diese wird gesondert im Punkt »Erforderliche Dokumente und Tools« beschrieben.

❹ Freigabe	Die Freigabe der Änderungen erfolgt durch den Service-Manager. Dabei gibt es 2 Möglichkeiten:
	
	1. Geringfügige Änderungen: Die Freigabe erfolgt allein durch den Service-Manager.
	2. Größere Änderungen: Der Service-Manager bereitet für das CAB (Change Advisory Board – IT-Leitung) die Änderungen vor. Das CAB entscheidet dann über die weitere Vorgehensweise:
	  ▸ entweder Freigabe
	  ▸ oder Ablehnung (mit Begründung)

❺ Schulen und Informieren	Ein wichtiger Schritt ist, über diese Änderungen zu informieren und bei Bedarf auch zu schulen. Dies ist notwendig, damit sämtliche Mitarbeiter der IT von den Änderungen erfahren und diese dann auch »gelebt« werden können.

Tabelle 3.8 Lenkung von Dokumenten und Daten – Aufgaben

Erforderliche Dokumente und Tools

Versionsführung der Dokumentation

Die Versionsführung sämtlicher relevanter Dokumente ist ein wesentlicher ITIL/ISO 20000-Bestandteil. Die Versionsführung erstreckt sich auf:

▶ alle Dokumente (XLS, DOC, PPT ...)

▶ alle HTML-Seiten

▶ die Prozessdokumentation, die mit dem Prozessmodellierungstool erstellt wurde

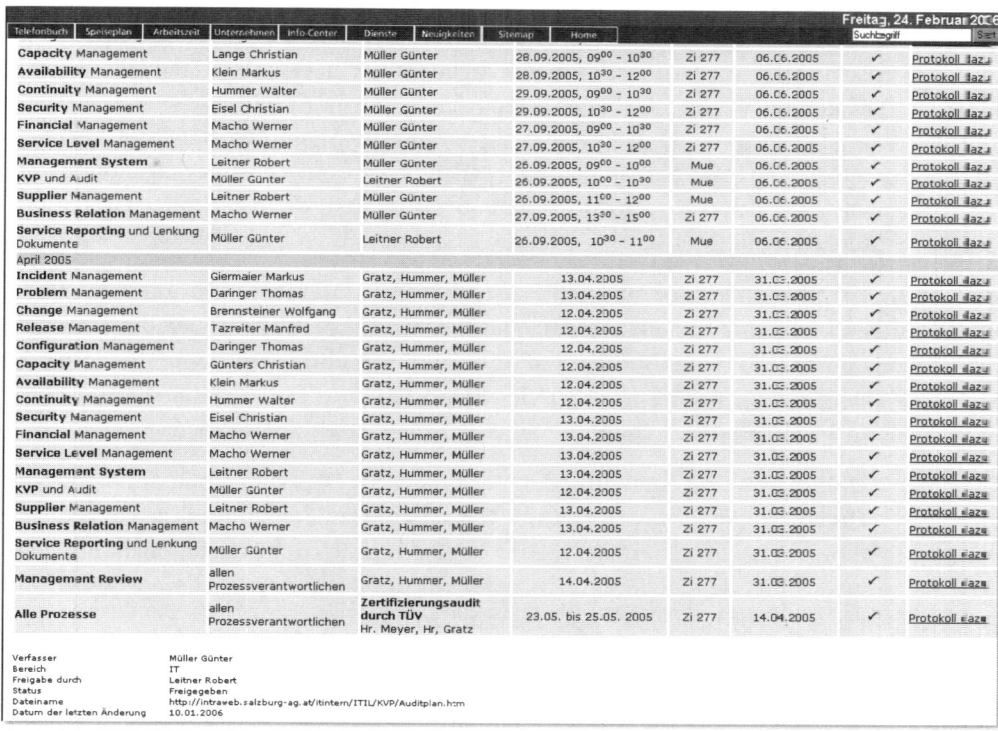

Abbildung 3.18 Lenkung von Dokumenten und Dateien: Versionsführung

Für die Versionsführung sind folgende Informationen erforderlich:

▶ Verfasser

▶ Bereich

▶ Freigabe durch

- ▶ Status
  - ▶ freigegeben
  - ▶ in Bearbeitung
- ▶ vollständiger Dateiname
- ▶ Datum der letzten Änderung

Archivierung der Dokumentation

Eng verbunden mit der Versionsführung ist die ordnungsgemäße Archivierung der Dateien und Dokumente. Es muss prinzipiell sichergestellt werden, dass von jeder Version eines Dokumentes eine Archivdatei erstellt wird. Dabei wird folgendermaßen vorgegangen. Entsprechend dem Verzeichnis »ITIL« gibt es einen äquivalenten Verzeichnisbaum »ITIL-Archiv« (siehe Abbildung 3.19). Dieser ist untergliedert in die einzelnen Prozesse. Außerdem gibt es zusätzliche Verzeichnisse »Allgemein« (enthält die Prozesslandkarte und sonstige allgemeine Aufzeichnungen) und »Prozessdokumentation« (enthält die mit Profit erstellte Prozessdokumentation).

Im Archivordner der einzelnen Prozesse sollen Unterordner für die verschiedenen Dokumente erstellt werden. Beispielsweise im KVP-Ordner die Unterverzeichnisse Auditplan, Auditfragen (für internes Audit) usw. Die Archivierung der Dateien erfolgt nach folgendem Schema: »JJJJMMTT Dateiname« (siehe Abbildung 3.19). Bei der Archivierung werden zwei Arten unterschieden:

- ▶ **Dokumente mit fortlaufender Veränderung:** Dies sind Dokumente, die sich laufend verändern, wie z.B. der Kapazitätsplan, der zumindest wöchentlich/ monatlich aktualisiert wird. Hier ist eine stetige Archivierung nicht erforderlich. Bei diesen Dokumenten ist es erforderlich, **zumindest ein Mal im Jahr** im Archivordner eine Kopie zu erstellen.

- ▶ **Vorgabedokumente:** Dies sind Dokumente, die sich nicht häufig ändern, wie z.B. Service-Management-Politik, Betriebshandbücher, Auditplan, Reporting Matrix usw. Diese Dokumente müssen bei jeder Änderung archiviert werden.

Verwendete Tools

Zur Erstellung der Prozessdokumentation wurde das Modellierungstool Profit eingesetzt. Es kann natürlich auch jedes andere Tool verwendet werden. Word, PowerPoint, Excel, Visio und ähnliche Programme eignen sich nicht dazu. Der Grund ist, dass viel Funktionalität in den Prozessmodellierungstools steckt, die in den vorher genannten Programmen nicht vorhanden ist. Dies führt zu Inkonsistenzen und auf lange Sicht zu wesentlich mehr Aufwand bei der Erstellung und vor allem bei der Änderung der Prozesse.

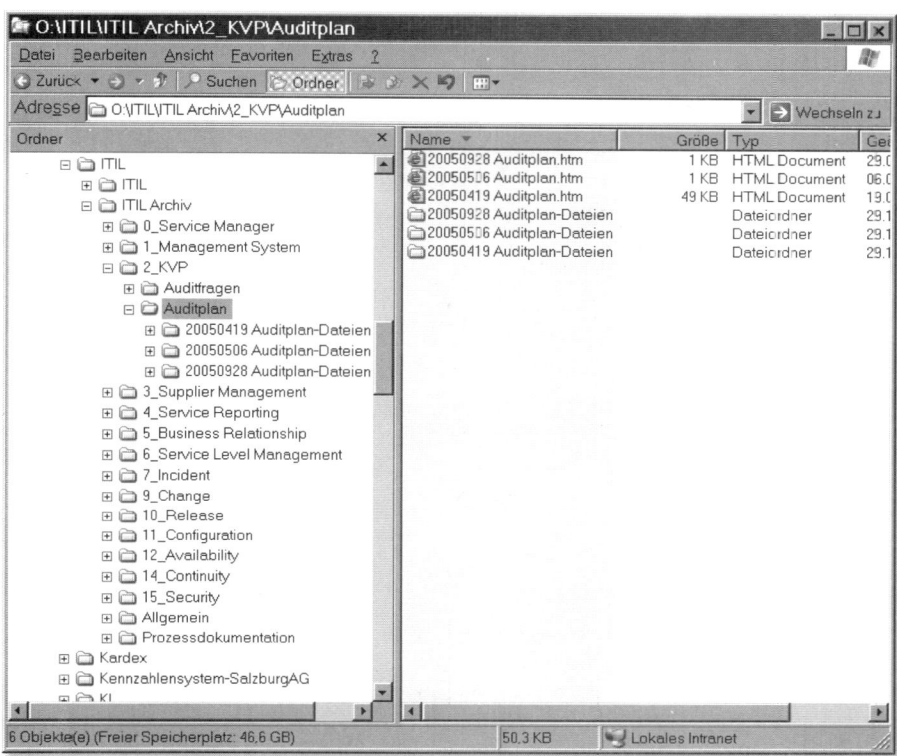

Abbildung 3.19 Lenkung von Dokumenten und Daten: Archivierung

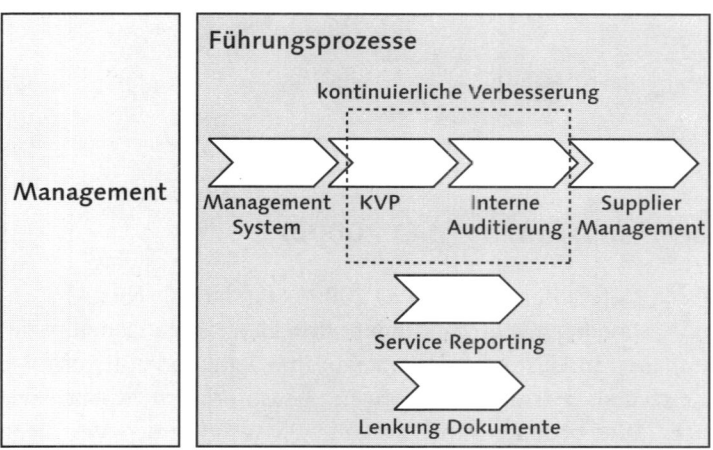

Abbildung 3.20 Prozessmodellierungstool Profit

Kennzahlen

Es sind keine Kennzahlen erforderlich.

Checkliste für die Umsetzung

☑ Zuordnung des Prozesses zum Service Reporting oder Management-System. Dementsprechend ist der zuständige Prozessmanager auch für diesen Teilprozess verantwortlich.

☑ Auswahl eines Prozessmodellierungstools (falls noch nicht im Einsatz)

☑ Prozess Lenkung Dokumente und Dateien erstellen

☑ Der Service-Manager ist für die Freigabe von Änderungen zuständig, allein oder in Abstimmung mit dem CAB.

☑ Kriterien für die Versionsführung festlegen

☑ Archivordner anlegen

☑ Kriterien für die Archivierung festlegen

Was ist zu beachten?

☑ Wahl eines »geeigneten« Prozessmodellierungstools

☑ Einfache, aber sichere Form der Archivierung. Die Verantwortung für die Durchführung der Archivierung auf die Prozessmanager verlagern

☑ Die Versionsführung und Freigabe der Dokumentation »praktikabel« gestalten

☑ Es sind keine Kennzahlen erforderlich.

☑ Die Durchführung der Archivierung in regelmäßigen Abständen kontrollieren

☑ Die Durchführung der Versionierung in regelmäßigen Abständen kontrollieren

---

3.4 Supplier-Management (ISO 20000)

Der Umgang mit Ihren Lieferanten wird im ISO 20000-Standard als ebenso wichtig angesehen wie der Umgang mit Ihren Kunden. Ihre Lieferanten stehen in der Regel in Zusammenhang mit Leistungen, die Sie an Ihre Endkunden liefern. Sie müssen daher sicherstellen, dass diese Leistungen ebenso erbracht werden wie Ihre eigenen Services. Dies bedeutet unter anderem, dass Sie in den Verträgen mit Ihren Lieferanten dieselben – oder noch schärfere – Service Level Agreements vereinbaren müssen wie mit Ihren Kunden. Sie können an dieser Stelle auch die Prozessbeschreibung Ihres Beschaffungsablaufs beschreiben, doch ist dies nicht die primäre Intention der Norm. Innerhalb der ISO 20000 versteht sich Lieferanten-Management tatsächlich als eine Dokumentation, wie Sie mit Ihren Lieferanten umgehen wollen. Wichtig und entscheidend ist dabei immer, wie Sie Ihre Kundenausrichtung auch auf den Lieferanten übertragen.

An dieser Stelle muss auf einen wichtigen Zusammenhang mit dem ITIL-Prozess Service-Level-Management hingewiesen werden. Sie haben mit Ihren Kunden Verträge, in denen Leistungen definiert sind. Gleichermaßen haben Sie Verträge mit Ihren Lieferanten, in denen zumindest dieselben Kriterien ausgestaltet sein müssen. Innerhalb der ITIL Vision, Inc. war es zum Beispiel vor der Einführung der ITIL- bzw. ISO 20000-Norm nicht üblich, vor Vertragsabschluss mit dem Lieferanten den zugehörigen SLA-Manager einzubeziehen. Unser erster Lieferant staunte nicht schlecht, als er sich beim Abschluss eines Wartungsvertrages für ein zentrales Serversystem urplötzlich mit der Forderung nach einer garantierten Verfügbarkeit konfrontiert sah. Üblicherweise bekommen Sie in solchen Verträgen 7 × 24 Stunden Betreuung mit vielleicht noch zwei Stunden Reaktionszeit zu mitunter stolzen Preisen angeboten. Wir hatten bis dato jedoch keinen Vertrag, in dem 99 % Verfügbarkeit der Systeme garantiert (und natürlich bei Nichteinhaltung mit Konventionalstrafe belegt) waren. Dies ist aber genau die Leistung, auf die es unseren Kunden ankommt!

Zum besseren Verständnis der Zusammenhänge sind in der folgenden Skizze die Zusammenhänge der Verträge mit externen Lieferanten (Underpinning Contract laut ITIL) und internen vorgelagerten Dienstleistern dargestellt:

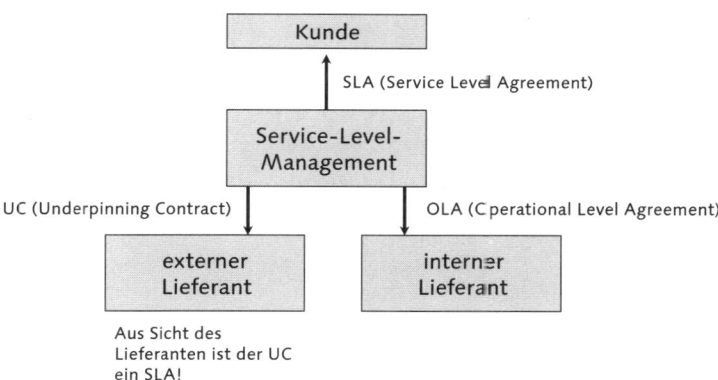

Abbildung 3.21 Verträge in ITIL

Aus diesem Bild ist außerdem ersichtlich, dass auch interne Dienstleister-Verträge genauso wie mit externen Lieferanten abzuschließen sind. Diese in der ITIL-Sprache OLA (Operational Level Agreement) genannten Dokumente müssen natürlich nach denselben Vorgaben des Supplier-Managements behandelt werden!

Neben der zuvor beschriebenen Schnittstelle zum Service-Level-Management empfiehlt es sich jedoch, auch eine Reihe anderer Festlegungen in diesem Prozess in einem zentralen – wir haben es »Handbuch Lieferanten-Management« genannt – Dokument niederzuschreiben. Für die ITIL Vision, Inc. wurden folgende Definitionen zusammengefasst:

Begriff	Definition
Grundsätze	Hier wird beschrieben, wie die Zusammenarbeit mit den Lieferanten grundsätzlich aussehen soll. Beispiele können sein: partnerschaftlich, immer mit den Besten/Billigsten etc.
	Definieren Sie also auch hier Ihre Firmenpolitik, aber Achtung! Diese sollte sich aus der im Management-System definierten Service-Management-Politik ableiten!
	Ebenso kann festgehalten werden, welche gesetzlichen Regeln zu beachten sind.
Lieferanten-Management	Definieren Sie ein Verständnis, was für Sie strategisches Lieferanten-Management bedeutet. Sie müssen also – ausgehend von den Grundsätzen – festlegen, wie Sie zum Beispiel partnerschaftliche Lieferantenbeziehungen erreichen wollen. Diese Zielsetzung wurde in der ITIL Vision, Inc. durch sogenannte Strategiegespräche erreicht (siehe dazu Abschnitt 3.4.3, *Strategiegespräche*).
Lieferanten-Verantwortliche	Abhängig von der Anzahl der strategischen Lieferanten empfiehlt es sich, einen oder mehrere Lieferanten-Verantwortliche zu benennen. Deren Aufgabe ist es, möglichst alles über den ihnen zugeordneten Lieferanten zu wissen. Auch sollten sie über alle Bestellungen und Vorgänge zwischen ihnen und dem Lieferanten Bescheid wissen. Dadurch stellen Sie sicher, dass nicht nur Ihr Lieferant einen zentralen Ansprechpartner auf seiner Seite hat (meist der Key Account), sondern auch bei Ihnen alle Fäden bei einer zentralen Person zusammenlaufen.
Ablauf Vertragsgestaltung	Legen Sie die Regeln und Vorgaben im Umgang mit EDV-Verträgen Ihrer Lieferanten fest. Definieren Sie, wer was bestellen darf, oder verweisen Sie auf die in Ihrem Unternehmen gültigen Regeln. Definieren Sie einen Verantwortlichen für jeden Lieferanten. Bedenken Sie dabei, dass auch Ihr Lieferant einen Verkäufer für Sie hat. Zentralisieren Sie daher Ihre Lieferantenbeziehungen so gut als möglich. Am besten auf einen Lieferanten-Verantwortlichen, damit auch bei Ihnen eine Person alle Aktivitäten des Lieferanten in Ihrem Hause kennt! (Seien sie sicher, dass umgekehrt alle Ihre Aktivitäten Ihr Account-Manager beim Lieferanten kennt.)
	Legen Sie fest, welche Verträge eventuell durch einen Juristen geprüft werden müssen.

Tabelle 3.9 Supplier-Management – Begriffe und Definitionen

Begriff	Definition
Ablage	Unterschätzen Sie nicht die Organisation der Ablage. Oft handelt es sich um mehrjährige Verträge, die im Laufe der Zeit geändert werden (durch Sie oder durch den Lieferanten). Beschreiben Sie, wo Ihre Verträge und die zugehörigen Schriftstücke wie abgelegt sind und wer darauf Zugriff hat.
Monitoring	Stellen Sie sicher, dass Sie Ihre Lieferanten laufend bezüglich Preis und Leistung im Auge behalten. Hier hilft in der Regel eine zentrale Tabelle, in der die Preise und Leistungen laufend festgehalten werden. Auch ein regelmäßiges Reporting, z.B. bei Wartungsverträgen, kann durchaus vom Lieferanten eingefordert werden.
Finanzierung	Definieren Sie gegebenenfalls Regeln, wie die für die Bestellung erforderliche Finanzierung sichergestellt wird, bzw. dass dies vor der Order überprüft werden muss!
	In dieses Kapitel gehören evtl. auch Vorgaben bezüglich Bonitätsprüfung der Lieferanten. Gerade in der IT-Branche arbeitet man oft mit einem sich sehr schnell verändernden Umfeld (Übernahmen etc.).
Vertragsänderung	Legen Sie einen Ablauf für eine Vertragsänderung fest. Hier muss eine Anknüpfung an den Change-Management-Prozess erfolgen, denn auch diese Änderung ist ein Change!
Vertragsauflösung Streitfälle	Eigentlich ist auch diese »Änderung« des Vertrages ein Change, jedoch sollten Sie ein Vorgehen bei Streitfällen definieren. So sind Sie abgesichert, falls einmal der Fall einer unfreiwilligen Auflösung des Vertrages auftritt. Diesen Ablauf zu definieren ist eine strenge Forderung der Norm!
Subaufträge	Definieren Sie ein Vorgehen, falls Ihr Lieferant andere Unternehmen als Sublieferanten einbindet. Stellen Sie dazu sicher, dass auch für diese die gleichen Regeln wie für Ihre Lieferanten gelten.

Tabelle 3.9   Supplier-Management – Begriffe und Definitionen (Forts.)

3.4.1   Zielsetzung

Ziel des Prozesses ist es also, Ihre Lieferanten (3rd party) zu managen, um die Erbringung einer reibungslosen (Qualitäts-)Dienstleistung sicherzustellen. Laufende Gespräche mit Ihren Lieferanten garantieren in der Regel, dass mit Lieferanten im Sinne der Unternehmensstrategie gearbeitet wird.

3.4.2   Prozess

Sofern Sie nicht einen eigenen Beschaffungsprozess definieren wollen, reicht an dieser Stelle eine verbale Beschreibung Ihrer Regeln und Abläufe. Eine Prozessdokumentation ist nicht erforderlich.

3.4.3   Strategiegespräche

Führen Sie regelmäßig Gespräche mit Ihren Lieferanten. Diese Strategiegespräche sollten abseits eines aktuellen Geschäftsabschlusses stattfinden, um ein offenes Klima zu garantieren. Besprechen Sie dabei Ihre strategischen Vorhaben der nächsten Zeit. Ebenso sollte Ihr Lieferant seine strategischen Ziele und Produkte ankündigen. So kann gemeinsam überlegt werden, wie eine gegenseitige Win-Win-Situation erzeugt werden kann. Der jeweilige Lieferanten-Verantwortliche muss sich dabei um die Einhaltung der Termine kümmern. Weitere Punkte, die besprochen werden sollten, sind:

▶ Beurteilung und Review der erbrachten Leistungen und Services anhand definierter Reports

▶ Ableitung von Verbesserungsmaßnahmen in der Zusammenarbeit (intern über den KVP abzubilden)

▶ Identifizierung zukünftiger Handlungsfelder (Marktüberblick)

Fertigen Sie in jedem Falle ein kurzes Protokoll über diese Gespräche an. Dies erleichtert Ihnen die Kommunikation, denn alle Mitarbeiter und Mitarbeiterinnen, die mit diesem Lieferanten zu tun haben, sollten über das Gespräch informiert werden! Nur so können Sie sicherstellen, dass auch danach im Sinne des Gespräches weitergearbeitet wird.

3.4.4   Monitoring

Damit Sie in den vorher beschriebenen Gesprächen keine »Überraschungen« erleben, sollten Sie ein laufendes Monitoring Ihrer Lieferanten durchführen. Dabei ist nicht die klassische Überwachung des Prozesses »Bestellung – Lieferung – Rechnung« gemeint, sondern es gilt, eine Reihe anderer Kriterien regelmäßig zu überprüfen:

▶ Welche Leistung hat der Lieferant im Berichtszeitraum erbracht (z.B. Anzahl geleisteter Beratungstage, Anzahl gelieferter PCs, Reparatureinsätze im Wartungszeitraum)?

▶ Wurden dabei vereinbarte Reaktions-, Behebungs- oder Lieferzeiten überschritten?

▶ Wie viel wurde bezahlt/ist noch ausständig?

▶ Wie liegt der Lieferant preislich und leistungsmäßig im Vergleich zu anderen?

Innerhalb der ITIL Vision, Inc. hat es sich bewährt, im monatlichen Reporting die Durchschnittstagessätze der Lieferanten zu berichten. Dadurch kann der jeweils teuerste Lieferant auf diesen Umstand hingewiesen und so eventuell ein besserer Preis erzielt werden!

3.4.5 Schulung – Wissensweitergabe

Jeder Verkäufer ist stets bemüht, möglichst viele Informationen über seinen Kunden zu bekommen. Durch simples Befragen möglichst vieler Personen erhält er in der Regel ein deutliches Bild,

▶ wie der aktuelle Status zu einem speziellen Projekt oder Vergabeverfahren ist,

▶ wie die Entscheidungsprozesse in seinem Unternehmen ablaufen,

▶ wer die Entscheidungsträger sind und

▶ wie man diese am besten zu seinen Gunsten beeinflusst.

Warum sollten Sie diese Methoden nicht auch auf Ihre Lieferanten anwenden? Finden Sie heraus, wer bei Ihrem Lieferanten wirklich die Rabatte freigibt, wie sich die Prämie des Verkäufers zusammensetzt oder wann seine nächste Deadline für die Prämienberechnung ist. Wenn es Ihnen und Ihren Mitarbeitern gelingt, dieses Wissen rasch und unauffällig zu sammeln – und dabei kein Wissen dem Lieferanten preiszugeben – dann können Sie deutliche Einkaufsvorteile einheimsen. Dies beginnt zum Beispiel beim Wissen, wann Ihr Lieferant den Geschäftsjahresabschluss hat. Kaufen Sie kurz vorher, so wird er Ihnen – um hohe Auftragsbestände nachweisen zu können – wohl leichter einen Sonderrabatt einräumen!

Wird Ihr Verkäufer zum Beispiel nach der Auftragssumme honoriert, so bekommen Sie sicher ein Skonto, da dies nicht zu Lasten seiner Prämie geht. Sichern Sie daher eine rasche Wissensweitergabe zu Ihrem Einkäufer und verhindern Sie durch gezielte Schulung, dass Ihr Lieferant zu viel über Sie erfährt!

3.4.6 Erforderliche Dokumente und Tools

Je nach Erfordernis können Sie eine oder mehrere Dienstanweisungen oder Ablaufbeschreibungen erstellen. Bewährt hat sich ein zentrales Dokument »Lieferanten-Management«, in dem alle bisher beschriebenen Regeln festgehalten werden. Dies hat den Vorteil, dass Sie einem Bestellverantwortlichen ein Dokument an die Hand geben können, das alle für sein Arbeitsgebiet notwendigen Informationen enthält.

Inhalt – Lieferanten-Management		
1.	Einleitung	3
1.1.	Verantwortung	3
2.	Vertragsmanagement	4
2.1.	Ablauf der Vertragserstellung	4
2.2.	Ablage	5

Tabelle 3.10 Handbuch Lieferanten-Management

Tabelle 3.10   Handbuch Lieferanten-Management (Forts.)

Sinnvollerweise wird dieses Dokument auch laufend um spezielle Tipps ergänzt. So wurde bei der ITIL Vision, Inc. zusammengefasst, welche Punkte sich bei welchen Verträgen als verhandelbar gezeigt haben bzw. auf welchen auf jeden Fall bestanden werden sollte.

3.4.7   Kennzahlen

Je besser Sie diesen Prozess etablieren, desto höhere Nachlässe werden Sie im Einkauf erzielen können. Als Kennzahl kann für diesen Prozess also zum Beispiel die Höhe der erzielten Einkaufsrabatte dienen. Oder Sie nehmen eine über die Monate gleich bleibende Dienstleistung und versuchen zum Beispiel den durchschnittlichen Tagessatz einer Beratungsleistung oder einer GByte-Plattenkapazität zu senken.

Checkliste für die Umsetzung

- ☑ Ausformulieren eines Grundverständnisses im Umgang mit den Lieferanten
- ☑ Sicherstellen, dass die SLAs Ihrer Kunden sich in den Verträgen mit Ihren Lieferanten widerspiegeln
- ☑ Abhalten von regelmäßigen Strategiegesprächen mit den Top-Lieferanten
- ☑ Laufendes Monitoring von Preis und Leistung
- ☑ Festlegung von je einem Verantwortlichen pro Lieferant

- ☑ Ablaufbeschreibung für Vertragsabschluss und -auflösung vor allem bei Streitfällen
- ☑ Regeln Sie die Ablage der Vertragsdokumente und Zusätze
- ☑ Stellen Sie sicher, dass Vertragsänderungen im Change-Prozess eingebettet sind

Was ist zu beachten?

- ☑ Nutzen Sie Verkaufswissen im Einkauf und natürlich auch umgekehrt. Tragen Sie gezielt Informationen über Ihren Lieferanten zusammen (Quellen: Geschäftsberichte, Konkurrenz, Kollegen, Internet etc.) und verschaffen Sie sich dadurch eine bessere Verhandlungsposition!
- ☑ Treten Sie einem Verkäufer niemals unvorbereitet gegenüber!
- ☑ Stellen Sie ein laufendes Monitoring über Ihre Lieferanten her. Beobachten Sie dabei nicht nur den Preis, sondern auch die Leistung (was läuft gut, was schlecht)!
- ☑ Machen Sie intern alle Informationen über Ihre Lieferanten für Ihre Einkäufer bekannt!
- ☑ Vergessen Sie nicht, auch für interne Vor-Dienstleister die Mechanismen und Regeln des Supplier-Managements anzuwenden.

3.5 Business-Relation-Management (ISO 20000)

Der Bereich IT hat eine Strategie formuliert, die dem System der Balanced Scorecard entspricht. Eine wesentliche Komponente der Balanced Scorecard ist der Kunde, für den wir unsere Leistungen erbringen.

> Jeder IT-Mitarbeiter muss jene Geschäftsprozesse unserer Kunden, die sein spezielles Aufgabengebiet berühren, kennen und verstehen!

3.5.1 Kurzbeschreibung

Das Ziel, die Steigerung von Kundenzufriedenheit durch Qualität, erfordert eine sehr starke Orientierung an unseren Kunden!

Dafür müssen wir noch besser die Bedürfnisse unserer Kunden erkennen und ihnen optimale Lösungen für ihre Probleme anbieten. Dies erfordert ein strukturiertes Kundenbeziehungs-Management (Business-Relationship-Management) in dem, neben Marketing und grundlegenden CRM-Aspekten, laufend Feedback unserer Kunden zur Verbesserung unseres Leistungsangebotes eingeholt wird.

Alle Leistungen werden in schriftlichen Vereinbarungen (Service Level Agreements) abgebildet. Dies gibt unseren Kunden Transparenz und Nachvollziehbarkeit!

In Tabelle 3.11 finden Sie neben der Kundenzufriedenheit die weiteren BSC-Quadranten Finanzen, Prozesse und Personal. Sie werden in verschiedenen anderen Abschnitten näher beschrieben:

Der Bereich IT ist der wettbewerbsorientierte Dienstleister in der ITIL Vision!	
FINANZEN Kosten senken, Transparenz erhöhen und dadurch Wettbewerbsvorteile vergrößern	**KUNDEN** Kundenzufriedenheit durch Qualität der Leistungen erhöhen. Für jede Fachbereichsabteilung wird ein IT-Ansprechpartner, der Geschäftsfeldbetreuer, »eingerichtet«.
PROZESSE Alle Prozesse der ITIL Vision, Inc. bestmöglich unterstützen, insbes. Sicherstellung einer ordnungsgemäßen Verrechnung. Höchste Effizienz bei den internen Abläufen	**PERSONAL** Teamorientierung und Qualifikation und damit die Motivation der Mitarbeiter steigern

Tabelle 3.11   Die BSC-Quadranten

3.5.2   Zielsetzung

Das Ziel des Business-Relationship-Managements ist die Steigerung der Kundenzufriedenheit durch laufende Verbesserung der Servicequalität. In diesem Zusammenhang wird die Servicequalität maßgeblich durch das Erkennen und Verstehen der Kundenanforderungen sowie durch Anbieten optimaler Lösungen für die Bedürfnisse unserer Kunden bestimmt.

Das Business-Relationship-Management wird aber nicht nur vom BR-Manager getragen; alle IT-Mitarbeiter müssen entsprechend handeln und müssen

▸ kundenorientiert handeln,

▸ jene Geschäftsprozesse unserer Kunden, die ihr spezielles Aufgabengebiet berühren, kennen und verstehen,

▸ die Geschäftsfeldbetreuer (Begriffserklärung auf den nächsten Seiten) innerhalb der IT kennen,

▸ Anforderungen von Anwendern aufnehmen und diese dem zuständigen Geschäftsfeldbetreuer zur Kenntnis bringen.

3.5.3 Prozess und Aufgaben

Das Business-Relationship-Management erfüllt seine Aufgaben durch fünf Teil-prozesse.

Prozess	Beschreibung
Marketing	Der Teilprozess Marketing verfolgt das Ziel, eine klare, eindeutige und zielorientierte Kommunikation mit unseren Kunden sicherzustellen. Zur Unterstützung dieses Ziels wird ein Kommunikationsplan erstellt und periodisch überarbeitet. Dabei wird in allen kommunikationsrelevanten Fragen eine generelle Linie der IT festgelegt. Die Kommunikationsmaß-nahmen werden entsprechend den definierten Zielgruppen jeweils nach Inhalt, Zeitplan und Kommunikationsmedium ausgearbeitet. Eine regel-mäßige Besprechung der Kommunikationsmaßnahmen findet im Rah-men der Centerleitersitzungen statt.
Kunden-zufriedenheit	Durch die Erhebung der Kundenzufriedenheit bekommen wir von unse-ren Kunden wertvolle Informationen, um unsere Leistungen zu verbes-sern. Die Kundenzufriedenheitsumfrage wird ein Mal pro Jahr vom IT-Sekretariat durchgeführt. Eine Beschreibung der Durchführung der Umfrage ist in Abschnitt 3.5.4 *Erforderliche Dokumente und Tools* zu finden. Die Kundenzufriedenheitsumfrage gibt uns auch ergänzend zu unseren direkt messbaren Leistungen, wie etwa der Verfügbarkeit der Systeme, Auskunft über das Bild des Bereichs Informationstechnologie im Unternehmen.
Service Requirements	Der Teilprozess Service Requirements regelt den Umgang mit Kundenan-fragen. Eine standardisierte Vorgehensweise beim Behandeln von Kun-denanfragen führt zu transparenten und nachvollziehbaren Ergebnissen, die eine Erhöhung der Kundenzufriedenheit mit sich bringen. Dazu gibt es im Bereich IT die neue Rolle der Geschäftsfeldbetreuer. Diese sind die zentralen Ansprechpartner für die Fachbereiche in allen IT-Fragen. Kundenanforderungen können aber von allen Mitarbeitern der IT aufge-nommen werden. Es ist jedoch von jedem Mitarbeiter der IT sicherzu-stellen, dass der entsprechende Geschäftsfeldbetreuer unmittelbar über die Anforderung benachrichtigt wird. Nach der Entscheidung über die Umsetzung der Anfrage ist das Change-Management bzw. das Service-Level-Management einzubinden.

Tabelle 3.12 Prozesse Business-Relation-Management

Prozess	Beschreibung
Service Review	In regelmäßigen Abständen finden Gespräche zwischen den Geschäftsfeldbetreuern, der IT-Leitung, dem Business-Relationship-Manager und den Fachbereichen statt.

Bereich	Geschäftsfeldbetreuer	Review-Zyklus
Vertrieb	Maier Manfred	jährlich
Handel	Bauer Peter	jährlich
Projektierung	Berger Manuela	jährlich
Vertrieb	Maier Manfred	jährlich
Finanz	Maier Manfred	jährlich
Personal	Müller Hermann	jährlich
Recht	Elsesser Martin	jährlich
Einkauf	Siebel Robert	jährlich

Prozess	Beschreibung
	Basis dieser Gespräche sind die abgeschlossenen IT-Service-Level-Agreements. Neben der Rückschau auf die Leistungen der IT in der vergangenen Periode sind auch Diskussionen über Verbesserungspotentiale und über neue IT-Trends Themen dieser Gesprächsrunden.
Beschwerde-Management	Im Beschwerde-Management wird zwischen technischen Beschwerden und personellen Beschwerden unterschieden. Definition: technische Beschwerde *Eine technische Beschwerde ist ein Anruf eines Anwenders bei der IT-Hotline, bei dem sich der Anwender ausdrücklich beschwert. Der IT-Mitarbeiter muss beim Anrufer konkret nachfragen, ob es sich im vorliegenden Fall um eine Beschwerde handelt.* Technische Beschwerden werden im Hotline-Tool erfasst und in weiterer Folge wie im Incident-Prozess beschrieben bearbeitet. In der ITIL Vision, Inc. werden personenbezogene Beschwerden direkt an die zuständige Führungskraft gemeldet. Das weitere Vorgehen ist durch Regelungen der ITIL Vision, Inc. im Bereich von Kritik- und Anerkennungsgesprächen sowie dem Erfolgsgespräch festgelegt.

Tabelle 3.12 Prozesse Business-Relation-Management (Forts.)

3.5.4 Erforderliche Dokumente und Tools

Kommunikationsplan

Der Kommunikationsplan beschreibt, in welchem Zeitabstand welche Publikationen – vor allem zur firmeninternen Information – in welchen firmeneigenen Medien (Mitarbeiterzeitung, Intranet usw.) geschaltet werden.

Juli		
Aug	**insider Redaktionssitzung August 2005**	
	Themen:	**Verantwortliche:**
	Heimlizenzen MS Office Pro Energiewirtschaftliche Datenflüsse	Obernberger/Müller/Leitner/Mayer
Sep		
Okt	*Ausgabe insider*	
Nov	**insider Redaktionssitzung November 2005**	
	Themen:	**Verantwortliche:**
	Ankündigung Kundenzufriedenheit Umfrage Aktuelles aus IT-AR evtl. Outlook 2007 Projektteam CRM Foto	Obernberger/Holzmaier/Leitner Diskussion Müller/Obernberger
Dez		
Jan	*Ausgabe insider*	
Feb	**insider Redaktionssitzung Februar 2006**	
	Themen:	**Verantwortliche:**
	Ergebnis Mitarbeiterbefragung	Obernberger/Holzmaier
März		
April	*Ausgabe insider*	
Juni	**insider aktuell bis 12.07.2006**	
	Themen:	**Verantwortliche:**
	Neues Center SC Energiewirtschaftliche Datenflüsse	Müller/Leitner/Mayer Mayer

Tabelle 3.13   IT-Kommunikationsplan 2005/2006

Mitarbeiterbefragung

Ablauf

▶ Die Führungskräfte der IT beschließen eine Mitarbeiterbefragung durchzuführen.

▶ Die IT-Assistenz (für die Kommunikation verantwortlich) formuliert sieben Fragen aus den unterschiedlichen Themenbereichen unseres Bereiches (Service, Leistung, Hotline usw.). Die Hauptfragen bleiben gleich, um einen Vergleich der Befragungen gewährleisten zu können.

▶ Diese werden ins Intranet der ITIL Vision, Inc. gestellt (siehe Abbildung 3.22).

▶ Jene Mitarbeiter, die in der vergangenen Woche Kontakt zur IT, im Speziellen zur Hotline hatten, werden ebenfalls im Intranet aufgelistet und aus diesen Personen werden per Zufall die Befragten ausgewählt.

	Sehr gut	gut	befriedigend	genügend	nicht genügend	Bemerkung
1. Wie sind Sie mit dem **Service** und der **Leistung** der **IT insgesamt** zufrieden?	○	○	○	○	○	
2. Wie sind Sie mit der **Erreichbarkeit** der IT Hotline zufrieden in Bezug auf die **Wartezeit** bis Ihr Anruf entgegengenommen wird?	○	○	○	○	○	
3. Wie beurteilen Sie die **Servicebereitschaft** und die **Kompetenz** der Hotline-MitarbeiterInnen?	○	○	○	○	○	
4. Wie sind Sie mit den **Antwortzeiten** der Systeme zufrieden? (z.B.: LAN, SAP, IS-U, ...)	○	○	○	○	○	
5. Wie sind Sie mit den **Lösungszeiten** Ihrer Probleme zufrieden? (z.B: LAN, SAP, IS-U Office, Hardware, ...)	○	○	○	○	○	
6. Was behindert Sie am meisten in der täglichen Arbeit mit IT Systemen?						
7. Wie sind Sie mit dem **Engagement** der IT-MitarbeiterInnen im allgemeinen zufrieden?	○	○	○	○	○	
8. Sonstige Bemerkungen						
9. Dauer der Befragung		Minuten				

Absenden   Zurücksetzen

Kein Kommentar

Abbildung 3.22   Mitarbeiterbefragung

▶ Es werden 80 Personen in einem Zeitraum von ca. zwei Monaten vom IT-Sekretariat telefonisch befragt.

▶ Der IT-Leiter und die Centerleiter befragen zusätzlich noch jeweils drei Führungskräfte aus dem Unternehmen. Jedoch erfolgt diese Befragung nicht telefonisch, sondern persönlich.

Agenda eines Service Level Review

▶ Begrüßung und Vorstellung des Ablaufs (durch den IT-Leiter)
▶ Präsentation der SLA-Kennzahlen der vergangenen Periode (durch den SLA-Manager)
▶ Verbesserungspotentiale aus Kundensicht
▶ Qualität der Prozessunterstützung durch IT
▶ Neuerungen auf dem IT-Markt (Daten aus dem Management-System)
▶ Diskussion

Für eine strukturierte Vorgehensweise bei den Service Level Reviews verwenden wir eine Standard-Agenda. Die Reviews werden bei der ITIL Vision, Inc. als Frühstücksgespräche durchgeführt, um einen zwanglosen Rahmen zu garantieren.

Vorträge und Artikel

Zur Dokumentation und Übersicht der externen und internen Kommunikationsaktivitäten wird eine Excel-Tabelle geführt. Die entsprechenden Felder sind Ort, Medium, Datum, Titel, Autor und Inhalt.

3.5.5 Kennzahlen

Als BRM-Kennzahlen werden folgende Werte gemessen:

▶ **Kundenzufriedenheit:** Die Umfragen werden in gleichmäßigen Abständen durchgeführt. (Ziel: Halten des erreichten hohen Niveaus von ca. 1,8)

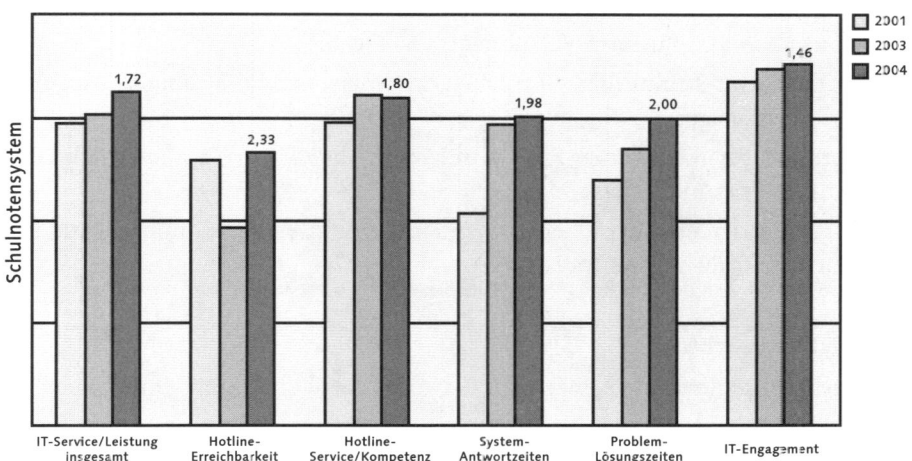

Abbildung 3.23 Kundenzufriedenheit

▶ **Publikationen und Vorträge** zur Sicherung des positiven Images. Wenn möglich, werden diese Publikationen über das Jahr gleichmäßig verteilt. (Ziel: 10–12 Veröffentlichungen pro Jahr)

▶ **Anzahl technischer Beschwerden** aus dem Ticketsystem. Dafür steht eine eigene Kategorie zur Verfügung. (Ziel: laufende Kontrolle der Abarbeitung von Beschwerden)

2005	Anforderung	Beratung	Beschwerde	Störung	Summe
Berechtigung	900	37	1	779	1717
Drucken	53	17	0	281	351
Hardware	760	50	1	627	1438
Netzkomponente	98	59	1	1462	1620
Rücksicherung	87	1	0	13	101
Software	504	400	4	1529	2437
Sonstiges *	7	2	0	2	11
Viren	0	9	0	13	22
Summe	2409	575	7	4706	7697

Abbildung 3.24 Analyse der registrierten Tickets

Checkliste für die Umsetzung

☑ Einteilung des BRM in Teilprozesse um den komplexen Prozess überschaubarer zu machen

☑ Klare, auf Ihr Unternehmen abgestimmte Zielsetzung im Umgang mit Kunden

☑ Bestimmen des Business-Relationship-Managers

☑ Vorlagen für strukturierte Vorgehensweise bei Kundenterminen (Aufgabe des BR-Managers)

☑ Termine für das Service Review mit den Abteilungen im Unternehmen (Aufgabe des BR-Managers)

☑ Erstellen der erforderlichen Dokumente, wie z.B. des Kommunikationsplans (Aufgabe des BR-Managers)

Was ist zu beachten?

☑ Die Service Reviews rechtzeitig (ca. zwei Monate vor dem Termin) planen

☑ Bei den Service Reviews ist ein Protokoll zu führen.

☑ Eine der wichtigsten Aufgaben bei der Umsetzung ist, dass nicht nur die IT-Führungskräfte oder der BR-Manager die Kundenbeziehungen pflegen, sondern jeder IT-Mitarbeiter.

☑ Bei den Kundenumfragen die Hauptfragen gleich lassen, um einen Trend feststellen zu können

☑ Führen Sie die Befragungen an Mitarbeitern bei jenen durch, die kürzlich Kontakt mit der IT hatten.

☑ Eine gleichmäßige Präsenz der Publikationen in den Firmenmedien (Intranet, Mitarbeiterzeitung usw.)

3.6 Security-Management (ISO 20000)

Das Thema Sicherheit hat in den vergangenen Jahren ständig an Bedeutung gewonnen. Auf die Zunahme an Schäden durch Viren, Hacker etc. braucht an dieser Stelle nicht gesondert hingewiesen werden. Dass daher das Thema Sicherheit im Umfang des ISO 20000-Standards ein »Must-have« darstellt, ist also nicht verwunderlich. Jedes Unternehmen und jede Branche, ja sogar jedes Land hat allerdings seine ganz speziellen Anforderungen an das Thema Sicherheit. Der Bogen reicht von absoluter Schutzwürdigkeit der Daten und Systeme bis hin zu relativ einfachen Kontrollen beim Gebäudeschutz. Auch hier versteht sich der ISO 20000-Standard nicht als komplette Zusammenfassung aller weltweit gültigen Standards, sondern fordert Sie vielmehr auf, das Thema Sicherheit für Ihr Umfeld zu definieren.

Sie bestimmen den Umfang des Security-Managements! Beginnen Sie mit möglichst wenig!

3.6.1 Kurzbeschreibung

Die Definition des Themas Sicherheit für Ihr Unternehmen folgt demselben Schema, wie Sie dies nun bereits aus den anderen Prozessen kennen.

Abgeleitet aus der Strategie Ihres Unternehmens ist eine Sicherheitspolitik zu erstellen. Diese soll in einfachen und klar verständlichen Worten Ihre Grundhaltung zum Thema Sicherheit definieren. Dabei ist die Analyse Ihres derzeitigen Umfeldes bzw. Umgangs mit dem Thema Security hilfreich. Auch sollten die für Ihr Umfeld gültigen Standards und Normen sowie bereits vorhandene Vorgaben des Unternehmens zusammengefasst und eingebunden werden.

Haben Sie diese Sicherheitspolitik ausformuliert, so ist diese in jedem Fall mit der Geschäftsleitung Ihres Betriebes und mit allen weiteren relevanten Stellen (z. B. Sicherheitsverantwortlichem, Revision etc.) abzustimmen. Stellen Sie dabei ein gemeinsames Grundverständnis her, dies erleichtert Ihnen die weitere Arbeit ungemein. Innerhalb der ITIL Vision, Inc. haben wir uns auf den folgenden Kernsatz geeinigt: »Wir wollen einen angemessenen Schutz, aber ohne im Tagesgeschäft die Arbeit zu behindern!«

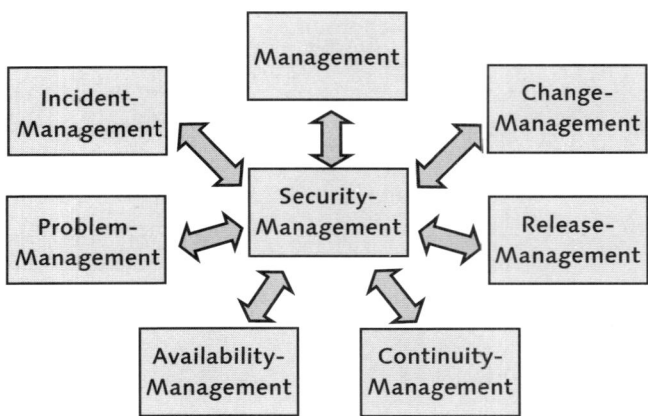

Abbildung 3.25 Einbettung des Security-Managements

Haben Sie diese grundlegende Sicherheitspolitik definiert, abgestimmt, verabschiedet und bekannt gemacht, dann können Sie nun an die konkrete Umsetzung in Ihrem Tagesgeschäft gehen. Hierzu müssen im Wesentlichen zwei Dinge berücksichtigt werden:

1. Wie ist Ihr Sicherheitsmanagement in die anderen Prozesse eingebettet? Denn kaum ein anderer Prozess hat so vielfältige Schnittstellen zu den anderen!
2. Welche Dinge erachten Sie als schutzwürdig und wie schützen Sie diese? Hier ist es hilfreich eine Matrix zu erstellen und laufend zu vervollständigen.

3.6.2 Zielsetzung

Ziel des Security-Managements ist, einen für Ihr Umfeld angemessenen Schutz Ihres Unternehmens bei allen IT-Aktivitäten sicherzustellen. In der Regel ist Ihre IT-Security in die Sicherheitspolitik Ihres Gesamtunternehmens eingebettet. Sie können allerdings auch mit diesem Thema beginnen, müssen dann jedoch auf den fehlenden Gesamtzusammenhang hinweisen.

Um die angemessene Sicherheit zu garantieren, müssen eine ausformulierte Sicherheitspolitik und daraus abgeleitet konkrete Handlungsanweisungen für die Prüfung und den Umgang mit sicherheitsrelevanten Ereignissen vorliegen.

3.6.3 Prozess

Meist ist es nicht notwendig, einen eigenen Security-Prozess zu definieren, weshalb auf diesen Aufwand bei der ITIL Vision, Inc. verzichtet wurde. Wichtiger ist dafür zu sorgen, dass die erstellte Politik und die festgelegten Regeln zumindest allen IT-Mitarbeitern und Mitarbeiterinnen bekannt sind. Sorgen Sie daher für die notwendigen Schulungen zum Thema Sicherheit. Setzen Sie zudem auch Maßnahmen, um die nötige »Awareness« (Aufmerksamkeit) auf die »weichen« Faktoren des Zugriffsschutzes zu lenken. Immer mehr wird bekannt, dass die eigentlichen Risiken meist von den eigenen Mitarbeitern ausgehen. So nimmt »Social Hacking« (d. h. das Erfragen von Passwörtern durch zum Beispiel fingierte Anrufe) in den diversen Statistiken einen immer höheren Stellenwert ein. Sensibilisieren Sie also alle Mitarbeiter in Ihrem Unternehmen auf sicherheitsrelevante Ereignisse (zum Beispiel seltsame Anrufe oder E-Mails) besonders zu achten und sofort Ihren zentralen Sicherheitsbeauftragten zu informieren.

3.6.4 Aufgaben und Dokumente

Die zentrale Aufgabe bei der Etablierung eines standardkonformen Sicherheitsmanagements liegt in der schriftlichen Festlegung der sogenannten Sicherheitspolitik (Security Policy) und den Sicherheitsrichtlinien (Security Controls). Daher ist es bei diesem Prozess einfacher, die Aufgabe der Erstellung der entsprechenden Dokumente und ihre inhaltliche Struktur gemeinsam wiederzugeben.

Abgesehen von diesen beiden zentralen Dokumenten müssen Sie festlegen, wie Sie auftretende sicherheitsrelevante Ereignisse (Security Incidents) aufzeichnen und ihre Abarbeitung sicherstellen. Da in der Regel jeder Security Incident eine spezifische Gegenmaßnahme erfordert, ist es meist sinnvoll, diese als eigens gekennzeichneten Incident im Hotline-Tool zu verwalten. In der ITIL Vision, Inc. wurde daher im Ticketsystem eine eigene Kategorie »Security Incident« eingeführt. Damit stehen sofort alle Mechanismen (Eskalationsroutinen, Reporting etc.) zur Verfügung. Wie in Abschnitt 3.8 zum Problem-Management beschrieben, ist auch für Sicherheits-Tickets eine Ursachenanalyse einzuführen. Sollten also mehrere gleichartige Security Incidents auftauchen, so müssen Sie durch einen geeigneten Ablauf sicherstellen, dass eine Analyse der eigentlichen Ursache und die Einleitung geeigneter Gegenmaßnahmen erfolgen.

Sicherheitspolitik

Wenn Sie eine ausformulierte Sicherheitspolitik für Ihr Unternehmen besitzen, so muss diese lediglich um die IT-relevanten Aspekte ergänzt werden. Sollte dies allerdings nicht der Fall sein, so müssen Sie eine eigenständige IT-Sicherheitspolitik definieren. In unserem Fall war es zur Eingrenzung der Themenstellung hilfreich, auf die Norm A7799 aufzusetzen. Dabei war nicht der Anspruch, diese sehr umfangreiche Norm zusätzlich zu ISO 20000 zu erfüllen, sondern sie diente als Anregung für die Gliederung der Sicherheitspolitik.

Kapitel	Beschreibung	Bemerkung	Eintrittswahrscheinlichkeit	Potentielle Schadenshöhe	Wert
A.3 Sicherheitspolitik					
A.3.1 Informationssicherheitspolitik	Kontrollziel: Ziel ist die Richtungsvorgabe für und Unterstützung durch die Geschäftsführung bei der Informationssicherheit				
A.3.1.1 Dokument zur Informationssicherheitspolitik	Von der Geschäftsführung ist ein Dokument zur Informationssicherheitspolitik zu genehmigen, zu veröffentlichen und allen Mitarbeitern nach Bedarf zur Kenntnis zu bringen.	Benutzerrichtlinien sind vorhanden			3

Tabelle 3.14 Sicherheitsmatrix

Kapitel	Beschreibung	Bemerkung	Eintritts-wahr-schein-lichkeit	Potenti-elle Scha-denshöhe	Wert
A.3.1.2 Überprü-fung und Bewertung	Diese Politik ist regel-mäßig und im Fall von Änderungen, die einen Einfluss auf sie haben könnten, zu überprüfen.	KVP			2
A.4 Organisation der Sicherheit					
A.4.1 Infrastruktur der Informations-sicherheit	Kontrollziel: Ziel ist es, das Management der Informationssicherheit innerhalb der Organisa-tion sicherzustellen.				
A.4.1.1 Manage-mentforum für Informationssicher-heit	Es ist ein Management-forum einzurichten, das eine klare Richtungsvor-gabe und sichtbare Unterstützung des Managements für Sicher-heitsinitiativen sicher-stellt.	Bereichsleiter			2
A.4.1.2 Koordina-tion der Informa-tionssicherheit	In großen Organisatio-nen ist ein bereichsüber-greifendes Forum einzu-richten, das sich aus Vertretern des Manage-ments der relevanten Bereiche der Organisa-tion zusammensetzt und über das die Implemen-tierung von Kontrollen der Informationssicher-heit koordiniert wird.	Bereichsleiter			2
A.4.1.3 Zuweisung der Verantwortlich-keiten für Informa-tionssicherheit	Verantwortlichkeiten für den Schutz einzelner Vermögenswerte und für die Durchführung spezifi-scher Sicherheitsprozesse sind klar zu definieren.	Sicherheits-richtlinie			3
A.4.1.4 Autorisie-rungsprozess für Einrichtungen der Informations-verarbeitung	Ein Prozess zur Autorisie-rung neuer Einrichtungen der Informationsverar-beitung durch die Geschäftsführung muss eingeführt werden.	RFC/Change			3

Tabelle 3.14 Sicherheitsmatrix (Forts.)

Kapitel	Beschreibung	Bemerkung	Eintritts-wahr-schein-lichkeit	Potenti-elle Scha-denshöhe	Wert
A.4.1.5 Fachbera-tung zur Informa-tionssicherheit	Hausinterne oder spezia-lisierte (externe) Fachbe-rater sind bei Fragen zur Informationssicherheit zu Rate zu ziehen und erhaltene Informationen in der gesamten Organi-sation weiterzuleiten.	Berater			3
A.4.1.6 Koopera-tion zwischen Organisationen	Entsprechende Kontakte zu Vollzugs- und Auf-sichtsbehörden, Informa-tionsdienstanbietern und Telekommunikationsbe-treibern sind aufrechtzu-erhalten.	Dienstverträge SLA Mit Telekom			2
A.4.1.7 Unabhän-gige Überprüfung der Informations-sicherheit	Die Implementierung der Informationssicherheits-politik ist von Unabhän-gigen zu überprüfen.	Interne Revision			3
A.4.2 Sicherheit beim Zugriff/Zugang durch Dritte	Kontrollziel: Ziel ist die Erhaltung der Sicherheit organisationseigener Ein-richtungen der Informati-onsverarbeitung und der Informationswerte, zu denen Dritte Zugriff beziehungsweise Zugang haben.				
A.4.2.1 Identifizie-rung der Risiken beim Zugriff bzw. Zugang durch Dritte	Die Risiken, die mit dem Zugriff bzw. Zugang zu organisationseigenen Einrichtungen der Infor-mationsverarbeitung durch Dritte verknüpft sind, sind zu (...)	Risiken stehen wo?			3

Tabelle 3.14 Sicherheitsmatrix (Forts.)

Gleichzeitig wurde auf Basis dieser Matrix eine Risikobewertung durchgeführt. Doch davon später mehr.

Vergessen Sie nicht, in der Politik darauf hinzuweisen, dass Sie die Norm 7799 nur als Grundlage verwenden, sonst müssen Sie deren Einhaltung bei der Zerti-fizierung nachweisen!

Die Sicherheitspolitik der ITIL Vision, Inc. enthält folgende Themengebiete und Textbausteine:

Themengebiet	Textbausteine
Umfeldanalyse Analysieren Sie das Umfeld des Unternehmens in Bezug auf Sicherheit.	▶ Die strategische Zielsetzung der ITIL Vision, Inc. wird ebenso beschrieben wie der Markt, in dem sie tätig ist. ▶ Es wird eine geringe Gesamtbedrohung durch Hacker und Viren aufgrund der wenig exponierten Branche festgestellt.
Anforderungen an die Sicherheitspolitik	▶ Verletzungen der Informationssicherheit dürfen keinen ernsthaften wirtschaftlichen Schaden und keine Bloßstellung des Unternehmens verursachen. ▶ Personenbezogene Daten unserer Kunden und unserer Mitarbeiter sind entsprechend abzusichern. ▶ Ebenso relevant ist der Schutz der Tarifsysteme und der entsprechenden Unternehmenskennzahlen. ▶ Geschwindigkeit bei der Umsetzung von Änderungen bedeutet für die ITIL Vision, Inc. einen Wettbewerbsvorteil. Dokumente, die in Zusammenhang mit solchen Änderungen stehen, sind daher besonders schutzbedürftig. ▶ Alle Sicherheitsvorkehrungen sind unter strenger Berücksichtigung der entstehenden Kosten zu sehen. Eine Einschätzung der Eintrittswahrscheinlichkeit ist dabei vorzunehmen.

Angemessenheit des Schutzniveaus
Definieren Sie, welches Maß an Schutz für Ihr Unternehmen angemessen ist.
	▶ Das Bedrohungspotential und der zu erwartende Schaden durch Informationsdiebstahl ist in der sogenannten »Business Impact«-Matrix des Risikomanagements der IT strukturiert zu bewerten.
	▶ Dabei ist zu erfassen, welcher immaterielle Schaden (z.B. Imageverlust durch Veröffentlichung, Glaubwürdigkeit etc.) durch Diebstahl der jeweiligen Daten entstehen könnte.
	▶ Jedenfalls ist ein Mindestmaß an Schutz durch Einhaltung bestehender gesetzlicher Vorschriften und Normen herzustellen. Relevante Vorgaben dafür sind (in der jeweils gültigen Fassung):
	  ▸ Datenschutzgesetz
	  ▸ Urheberrechtsgesetz
	  ▸ ITIL/ISO 20000

Personelle Sicherheit	▶ Die geringe Anzahl an sicherheitsrelevanten Vorkommnissen durch eigenes Personal zeigt die hohe Loyalität der Beschäftigten der ITIL Vision, Inc. Dies zeigt sich auch in der geringen Fluktuation beim Personal. Daher sind diesbezüglich geringe Schutzvorkehrungen ausreichend.

Tabelle 3.15 Themengebiete und Textbausteine der ITIL-Sicherheitspolitik

Themengebiet	Textbausteine
	▶ Auch ein Eindringen von fremden Personen im Zusammenhang mit Diebstahl von Informationen oder IT-Komponenten wird als eher unwahrscheinlich angesehen. Daher ist bei der Einrichtung entsprechender Schutzmechanismen von der Devise »Aktiver Schutz, aber ohne im Tagesgeschäft zu behindern!« auszugehen. Der Wettbewerbsvorteil der ITIL Vision, Inc. liegt in effizienten Abläufen, die nicht durch bürokratische Sicherheitsmechanismen verkompliziert werden dürfen!
Sicherheit der IT-Anwendungen, Systeme und Prozesse	▶ Der Betrieb und die Betreuung der IT-Systeme sind grundsätzlich nach dem Vier-Augen-Prinzip und dem jeweils aktuellen Stand der Technik durchzuführen. ▶ Die Ausrichtung der Abläufe erfolgt dabei anhand des bereits zuvor genannten pragmatischen Ansatzes, das Tagesgeschäft nicht zu behindern. Daher ist ein Abweichen vom Vier-Augen-Prinzip in begründeten Fällen – deutlich effizientere Prozesse – zulässig. Derlei Abweichungen vom Grundsatz sind jedoch in eigenen Regelwerken festzuhalten und der Geschäftsleitung zur Kenntnis zu bringen. ▶ Zur Wahrung des Stands der Technik verfolgt die ITIL Vision, Inc. ebenso einen pragmatischen Ansatz: ▷ Im Regelfall keine Vorreiterrolle, sondern erprobte Verfahren und Anwendungen einsetzen ▷ Pilotversuche oder Erstanwenderstatus nur dort, wo sich nachweislich ein deutlicher Wettbewerbsvorteil für die ITIL Vision, Inc. ergibt
Kontrolle der Schutzmechanismen	▶ Bei der Kontrolle der eigenen Schutzmechanismen und insbesondere der Einhaltung der Sicherheitsrichtlinien im Unternehmen setzt die ITIL Vision, Inc. auf eine aktive Informationspolitik. Die Bestimmungen müssen bekannt sein und aktiv geschult werden, um die Mitarbeiter für die Sicherheit der Informationen zu sensibilisieren. ▶ Die Einhaltung der Richtlinien liegt in der Eigenverantwortung der Mitarbeiter. Daher prüft der zentrale Bereich IT nur anlassbezogen und auf Aufforderung (z. B. durch Revision, Personalwirtschaft, Geschäftsleitung etc.). ▶ Sollte ein Verstoß gegen eine der Richtlinien erfolgen, so ist die IT angehalten, den Mitarbeiter und seine Führungskraft darauf hinzuweisen, die Einleitung von Sanktionen ist jedoch nicht Aufgabe des zentralen IT-Dienstleisters.

Tabelle 3.15 Themengebiete und Textbausteine der ITIL-Sicherheitspolitik (Forts.)

Themengebiet	Textbausteine
Bedeutung des Security-Managements	▶ Die Sicherheit der Systeme stellt – in Zeiten steigenden Missbrauchs – eine zentrale Säule zur Steigerung von Zuverlässigkeit und Vertrauen in die IT der ITIL Vision, Inc. dar.
	▶ Daher ist ein strukturiertes Security-Management mit klaren Grundregeln und eindeutigen Verantwortungen in der ITIL Vision, Inc. etabliert. Nachvollziehbarkeit durch Erfassung von Sicherheitsverletzungen und laufende interne und externe Sicherheitsüberprüfungen geben die Garantie für einen hohen Sicherheitsstandard.
Permanente Verbesserung der Sicherheit	Die permanente Verbesserung dieses Prozesses wird unterstützt durch
	▶ die Erstellung und laufende Aktualisierung einer Sicherheitspolitik (Grundregeln),
	▶ die Erfassung und Analyse aller sicherheitsrelevanten Aspekte,
	▶ regelmäßige interne und externe Sicherheitsüberprüfungen.

Tabelle 3.15 Themengebiete und Textbausteine der ITIL-Sicherheitspolitik (Forts.)

Sicherheitsrichtlinien

Die Sicherheitsrichtlinie muss mindestens eine Zusammenfassung aller Richtlinien und Vorgaben sein, die für Ihr Unternehmen vorhanden sind und einen Bezug zur Sicherheit in der Informationstechnologie haben. Diese können zum Beispiel sein:

▶ Datenschutz- und Urheberrechtsgesetze

▶ Benutzerrichtlinien für die Benutzung von EDV-Einrichtungen

▶ Richtlinien oder Betriebsvereinbarungen für den Umgang mit Internet und Outlook (hier ist insbesondere die private Nutzung vor dem Hintergrund neuester Rechtssprechung ein unbedingtes Muss!)

▶ Betriebs- und Organisationsanweisungen

▶ Zutrittsregelungen, Beschreibungen des Schließsystems

Es sollten also in diesem Dokument alle Regeln, die jeder Mitarbeiter und jede Mitarbeiterin Ihres Unternehmens zwingend einhalten muss, beschrieben sein. Dies kann natürlich im einfachsten Fall durch eine Linksammlung auf die ausführlichen Dokumente geschehen.

Sicherheitsrisikomanagement

Neben der Definition, welche Regeln eingehalten werden müssen und wie Sie beim Auftreten eines Security Incidents reagieren, ist es wichtig, laufend für jeden Geschäftsprozess eine Sicherheitsanalyse durchzuführen. Dabei sind jeweils das Bedrohungspotential (Eintrittswahrscheinlichkeit eines Security Incidents) und die Schadensauswirkung zu bewerten. Da der potentielle Schaden durch Sicherheitsverletzungen meist nur sehr schwer in konkreten Euro-Beträgen zu bewerten ist, kann hier auch eine Bewertung nach Punkten erfolgen. Wichtig ist nur, dass Sie aus der Sicherheitsbewertung eine Priorisierung ableiten. Aufgrund der Ähnlichkeit des Ablaufs wurde in der ITIL Vision, Inc. das Schema der Bewertung gleich wie die Risikoanalyse (siehe Abschnitt 3.1, *Management-System*) gestaltet. Dabei wurde sowohl die Eintrittswahrscheinlichkeit wie auch die Schadenshöhe nach Schulnoten bewertet (1=geringe Auswirkung, 5=gravierende Auswirkung). Es wurde festgelegt, dass ab einer Einzelbewertung von 3 eine Gegenmaßnahme eingeleitet werden muss.

Wie bereits erwähnt, lag in der ITIL Vision, Inc. kein unternehmensweites Sicherheitskonzept vor, daher wurde das Risiko-Assessment (erstes Bewerten der Risiken) auf Basis der Sicherheitsmatrix (siehe Tabelle 3.14) aus der Norm A7799 durchgeführt.

Sicherheitsregelung oder »Risiko-Controls«

Die Sicherheitsregelungen bzw. Security Controls beschreiben Rollen bzw. Kompetenzen, Aufgaben und Abläufe im Zusammenhang mit sicherheitsrelevanten Ereignissen. Als Basisdokument dient die Sicherheitspolitik, in der die sicherheitspolitischen Ziele der EDV-Infrastruktur beschrieben werden. Als weitere Vorlage dient die Sicherheitsrichtlinie, in der alle relevanten Dokumente und Richtlinien angeführt sind.

In den vorangegangenen Abschnitten wurde bereits mehrfach der Begriff »sicherheitsrelevante Ereignisse« verwendet, daher ist in diesem Dokument eine Definition dieses Begriffes festzulegen: Als **sicherheitsrelevantes Ereignis** wird in der ITIL Vision, Inc. Folgendes definiert:

▶ Sämtliche Verstöße gegen bestehende Richtlinien (siehe Sicherheitsrichtlinie)

▶ Sämtliche Änderungen der IT-Infrastruktur, durch die die Sicherheitspolitik beeinflusst wird bzw. werden könnte

Weiter werden die einzelnen **Rollen** mit Relevanz für das Sicherheitsmanagement und die konkreten Aufgaben zum Thema Security definiert:

Rolle	Definition
IT-Anwender	Jeder Mitarbeiter der ITIL Vision, Inc. ist angehalten, jegliche Sicherheitsmängel und Schwachstellen im Zusammenhang mit IT-Einrichtungen umgehend der IT-Hotline zu melden. Zudem ist jeder Mitarbeiter in der ITIL Vision, Inc. dazu angehalten, sich an alle Regelungen und Richtlinien laut Sicherheitsrichtlinie zu halten. Etwaige Verstöße sind ebenfalls umgehend der IT-Hotline zu melden.
IT-Mitarbeiter	Für alle IT-Mitarbeiter gelten zusätzlich zu den Aufgaben als IT-Anwender weitere Punkte: ▸ Jeder IT-Mitarbeiter hat jegliche sicherheitsrelevanten Ereignisse der IT-Hotline zu melden. ▸ Jeder IT-Mitarbeiter muss im Zuge seine Arbeit (im Besonderen bei Anwenderkontakt) auf sicherheitsrelevante Ereignisse bzw. auf Verstöße gegen die bestehenden Richtlinien achten. ▸ Jeder IT-Mitarbeiter ist im Zuge seiner Tätigkeiten als Produktspezialist für die IT-Sicherheit verantwortlich. Es ist dafür zu sorgen, dass sämtliche sicherheitsrelevanten Aspekte ausreichend dokumentiert und bekannt gemacht werden.
IT-Security-Manager	Der IT-Security-Manager wurde vom IT-Management mit folgenden Aufgaben betraut: ▸ Risikopotentiale entdecken, daraus resultierende potenzielle Schäden bewerten und Schadensrisiko gegen Beseitigungskosten abwägen ▸ Weisungsrecht in Security-Themen ▸ Initiieren und Forcieren von Sicherheitsstandards und Prozeduren ▸ Überprüfen und Beurteilen der vorhandenen Sicherheitseinrichtungen ▸ Bewerten von Risikosituationen ▸ Unterstützung bei sicherheitsrelevanten Vorgängen, Projekten usw. ▸ Festlegen von Verantwortlichkeiten ▸ Eskalation und Sanktion
IT-Management	Das IT-Management hat die Aufgabe, die Informationssicherheitspolitik zu definieren und bekannt zu machen und deren wirkungsvolle Implementierung sicherzustellen.

Tabelle 3.16 Rollendefinition im Sicherheitsmanagement

Des Weiteren sollte noch eine Beschreibung allgemeiner Security Controls erfolgen. Legen Sie fest, wie Sie mit den einzelnen Themen umgehen wollen bzw. wie

Sie eine regelmäßige Prüfung durchführen. In der ITIL Vision, Inc. wurden folgende Punkte beschrieben:

▶ Regelmäßige Sicherheitsüberprüfungen

▶ Regelmäßige Überprüfung der Sicherheitsrichtlinien

▶ Zugriff von Extern durch ITIL-Vision-Mitarbeiter (z.B. Heimarbeitsplatz)

▶ Zugriff von ITIL-Vision-Mitarbeitern nach Extern

▶ Zugriff von Extern durch externe Mitarbeiter (z.B. Wartung, Berater usw.)

▶ Zugriff durch Berater auf Produktivsysteme

▶ Zugang zu EDV-Räumen

▶ Sicherheitsrisiko bei Umsetzung eines Changes (Change-Management)

▶ Einrichten von Sicherheitssperren

▶ Verwendung von erweiterten Berechtigungen

Darüber hinaus wurden noch einige **spezielle Security Controls** beschrieben:

▶ Benutzer-/Berechtigungsanforderung

▶ Benutzer-/Berechtigungsanforderung für Externe

▶ Virusbefall

▶ Diebstahl einer IT-Komponente

▶ Benutzung eines firmenfremden Gerätes oder von firmenfremder Software

▶ Applikationserstellung mit Hardwarezugriff

▶ Applikationserstellung für Internetanwendungen

▶ Applikationserstellung mit ActiveX-Komponenten

▶ Adminberechtigungen, im Zuge von Projekten, für Nicht-Administratoren

▶ Erkennen eines externen Hackers/Eindringlings

▶ Erkennen eines internen Hackers/Saboteurs

▶ Betreiben einer Viruswall, einer Firewall, eines Spam-Filters und eines Virusshields

Diese Auflistungen mögen Ihnen als Anregung für die in Ihrem Unternehmen zu überwachenden Security Controls dienen.

3.6.5   Kennzahlen

Die nahe liegende Kennzahl für diesen Prozess stellt sicherlich die **Anzahl der Security-Tickets** dar. Sinkt diese, so kann daraus ein grundsätzliches Funktionieren der Sicherheitssysteme abgeleitet werden. Allerdings sollten in jedem Fall die einzelnen Sicherheitsvorkommnisse zusätzlich nach ihrer »Schwere« (Business Impact) bewertet werden. Sonst laufen Sie Gefahr, dass zwar nur ein Ereignis eintrat, dieses allerdings Ihr gesamtes Unternehmen lahm legt! Innerhalb der ITIL wurde in das monatliche Standardreporting die Diskussion und Protokollierung der Anzahl und der drei wichtigsten Incidents aufgenommen. Durch die Befassung mit dem Thema an sich findet auch gleich die nötige Sensibilisierung statt.

Checkliste für die Umsetzung

☑ Ein ganzheitliches Sicherheitskonzept ist kein Muss, erleichtert die Umsetzung aber deutlich. Falls sie bei »null« beginnen, erstellen Sie eine **Sicherheitsmatrix** auf Basis der Sicherheitsnorm 7799.

☑ Erstellen Sie zuerst die **Sicherheitspolitik,** mittels der Sie ein einheitliches Verständnis zum Thema Security herstellen können.

☑ Nach erzielter Einigkeit über zentrale Themen (was ist grundsätzlich wie stark zu schützen) informieren Sie über die Sicherheitspolitik.

☑ Unter steter Beachtung der Grundsätze erstellen Sie eine schriftliche **Sicherheitsrichtlinie** und geben diese ebenfalls bekannt.

☑ Definieren Sie dabei, welche Ereignisse für Sie sicherheitsrelevant sind (Security Incidents).

☑ Konzentrieren Sie sich danach darauf, wie Sie mit diesen Ereignissen umgehen wollen (Aufzeichnung, Nachverfolgung, Abarbeitung, Auswertung etc.) und schreiben Sie diese Regelungen (Security Controls) in einem eigenen Dokument nieder.

☑ Zu den Abläufen im Umgang mit den Security Incidents sind auch die Rollen der Beteiligten und ihre speziellen Aufgaben in Bezug auf die Sicherheit festzulegen.

☑ Haben Sie nun Ihr Tagesgeschäft auf diese Weise abgesichert, ist nun noch eine Art Initialcheck ratsam. Bewerten Sie alle Geschäftsprozesse in Ihrem Unternehmen (verbunden mit der erforderlichen IT-Unterstützung) im Hinblick auf mögliche Sicherheitsrisiken.

☑ Leiten Sie aus dieser Beurteilung Gegenmaßnahmen ab (Abarbeitung als Security Incident!).

Was ist zu beachten?

☑ Es gibt keinen hundertprozentigen Schutz im IT-Umfeld! Beginnen Sie daher nicht zu detailliert. Sie geraten sonst in Gefahr, sich im Detail zu verlieren!

☑ Lassen Sie die Sicherheitspolitik und eventuell die Richtlinie von der Geschäftsleitung unterzeichnen. Dies erhöht den Umsetzungsdruck und das Commitment.

☑ Achten Sie bei den Sicherheitsdokumenten auf eine leicht verständliche Schreibweise. Das Dokument muss kein juristisches Meisterwerk sein, sondern bei der Ersteinführung von allen verstanden werden.

☑ Machen Sie bei jedem Prozess einen Quercheck, ob dieser nicht auch sicherheitsrelevante Dinge behandelt (zum Beispiel Change-Prozess: Eine Änderung am System kann eventuell zu einer Sicherheitslücke führen und der Security-Manager muss verständigt werden).

☑ Wählen Sie die Risikobewertung der Sicherheit Ihrer Prozesse und Systeme pragmatisch, denn es wird immer einen geben, dem »sein« System besonders sensibel erscheint!

3.7 Incident-Management (ITIL)

Das Incident-Management muss sicherstellen, dass Störungen schnellstmöglich behoben werden, so dass es zu keiner Unterbrechung oder Minderung der Service-Qualität kommt.

Die ITIL Vision, Inc. konnte den Prozess Incident-Management als Erstes produktiv setzen. Bereits kurz nach dem Projektstart der ITIL-Zertifizierung nahm der Prozess nach minimalen Ergänzungen/Änderungen den Betrieb auf. Ausschlaggebend war sicherlich der bereits etablierte Service-Desk mit eingespielten Abläufen. Schon seit Jahren wurden alle Störungen, Anforderungen, Beratungen und Beschwerden über den zentralen Service-Desk abgewickelt. Das dafür verwendete Ticketsystem bzw. Hotline-Tool war bereits unter den Mitarbeitern etabliert, eine Reihe von Kennzahlen wurde bereits definiert und für die Steuerung verwendet.

Darüber hinaus kamen der ITIL Vision, Inc. auch weitere Maßnahmen zugute, die bereits im Vorfeld initiiert wurden.

▶ So wurde bereits eine Wissensdatenbank im Bereich des Service-Desks eingesetzt. Alle Mitarbeiter im 1st (= Service-Desk-Mitarbeiter) und 2nd Level (= Produktspezialist) dokumentierten auf diese Weise Lösungen für aufgetretene Störungen.

▶ Außerdem existierte bereits ein klar definiertes Handbuch bzw. Regelwerk über den Betrieb des Service-Desks. Darin geregelt sind Aufgaben und Pflichten eines jeden Mitarbeiters im 1st und 2nd Level bis hin zur Vorgehensweise bei Großstörungen. Ein Dokument, das über Jahre hinweg aufgrund von Erfahrungen laufend angepasst wurde und bereits einen gut eingespielten Service-Desk ermöglichte.

▶ Durch ein bereits implementiertes Tool zur Verwaltung sämtlicher Software, Hardware, Berechtigungen usw. konnte bei der ITIL Vision, Inc. jeder Mitarbeiter im 1st und 2nd Level auf einen aktuellen Stand aller IT-Komponenten bzw. CIs (Configuration-Items) zugreifen.

3.7.1 Kurzbeschreibung

Mit dem Prozess Incident-Management verbindet man automatisch den Service-Desk. Aber es ist klar zu unterscheiden, dass

▶ das Incident-Management den Prozess zur schnellstmöglichen Störungsbehebung beschreibt und dass

▶ der Service-Desk »nur« eine Funktion darstellt, derer sich der Prozess bedient.

Der Service-Desk stellt aber natürlich die Schlüsselrolle beim Incident-Management dar. Das Incident-Management und der Service-Desk sind so eng miteinander verwoben, dass eine getrennte Darstellung/Betrachtung – wie sie in anderer Literatur oftmals vorkommt – nicht sehr sinnvoll ist. Alle Tätigkeiten im Service-Desk spiegeln sich im Prozess des Incidents-Managements wieder. Aber auch alle Kennzahlen zur Steuerung des Prozesses Incident-Management werden ausschließlich aus dem Service-Desk, genauer gesagt aus dem Ticketsystem, gewonnen und zur Steuerung herangezogen.

Der Service-Desk ist die zentrale Schnittstelle zwischen den Benutzern und der IT-Abteilung. Man spricht auch vom »Single Point of Contact« (SPOC). Über diese Schnittstelle werden alle Anrufe von Benutzern entgegengenommen.

ITIL Vision, Inc. betreibt einen 3-stufigen Service-Desk. Der 1st Level wird dabei immer von zwei Mitarbeitern in der vorgesehenen Betriebszeit von 7:00 bis 17:00 Uhr wahrgenommen; im 2nd Level sind alle Mitarbeiter des Bereiches IT zugeordnet. Der 3rd Level wird im Bedarfsfall von einer externen Firma wahrgenommen.

Um die Zusammenarbeit von 1st und 2nd Level zu ermöglichen, empfiehlt sich der Einsatz eines Ticketsystems. Auch für die Dokumentation aller Störungen ist ein solches System unabdingbar. Nur durch detaillierte Aufzeichnungen aller Störungen können nützliche Rückschlüsse gewonnen werden. Auch jede Kennzahl und jeder Report hängt von dieser Datenquelle und deren Datenqualität ab. So ist bei der ITIL Vision, Inc. zu jedem Anruf am Service-Desk ein neues »Ticket« zu erstellen. Das Ticketsystem selbst hat sich natürlich bei der ITIL Vision, Inc. über die Jahre hinweg laufend verändert. Neue Felder wurden hinzugefügt, andere wieder entfernt. Welche Informationen wirklich aufgenommen und dokumentiert werden müssen, hat sich mit der Zeit herauskristallisiert. Einige Felder werden für die rasche Lösung im 2nd Level benötigt, andere wieder ausschließlich zur Erstellung von Kennzahlen und etwaigen Reports.

3.7.2 Zielsetzung

Der Prozess Incident-Management hat das Ziel, Störungen/Zwischenfälle schnellstmöglich zu beheben. Wichtig ist, dass keine negativen Auswirkungen auf Geschäftsprozesse entstehen. Um dieses Ziel erreichen zu können, muss der Service-Desk eine klar definierte Erreichbarkeit gewährleisten. Der Idealfall eines Incidents ließe sich so skizzieren:

Ein Benutzer wird am Service-Desk binnen kurzer Zeit zu einem 1st-Level-Mitarbeiter durchgestellt. Unter Zuhilfenahme der Wissensdatenbank kann der Mitarbeiter am 1st Level diese Störung lösen. Die Lösungsdauer der Störung beschränkt sich somit rein auf die Dauer des Telefonats; der Benutzer kann sofort wieder weiterarbeiten.

Kann diese Störung am Telefon nicht direkt behoben werden, so wird diese Störung in den 2nd Level – also zu einem Produktspezialisten – zur Bearbeitung weitergeleitet. Der 1st-Level-Mitarbeiter kann diese Weiterleitung aufgrund einer definierten Zuständigkeitsmatrix durchführen. Der Mitarbeiter im 2nd Level behebt diese Störung laut vereinbartem Service Level Agreement und dokumentiert die Lösung in der Wissensdatenbank. Bei einem erneuten Auftreten der gleichen Störung kann somit der Mitarbeiter im 1st Level gegebenenfalls direkt am Telefon die Lösung durchführen.

Dass nicht alle Störungen direkt am Telefon gelöst werden können, kann mehrere Gründe haben:

▶ Die Lösung der Störung dauert zu lange und schränkt die Erreichbarkeit des Service-Desks ein.

▶ Es handelt sich um eine unbekannte Störung, deren Lösung nicht bekannt ist.

▶ Der Mitarbeiter im 1st Level hat nicht die notwendigen Kompetenzen bzw. Rechte um eine sofortige Lösung durchzuführen (z.B. fehlende Systemberechtigungen).

Aber prinzipiell wäre es ein riesiger Vorteil, wenn ein Großteil aller Störungen direkt am Telefon gelöst werden könnte. Diese Störungen werden nicht in den 2nd Level weitergeleitet und halten so die Produktspezialisten im Hintergrund frei. Die Kennzahl »1st-Level-Quote« bringt genau das zum Ausdruck. Dabei werden alle Störungen, die direkt am Telefon gelöst werden konnten, mit der Gesamtanzahl aller Störungen ins Verhältnis gesetzt. Diese Verhältniszahl gilt es zu maximieren.

Erfahrungen bei der ITIL Vision, Inc. zeigten aber, dass die 1st-Level-Quote nicht allein entscheidend für die Kundenzufriedenheit ist. Ein Benutzer, der sich wegen einer Störung an den Service-Desk wendet, erwartet oftmals gar keine prompte Lösung. Vielmehr möchte dieser rasch verbunden werden und sucht das persönliche Gespräch mit einem 1st-Level-Mitarbeiter für die Bekanntgabe der Störung. Eine Lösung dieser Störung innerhalb der vorgesehenen Zeit laut Service Level Agreement reicht oftmals aus. Gewünscht ist also eine hohe Erreichbarkeit des Service-Desks.

Mittels Sprachmailbox oder Intranetanwendungen können zwar weitere Kommunikationskanäle dem Benutzer gegenüber angeboten werden und ermöglichen eine bessere Erreichbarkeit, ersetzen aber aus Erfahrung nicht das direkte Gespräch mit einem Service-Desk-Mitarbeiter. Lediglich 3 % aller Kontakte konnten bei der ITIL Vision, Inc. über einen alternativen Kanal empfangen werden. Diese Tatsache führte bei der ITIL Vision, Inc. zu einer Begrenzung der Gesprächsdauer, sofern weitere Anrufer in der Warteschleife sind.

Um nun eine optimale Erreichbarkeit am Service-Desk zu gewährleisten, definierte ITIL Vision, Inc. die »80/20-Kennzahl«. Diese Kennzahl besagt, dass das Ziel einer optimalen Erreichbarkeit nur dann erfüllt ist, wenn 80 % aller Anrufe am Service-Desk binnen der ersten 20 Sekunden angenommen werden. Mit diesem Ziel erreicht die ITIL Vision, Inc. ein optimales Kosten-/Nutzen-Verhältnis.

3.7.3 Prozess

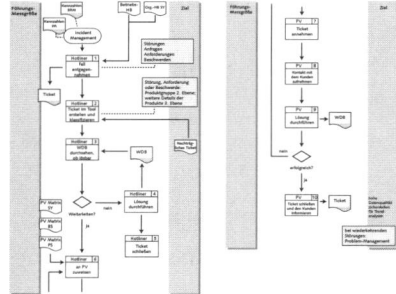

Abbildung 3.26 Prozess Incident-Management (verkleinerte Darstellung; die Abbildung finden Sie in voller Größe in Anhang B: Abbildung B.5, S.330f.)

Der Prozess Incident-Management beinhaltet zehn Prozessschritte und lässt sich wie folgt beschreiben:

▶ Ein Anwender meldet sich an der IT-Hotline. Der Anruf wird entgegengenommen. Ein Ticket im Ticketsystem wird erstellt. Es werden die Personaldaten des Benutzers aufgenommen (Name, Personalnummer, Standort bzw. Büro).

▶ Im nächsten Schritt nimmt der Mitarbeiter im 1st Level eine erste **Klassifizierung** und **Priorisierung** der Meldung vor.

Bei der **Klassifizierung** wird bei der ITIL Vision, Inc. zwischen Störungen, Anforderungen, Beratungen und Beschwerden unterschieden. Zudem ist im Ticketsystem anzugeben, um welches Produkt bzw. welchen Service es sich handelt. So kann zum Beispiel das Produkt Microsoft Word oder Microsoft Outlook ausgewählt werden. Je nach ausgewähltem Produkt sind weitere Details anzugeben. Weiter steht ein Textfeld zur Verfügung, in dem eine genaue Fehlerbeschreibung eingetragen werden muss.

Bei der **Priorisierung** werden **vier Prioritäten** unterschieden. Je nach Fehlerbeschreibung wird diese vom 1st-Level-Mitarbeiter festgelegt. Unterschieden werden die Prioritäten A bis D:

▶ **Priorität A:** Alle Anwender betroffen (= Großstörung; z.B. Datenserver ausgefallen)

▶ **Priorität B:** Mehrere Anwender betroffen (z.B. Netzwerkausfall in einem Standort mit mehreren Mitarbeitern)

▶ **Priorität C:** Ein Anwender betroffen; Anwender kann nicht mehr weiterarbeiten (z.B. PC-Absturz)

▶ **Priorität D:** Ein Anwender betroffen; Anwender kann jedoch eingeschränkt weiterarbeiten (z.B. Microsoft Word funktioniert nicht)

Aus der Klassifizierung und der Priorisierung ergibt sich ein Service Level Agreement. Automatisch werden bei der ITIL Vision, Inc. somit die Reaktionszeit und die Bearbeitungszeit dieser Meldung vom System festgelegt.

▶ Im dritten Prozessschritt versucht der 1st-Level-Mitarbeiter mit Hilfe der Wissensdatenbank eine Lösung herbeizuführen.

▶ Kann eine Lösung herbeigeführt werden, wird im Ticket die durchgeführte Tätigkeit dokumentiert und das Ticket wird abgeschlossen – Prozessende. Es handelt sich somit um eine Lösung im 1st Level. Die Kennzahl »1st-Level-Quote« wird verbessert.

▶ Anderenfalls wird dieses Ticket einem Bearbeiter im 2nd Level weitergeleitet. Die Weiterleitung kann aufgrund einer eindeutigen Zuständigkeitsliste (PV-Matrix bzw. Produktverantwortlichen-Matrix) erfolgen.

▶ Der Produktverantwortliche im 2nd Level wird durch das Ticketsystem verständigt, dass ein neues Ticket zugewiesen wurde. Dieser Mitarbeiter nimmt das Ticket an und kann sich aufgrund der ersten Klassifizierung und Priorisierung bereits ein erstes Bild über diese Meldung machen.

Aufgrund des Service Level Agreements steht fest, binnen welchem Zeitraum Kontakt mit dem Benutzer aufgenommen werden muss (= Reaktionszeit) und bis wann eine Lösung der Meldung zu erfolgen hat (= Bearbeitungszeit).

▶ Der Mitarbeiter im 2nd Level nimmt innerhalb der Reaktionszeit Kontakt mit dem Benutzer auf und bespricht gegebenenfalls weitere Details.

▶ Der Mitarbeiter im 2nd Level führt eine Lösung herbei, dokumentiert diese im Ticketsystem und informiert den Anwender. Wichtig dabei ist, dass der Produktspezialist diesen Vorfall auch in der Wissensdatenbank dokumentiert.

Ist der Anwender zufrieden, so kann das Ticket durch den 2nd-Level-Mitarbeiter geschlossen werden. Kann jedoch die Meldung nicht gelöst werden, so erfolgt eine Weiterleitung zu einem weiteren Spezialisten im 2nd Level. Der 3rd Level wird nur durch den Leiter des Service-Desk beauftragt.

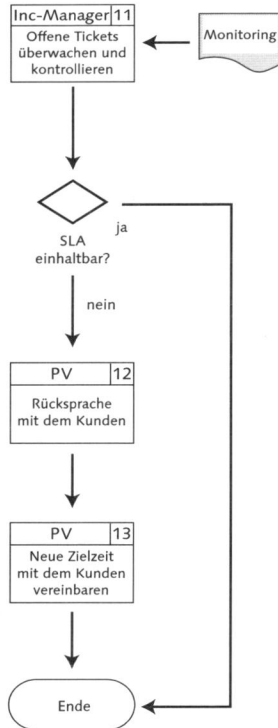

Abbildung 3.27 Prozess zur Überwachung und Steuerung aller offenen Tickets

Trotz automatisierter Benachrichtigungen bei drohenden Verletzungen der vereinbarten SLA-Zeiten kam es bei der ITIL Vision, Inc. dennoch häufig zu Eskalationen. Aus diesem Grund übernimmt der Incident-Manager die Aufgabe einer zusätzlichen Steuerung und Überwachung aller Tickets. Rechtzeitig informiert so der Incident-Manager die 2nd-Level-Mitarbeiter über eine drohende Eskalation der Reaktions- bzw. Bearbeitungszeit. Ein eigener Prozess wurde dafür definiert.

Droht eine Verletzung der SLA-Zeiten, so hat der 2nd-Level-Mitarbeiter bzw. der Produktspezialist bereits vorab Kontakt mit dem Anwender aufzunehmen. Gegebenenfalls ist ein neues Lösungsdatum mit dem Anwender zu vereinbaren.

3.7.4 Aufgaben

▶ **Anwender-Anrufe nur über den Service-Desk**
Es muss festgelegt werden, dass alle Anrufe ausschließlich über den Service-Desk laufen. Bei der Einführung eines zentralen Service-Desks wird dies sicherlich anfangs zu Problemen führen. Aber »steter Tropfen höhlt den Stein« – alle Mitarbeiter im 2nd Level haben den Anrufer an den Service-Desk zu verweisen. Denn nur so kann gewährleistet werden, dass ein prozesskonformer Ablauf stattfinden kann. Und auch nur so kann gewährleistet werden, dass alle Störungen dokumentiert werden. Die Notwendigkeit dafür zeigt der Prozess Problem-Management.

▶ **Optimale Besetzung des Service-Desks wählen**
Eine laufende Überwachung des Anruferverhaltens zeigt die notwendige Besetzung des Service-Desks. ITIL Vision, Inc. reagiert dabei sehr dynamisch. Bei einer großen Anzahl von Anrufen wird kurzfristig ein dritter oder auch vierter 1st-Level-Mitarbeiter eingeteilt.

▶ **Nutzung einer einheitlichen Wissensdatenbank**
Alle Mitarbeiter im 1st und 2nd Level nutzen eine Wissensdatenbank. Alle Lösungen zur Ticketbearbeitung sind laufend einzutragen.

▶ **Ticketbearbeitung innerhalb der SLA-Zeiten**
Jeder Mitarbeiter im 2nd Level hat eine Lösung innerhalb der vereinbarten SLA-Zeit herbeizuführen. Das setzt natürlich voraus, dass das vereinbarte SLA allen Mitarbeitern bekannt ist.

▶ **Verständigung des Anwenders bei drohender SLA-Verletzung**
Wird ein SLA verletzt (Bearbeitungszeit wird überschritten), so ist der Mitarbeiter bereits im Vorfeld darüber zu informieren. Gemeinsam mit dem Anwender ist ein neues Lösungsdatum zu vereinbaren.

▶ **Vollständige Dokumentation aller Meldungen im Ticketsystem**
Jeder Mitarbeiter im 1st und 2nd Level hat alle Erkenntnisse und Tätigkeiten im Ticketsystem zu dokumentieren.

▶ **Pflegen von FAQs für den Anwender**
Im Intranet von ITIL Visioin, Inc. werden aufgrund der Ticketbearbeitung und Auswerung die häufigst gestellten Fragen dargestellt und mit einem Lösungsweg dokumentiert. Jeder Anwender hat so die Möglichkeit, Störungen und Fragen zum Teil selbst zu lösen. Das verhindert unter Umständen Anrufe am Service-Desk.

3.7.5 Erforderliche Dokumente und Tools

▶ **Ticketsystem**
Um den Prozess Incident-Management abbilden zu können, sind folgende Attribute im System notwendig:

  ▷ Eindeutige Ticketnummer

  ▷ Name, Telefonnummer, Ort, Personalnummer des Anwenders

  ▷ Datum und Uhrzeit der Meldung (= Aufnahmedatum)

  ▷ Name des Bearbeiters im 1st Level

  ▷ Erfolgte die Lösung im 1st Level? (Ja/Nein)

  ▷ Kategorisierung (Störung, Anforderung, Beratung oder Beschwerde)

  ▷ Priorität (A bis D)

  ▷ Betroffenes Produkt

  ▷ Detaillierte Fehlerbeschreibung

  ▷ Bearbeiter im 2nd Level

  ▷ Datum und Uhrzeit des Erstkontaktes im 2nd Level

  ▷ Datum und Uhrzeit der Ticketlösung

  ▷ Lösungsbeschreibung

▶ **Service-Desk-Organisationshandbuch**
Dieses Dokument sollte folgende Inhalte aufweisen:

  ▷ Aufgaben und Pflichten eines Mitarbeiters im 1st und 2nd Level

  ▷ Betriebszeiten und Organisation des Service-Desks

  ▷ Beschreibung des Umgangs mit dem Ticketsystem

▶ Zuständigkeitsmatrix

▶ Wissensdatenbank

▶ FAQ-Liste für Anwender

▶ Configuration-Management-Database
(= CMDB; siehe dazu Prozess Configuration-Management)

▶ Vereinbarte Service Level Agreements

▶ Telefonanlage inkl. Reporting und Warteschleifen

3.7.6 Kennzahlen

Service-Desk-Erreichbarkeit

▶ **Definition:** Verhältnis zwischen Anzahl entgegengenommener Anrufe und Anzahl aller Anrufe am Service-Desk

▶ **Datenquelle:** Die Daten für diese Kennzahl werden aus der Telefonanlage gewonnen (bei der ITIL Vision, Inc. HiPath Procenter, Fa. Siemens).

▶ **Ziel:** Dieses Verhältnis gilt es zu maximieren, d. h. so viele Anrufe wie möglich sollten entgegengenommen werden.

▶ **Steuerung dieser Kennzahl:** Diese Kennzahl kann beeinflusst werden, indem in Spitzenzeiten weitere Mitarbeiter dem 1st Level zugeteilt werden. Weiter kann diese Kennzahl auch durch eine Beschränkung der Gesprächszeit gesteuert werden.

Bei der ITIL Vision, Inc. wird die Erreichbarkeit mit der 80/20-Regelung gemessen: Anteil der Tickets, die in den ersten 20 Sekunden entgegengenommen wurden. 80 % sind dabei zu erreichen (siehe Abbildung 3.28).

Monat	Anrufe	Angenommene	Callback's		Service Level
Jänner 2006	1.147	939	207	79,6%	Nicht erreicht
Februar 2006	568	482	86	82,6%	Erreicht
März 2005	468	326	nicht aktiv	74,8%	Nicht erreicht
April 2005	1.734	1.191	nicht aktiv	69,8%	Nicht erreicht
Mai 2005	1.160	887	nicht aktiv	82,2%	Erreicht
Juni 2005	1.441	1.049	nicht aktiv	78,0%	Nicht erreicht
Juli 2005	1.427	1.072	nicht aktiv	75,1%	Nicht erreicht
August 2005	1.253	951	nicht aktiv	79,0%	Nicht erreicht
September 2005	1.212	948	264	76,2%	Nicht erreicht
Oktober 2005	975	847	128	86,3%	Erreicht
November 2005	1.092	915	176	83,1%	Erreicht
Dezember 2005	827	709	118	81,5%	Erreicht

Jahr	Anrufe	Angenommene	Callback's		Service Level
2005	11.589	8.895	686	78,0%	Nicht erreicht
2006	1.715	1.421	293	80,6%	Erreicht

Abbildung 3.28 Service-Desk-Erreichbarkeit mittels 80/20-Regelung

1st-Level-Quote

▶ **Definition:** Verhältnis zwischen der Anzahl der Tickets, die bereits im 1st Level gelöst werden konnten, und der Anzahl aller Tickets, die am Service-Desk aufgenommen wurden.

▶ **Datenquelle:** Die Daten für diese Kennzahl werden aus dem Ticketsystem gewonnen. Um diese Kennzahl zu errechnen, muss im Ticketsystem ein eindeutiges Kennzeichen verfügbar sein, so dass ein 1st-Level-Ticket ausgewertet werden kann. ITIL Vision, Inc. etablierte dafür ein eigenes Kontrollkästchen »im 1st Level gelöst«. 1st-Level-Tickets zeichnen sich aber auch dadurch aus, dass keine Weiterleitung in den 2nd Level erfolgte.

▶ **Ziel:** Diese Verhältniszahl gilt es zu maximieren.

▶ **Steuerung dieser Kennzahl:** Laufende Schulung der Mitarbeiter im 1st Level; Pflege der Wissensdatenbank, um eine Lösung bereits im 1st Level zu ermöglichen; Kompetenzverteilung zwischen 1st und 2nd Level; Gesprächszeit am 1st Level erhöhen

Monat	Anzahl Tickets Gesamt	Anzahl 1st Level Tickets	1st Level Quote	
1	818	267	32,6%	
2	705	271	38,4%	
3	974	356	36,6%	
4	882	286	32,4%	
5	696	215	30,9%	
6	935	330	35,3%	
7	819	316	38,6%	
8	735	274	37,3%	
9	939	442	47,1%	
10	892	386	43,3%	
11	930	415	44,6%	
12	624	254	40,7%	
Gesamt	9.949	3.812	38,3%	

Ziele für 2005:	
90% Zielerreichung:	insgesamt 35% First-Level-Quote
100% Zielerreichung:	insgesamt 40% First-Level-Quote
110% Zielerreichung:	insgesamt 45% First-Level-Quote

Abbildung 3.29 1st-Level-Quote

Anteil eskalierter Tickets

▶ **Definition:** Anteil jener Tickets, bei denen die Bearbeitungs- und/oder Reaktionszeit eskalierte

▶ **Datenquelle:** Die Daten für diese Kennzahl werden aus dem Ticketsystem gewonnen. Im Ticketsystem von ITIL Vision, Inc. werden dafür eigene Felder genutzt, die vom System bei einer Eskalation automatisiert mit »True« (T) oder »False« (F) befüllt werden.

▶ **Ziel:** Diese Verhältniszahl gilt es zu minimieren.

▶ **Steuerung dieser Kennzahl:** Laufende Überwachung und Koordination aller offenen Tickets durch den Incident-Manager

Monat	Anzahl der Tickets	Anzahl der Eskalationen bei der Reaktionszeit	Anzahl der Eskalationen bei der Bearbeitungszeit	Gesamtanzahl der Eskalationen	Gesamtanzahl der Eskalationen in %
Jänner 2005	818	10	33	43	5,3
Februar 2005	705	12	16	28	4,0
März 2005	974	8	26	34	3,5
April 2005	882	8	22	30	3,4
Mai 2005	696	5	18	23	3,3
Juni 2005	935	9	15	24	2,6
Juli 2005	819	5	14	19	2,3
August 2005	735	3	9	12	1,6
September 2005	939	10	26	36	3,8
Oktober 2005	892	7	30	37	4,1
November 2005	930	1	31	32	3,4
Dezember 2005	624	0	21	21	3,4
2005	9.949	78	261	339	3,4

Rein auf die Bearbeitungszeit bezogen bedeutet das, dass 2,62% aller Tickets esakliert sind.

Ziele für 2005:	
90% Zielerreichung:	Anzahl der Eskalationen: >2%
100% Zielerreichung:	Anzahl der Eskalationen: <2%
110% Zielerreichung:	Anzahl der Eskalationen: <1%

Abbildung 3.30 Anzahl der Eskalationen pro Monat

Durchschnittliche Bearbeitungszeit pro Tickettyp

▶ **Definition:** Durchschnittliche Bearbeitungsdauer pro Tickettyp, d. h. für Störungen, Anforderungen, Beratungen und Beschwerden

▶ **Kennzahl:** Um eine aussagekräftige Kennzahl zu erhalten, empfiehlt es sich, diese Kennzahl auch ohne 1st-Level-Tickets zu berechnen.

▶ **Datenquelle:** Die Daten für diese Kennzahl werden aus dem Ticketsystem gewonnen. Für die Ermittlung dieser Kennzahl sind das Aufnahmedatum und die Uhrzeit des Tickets sowie das Abschlussdatum und die -uhrzeit notwendig.

▶ **Ziel:** Die durchschnittlichen Bearbeitungszeiten pro Tickettyp gilt es zu minimieren.

Monat	Gesamtanzahl Tickets	Störungen: Anzahl Tickets	Störungen: Anzahl 1st Level-Tickets	Störungen: ø Bearbeitungszeit	Störungen ø Bearbeitungszeit excl. FLT	Anforderungen: Anzahl Tickets	Anforderungen: Anzahl 1st Level-Tickets	Anforderungen: ø Bearbeitungszeit	Anforderungen: ø Bearbeitungszeit excl. FLT	Beratungen: Anzahl Tickets	Beratungen: Anzahl 1st Level-Tickets	Beratungen: ø Bearbeitungszeit	Beratungen: ø Bearbeitungszeit excl. FLT	Beschwerden: Anzahl Tickets	Beschwerden: Anzahl 1st Level-Tickets	Beschwerden: ø Bearbeitungszeit	Beschwerden: ø Bearbeitungszeit excl. FLT
1	818	436	162	16,7	26,5	297	38	26,6	30,5	85	67	12	57	0	0	0	0
2	705	363	159	17,2	30,5	267	54	23,5	29,4	74	58	10	44	1	0	75	75
3	974	531	239	13,0	23,7	352	48	24,9	28,9	91	69	3	13	0	0	0	0
4	882	529	204	11,0	17,9	286	38	23,0	26,5	66	44	6	19	1	0	34	34
5	696	377	131	19,3	29,6	269	44	24,3	29,1	49	39	9	42	1	1	0	0
6	935	513	229	9,6	17,4	351	52	38,1	44,8	69	49	8	28	2	0	1	1
7	819	497	229	10,4	19,3	259	44	20,8	25,1	63	43	10	32	0	0	0	0
8	735	449	200	9,3	16,8	240	40	16,0	19,2	44	34	2	9	2	0	2	2
9	939	573	292	7,6	15,5	252	58	23,6	30,7	114	92	5	28	0	0	0	0
10	892	523	246	9,0	17,0	266	63	22,2	29,0	103	77	9	35	0	0	0	0
11	930	527	265	11,8	23,7	265	52	17,3	21,5	137	98	9	32	1	0	17	17
12	624	359	161	12,7	23,1	195	36	25,7	31,5	70	57	2	11	0	0	0	0
Gesamt	9.949	5.677	2.517	12	21	3.299	567	24	29	965	727	7	30	8	1	17	19

Ziele für 2005	
90 % Zielerreichung	durchschnittliche Bearbeitungszeit von Störungen: > 20 Stunden durchschnittliche Bearbeitungszeit von Anforderungen: > 30 Stunden durchschnittliche Bearbeitungszeit von Beratungen: > 13 Stunden durchschnittliche Bearbeitungszeit von Beschwerden: > 30 Stunden
100 % Zielerreichung	durchschnittliche Bearbeitungszeit von Störungen: < 15 Stunden durchschnittliche Bearbeitungszeit von Anforderungen: < 25 Stunden durchschnittliche Bearbeitungszeit von Beratungen: < 10 Stunden durchschnittliche Bearbeitungszeit von Beschwerden: < 25 Stunden
110 % Zielerreichung	durchschnittliche Bearbeitungszeit von Störungen: < 10 Stunden durchschnittliche Bearbeitungszeit von Anforderungen: < 20 Stunden durchschnittliche Bearbeitungszeit von Beratungen: < 7 Stunden durchschnittliche Bearbeitungszeit von Beschwerden: < 20 Stunden

Tabelle 3.17 Durchschnittliche Bearbeitungszeit pro Störung, Anforderung, Beratung und Beschwerde

---

Checkliste für die Umsetzung

☑ Bestimmen Sie einen Incident-Manager und dessen Stellvertreter.

☑ Legen Sie den Prozess fest, wie ein Incident abgearbeitet wird.

☑ Stellen Sie sicher, dass ausschließlich über den Service-Desk Kundenanrufe entgegengenommen werden.

☑ Konfigurieren Sie Ihr Ticketsystem so, dass alle notwendigen Kennzahlen/Reports erstellt werden können. Legen Sie im Ticketsystem dazu fest, welche Kategorien und/oder Produkte ausgewählt werden können bzw. müssen. Überlegen Sie sich weitere Zusatzinformationen, die für spezielle Produkte ausgefüllt werden müssen.

☑ Definieren Sie alle Kennzahlen und legen Sie Zielwerte fest.

☑ Etablieren Sie eine Wissensdatenbank, auf die der 1st und 2nd Level Zugriff haben. Verpflichten Sie jeden Mitarbeiter zur detaillierten Dokumentation aller Störungen in der Wissensdatenbank.

☑ Definieren Sie eine Zuständigkeitsmatrix aller Mitarbeiter/Produkte.

☑ Alle Mitarbeiter im 1st und 2nd Level benötigen den Zugriff auf eine Configuration-Management-Database, um aktuelle Informationen zu den IT-Komponenten und deren Beziehungen untereinander abrufen zu können.

☑ Stellen Sie sicher, dass jeder Mitarbeiter die vereinbarten Service Level Agreements kennt.

☑ Konfigurieren Sie Ihr Ticketsystem so, dass Eskalationen automatisiert stattfinden.

☑ Stellen Sie sicher, dass der Anwender bereits im Vorfeld über eine drohende SLA-Verletzung informiert wird.

☑ Bieten Sie Ihren Anwendern die häufig gestellten Fragen in Form von FAQs an. Viele Störungen und Anfragen an den Service-Desk können so vielleicht vermieden werden.

☑ Etablieren Sie einen Überwachungsprozess für alle offenen Tickets, so dass drohende Eskalationen bereits im Vorfeld erkannt werden und rechtzeitig darauf reagiert werden kann. Machen Sie dafür den Incident-Manager selbst verantwortlich.

Was ist zu beachten?

☑ Die Einführung eines zentralen Service-Desks stellt sicherlich eine Herausforderung für sich dar und gilt als Grundvoraussetzung für den Prozess Incident-Management. Die Akzeptanz unter den Anwendern gilt es zu erlangen.

☑ Dokumentieren Sie alle Anwenderkontakte am Service-Desk im Ticketsystem. Je genauer jedes Ticket dokumentiert wird, desto besser können Reports und Kennzahlen erstellt werden.

3.8   Problem-Management (ITIL)

Das Problem-Management hat die Aufgabe, die Ursachen zu ermitteln, die einer Störung zugrunde liegen, und anschließend Wege zur Behebung und Vorbeugung zu finden.

Das Problem-Management setzt voraus, dass Störungen bzw. Incidents und Probleme unterschieden werden. Werden im Incident-Management Störungen schnellstmöglich behoben, so dass der Service-Betrieb aufrechterhalten werden kann, so beschäftigt sich das Problem-Management mit der eigentlichen Ursache hinter dieser Störung. Im Problem-Management fragt man sich: Warum ist diese Störung aufgetreten? Was muss gemacht werden, damit die gleiche Störung nicht mehr auftritt?

Im Problem-Management kommen drei neue Begriffe zur Anwendung: **Problem**, **Known Error** und **Workaround**.

▶ Ein **Problem** wird dabei als unbekannte Ursache für eine oder mehrere Störungen definiert. Jede Störung bzw. jeder Incident aus dem Incident-Management, dessen Ursache nicht bekannt ist, ist demnach ein Problem.

▶ Kann die Ursache zu der Störung bzw. zu den Störungen identifiziert werden, so spricht man von einem **Known Error**. Man kennt also die Ursache des Problems bzw. weiß, was die Störung ausgelöst hat. Die endgültige Lösung des Problems ist noch offen.

▶ Ist die Ursache bekannt, so kann eine temporäre Lösung bzw. ein Workaround im Problem-Management erarbeitet werden. Ein **Workaround** definiert also eine Vorgehensweise zur vorübergehenden Behebung der Störung. Dass die gleiche Störung jedoch nicht mehr auftritt, kann durch den Workaround nicht sichergestellt werden. Erst wenn das Problem vollkommen gelöst ist, kann sichergestellt werden, dass dieselbe Störung nicht wieder auftritt.

3.8.1   Kurzbeschreibung

Der Prozess Problem-Management setzt den Prozess Incident-Management voraus. Nur wenn alle Störungen registriert und ausreichend dokumentiert werden, kann ein effizientes Problem-Management stattfinden. Im Problem-Management gilt es nun, Probleme zu identifizieren. Dies kann durch den Service-Desk-Mitarbeiter bzw. den 1st-Level-Mitarbeiter, den Produktspezialisten bzw. den 2nd-Level-Mitarbeiter oder durch den Problem-Manager erfolgen.

Der 1st- und der 2nd-Level-Mitarbeiter werden Probleme primär daran erkennen, dass die gleiche Störung vermehrt bzw. regelmäßig auftritt. Aus Erfahrung werden dies aber auch nur Störungen sein, die kurz nacheinander aufgetreten sind. Zeitlich getrennte, aber immer wieder gleiche Störungen benötigen ein geeignetes Reporting, um Zusammenhänge und Störungsmuster zu erkennen. Und genau mit einem solchen Reporting kann auch der Problem-Manager Probleme identifizieren, die in seiner täglichen Arbeit unter Umständen sonst gar nicht in die Ticketbearbeitung im 1st und 2nd Level eingebunden sind.

ITIL Vision, Inc. programmierte für diesen Zweck einen neuen Bericht, gestützt auf das Ticketsystem mit allen registrierten Incident-Tickets: »Trendanalyse aller registrierten Incident-Tickets«. In diesem Bericht werden alle Tickets nach den Kategorien und Produkten des Ticketsystems gruppiert und zeitlich sortiert dargestellt. Durch eine geeignete Darstellungsform kann somit die Entwicklung der Anzahl der Tickets zu einem Produkt verfolgt werden. Zudem können etwaige Spitzenwerte in einem Monat bzw. an einem Tag leicht identifiziert werden.

2005	Anforderung	Beratung	Beschwerde	Störung	Summe
Berechtigung	906	37	1	796	1740
Drucken	53	17	0	285	355
Hardware	771	51	1	637	1460
Netzkomponente	98	59	1	1504	1662
Rücksicherung	87	1	0	13	101
Software	514	410	4	1565	2493
Sonstiges	7	2	0	2	11
Viren	0	9	0	13	22
Summe	**2436**	**586**	**7**	**4815**	**7844**

Tabelle 3.18 Trendanalyse aller registrierten Incident-Tickets

ITIL Vision, Inc. organisierte das Problem-Management so, dass jeder Verantwortliche zu einem Produkt regelmäßig anhand dieses Berichtes ein Problem-Management durchführen muss. Das heißt, dass alle aufgetretenen Störungen analysiert werden müssen und vor dem Hintergrund der Frage betrachtet werden müssen, warum ist eigentlich diese Störung aufgetreten bzw. was muss gemacht werden, dass diese Störung nicht mehr auftritt.

Wird ein Problem identifiziert, so wird im Ticketsystem ein Ticket aufgenommen – ein Ticket mit dem Kennzeichen, dass es sich um ein Problem-Ticket handelt. Das Ticket selbst ist ansonsten gleich wie ein Incident-Ticket zu befüllen – die Ausnahme stellt die Priorisierung dar.

ITIL Vision, Inc. hat für die Priorisierung der Problem-Tickets ebenfalls wieder die Prioritäten A bis D herangezogen, jedoch mit folgender Bedeutung:

Priorität A	Viele Anwender betroffen; hohe Eintrittswahrscheinlichkeit
Priorität B	Wenige Anwender betroffen; hohe Eintrittswahrscheinlichkeit
Priorität C	Viele Anwender betroffen; geringe Eintrittswahrscheinlichkeit
Priorität D	Wenige Anwender betroffen; geringe Eintrittswahrscheinlichkeit

Tabelle 3.19 Priorisierung der Problem-Tickets

Viele bzw. wenige Anwender ist dabei definiert mit mehr bzw. weniger als 10% aller Anwender des Produktes/Services. Je nach ausgewählter Priorität ergibt sich auch die Bearbeitungszeit des Problem-Tickets. Da davon ausgegangen werden kann, dass die Störung bzw. der Incident selbst bereits mittels eines Workarounds vorübergehend behoben werden konnte, ist die Bearbeitung des Problem-Tickets der Bearbeitung des Incident-Tickets nachgeschaltet. ITIL Vision, Inc. definierte je nach Priorität folgende Bearbeitungszeiten für ein Problem-Ticket:

Priorität A	1 Woche
Priorität B und C	2 Wochen
Priorität D	2 Monate

Tabelle 3.20 Bearbeitungszeit für Problem-Tickets

Das Ergebnis eines Problem-Tickets ist ein Known Error mit einem Workaround und schlussendlich natürlich die endgültige Lösung des Problems. Der Known Error mit dem Workaround ist dem Incident-Management zu melden, zum Beispiel in Form eines Eintrages in der Wissensdatenbank. Die endgültige Lösung eines Problems kann eine Änderung in der IT-Infrastruktur bedeuten, die mit dem Prozess Change-Management durchgeführt wird.

ITIL Vision, Inc. hat bei der Definition des Prozesses Problem-Management zusätzliche Maßnahmen definiert, die ebenfalls den Prozess unterstützen und verstärken:

▶ **Zu jeder Großstörung im Incident-Management folgt ein Problem-Ticket**
ITIL Vision, Inc. hat bei der ITIL-Einführung definiert, dass bei allen Großstörungen (im Incident-Management jedes Ticket mit der Priorität A und B) der Prozess Problem-Management aktiv wird. Tritt eine Großstörung auf, so ist neben der Erfassung des Incident-Tickets auch gleich ein Problem-Ticket im Ticketsystem zu erfassen. ITIL Vision, Inc. hat sich dabei zum Ziel gesetzt, dass es sich bei einer Großstörung um einen derart schwerwiegenden Fehler handelt, der kein zweites Mal auftreten darf.

▶ **FAQs für die Anwender**

Das Problem-Management identifizierte eine Reihe von immer wieder aufgetretenen Incident-Tickets, die keine Störung, sondern eine Beratung zu einem Service darstellten. Aus diesem Anlass wurde eine FAQ-Liste erstellt, die für jeden Anwender frei im Intranet zugänglich gemacht wurde. Sortiert nach Produkten kann sich jeder Anwender über sämtliche Benutzerhandbücher, interne Richtlinien und natürlich »häufig gestellte Fragen« informieren.

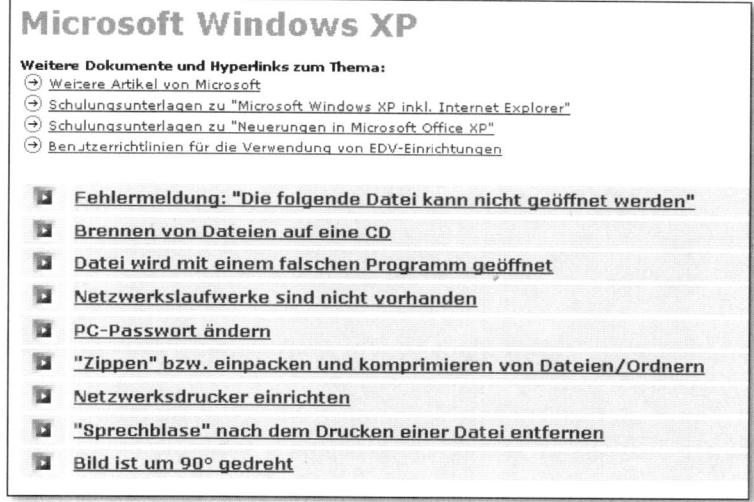

Abbildung 3.31 Häufig gestellte Fragen

Die Erstellung von Einträgen in dieser FAQ-Liste ist im Prozess Problem-Management niedergeschrieben und wird vom Produktspezialisten im 2nd Level durchgeführt.

▶ **Nachträgliche Ticketerfassung für alle Mitarbeiter im 2nd Level**

Problem-Management kann nur funktionieren, wenn alle Incident-Tickets aufgezeichnet werden. So kann zum Beispiel eine Störung auftreten, die durch keinen Anwender am Service-Desk gemeldet wurde. – Es existiert also kein Incident-Ticket. Lediglich der Spezialist im 2nd Level konnte diese Störung feststellen.

Um auch diese Störungen durchgängig zu erfassen, wurde eine Anwendung für alle 2nd-Level-Mitarbeiter erstellt, mit der unkompliziert via Intranet ein Incident-Ticket im Ticketsystem erstellt werden kann. In diesem Zusammenhang ist zu erwähnen, dass bei der ITIL Vision, Inc. ansonsten nur die Mitarbeiter im 1st Level ein neues Ticket erstellen dürfen (organisatorische und systemtechnische Festlegung).

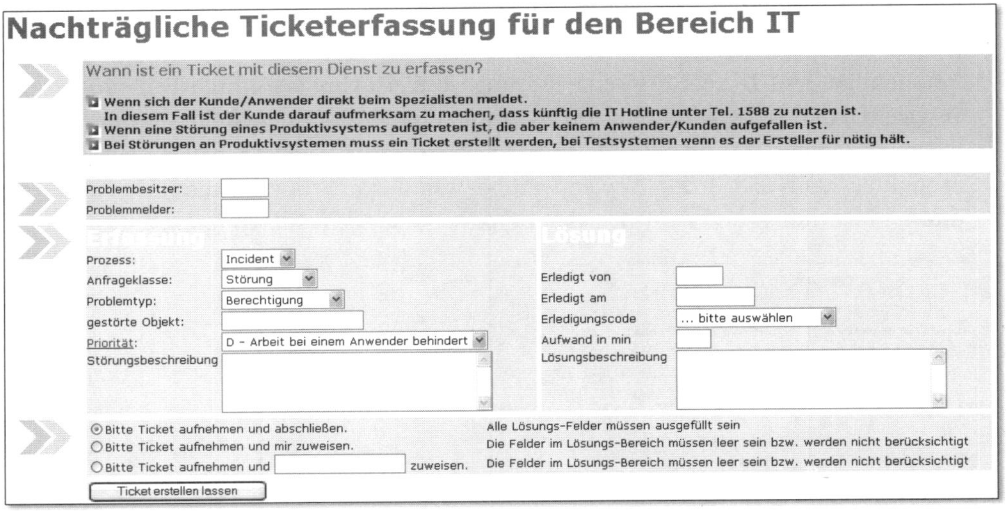

Nachträgliche Ticketerfassung für den Bereich IT

Wann ist ein Ticket mit diesem Dienst zu erfassen?

- Wenn sich der Kunde/Anwender direkt beim Spezialisten meldet.
  In diesem Fall ist der Kunde darauf aufmerksam zu machen, dass künftig die IT Hotline unter Tel. 1588 zu nutzen ist.
- Wenn eine Störung eines Produktivsystems aufgetreten ist, die aber keinem Anwender/Kunden aufgefallen ist.
- Bei Störungen an Produktivsystemen muss ein Ticket erstellt werden, bei Testsystemen wenn es der Ersteller für nötig hält.

Problembesitzer:

Problemmelder:

	Lösung
Prozess: Incident	Erledigt von
Anfrageklasse: Störung	Erledigt am
Problemtyp: Berechtigung	Erledigungscode ... bitte auswählen
gestörte Objekt:	Aufwand in min
Priorität: D – Arbeit bei einem Anwender behindert	Lösungsbeschreibung
Störungsbeschreibung	

- ⦿ Bitte Ticket aufnehmen und abschließen.
- ○ Bitte Ticket aufnehmen und mir zuweisen.
- ○ Bitte Ticket aufnehmen und [   ] zuweisen.

Alle Lösungs-Felder müssen ausgefüllt sein
Die Felder im Lösungs-Bereich müssen leer sein bzw. werden nicht berücksichtigt
Die Felder im Lösungs-Bereich müssen leer sein bzw. werden nicht berücksichtigt

[Ticket erstellen lassen]

Abbildung 3.32 Nachträgliche Ticketerfassung für alle Mitarbeiter im 2nd Level

▶ **Alle Eskalationen im Incident-Management werden als Problem-Ticket erfasst**

Eskaliert ein Ticket im Incident-Management, so hat ITIL Vision im Prozess Problem-Management festgelegt, dass ein Problem-Ticket eröffnet wird. Das heißt, dass bei einer Eskalation unter anderem auch der Problem-Manager benachrichtigt werden muss. ITIL Vision, Inc. hat diesen Vorgang im Ticketsystem automatisiert.

Der Problem-Manager hat die Eskalation gemeinsam mit allen betroffenen Personen zu klären und erarbeitet eine Lösung für künftige Eskalationsvermeidung:

▶ Rechtzeitige Rückmeldung durch den 2nd Level an den Incident-Manager oder auch die verantwortliche Führungskraft bei Überlastung

▶ Rechtzeitige Information des Anwenders und gegebenenfalls neues Lösungsdatum vereinbaren

3.8.2 Zielsetzung

Der Prozess Problem-Management hat zum Ziel, Störungen (Incidents) nachhaltig zu vermeiden. Es wird bei wiederholtem Auftreten einer Störung klar unterschieden, dass es sich um ein Grundproblem handelt. Durch gezielte Ursachenforschung ist dann das Problem dauerhaft und nachhaltig zu beheben und somit die Anzahl der Störungen laufend zu verringern.

Ob das Ziel erreicht wird, kann daran gemessen werden, ob die Anzahl der Tickets ab- oder zunimmt. Der Bereich »Trendanalyse aller registrierten Incident-Tickets« zeigt diesen Verlauf, bezogen auf die Kategorien und Produkte des Ticketsystems.

3.8.3 Prozess

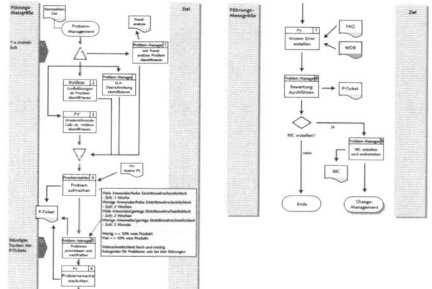

Abbildung 3.33 Prozess Problem-Management (verkleinerte Darstellung; die Abbildung finden Sie in voller Größe in Anhang B: Abbildung B.6, Seite 332f.)

▶ Der Prozess Problem-Management kann aufgrund vier verschiedener Ereignisse ausgelöst werden:

   ▶ Der Problem-Manager kann aufgrund der Trendanalyse ein Problem identifizieren.

   ▶ Ein Ticket im Incident-Management eskaliert – der Problem-Manager wird darüber informiert.

   ▶ Es tritt eine Großstörung auf. Der Mitarbeiter im 1st Level eröffnet ein Incident-Ticket.

   ▶ Der Mitarbeiter im 1st oder 2nd Level erkennt immer wiederkehrende Incident-Tickets (auch durch Trendanalyse).

▶ Ein neues Ticket im Ticketsystem wird erstellt – mit dem Kennzeichen, dass es sich um ein Problem-Ticket handelt. Zudem wird im Problem-Ticket auf das zugrunde liegende Incident-Ticket verwiesen.

▶ Wurde das Ticket im System erstellt, wird dieses Ticket zum Problem-Manager weitergeleitet. Gemeinsam mit den verantwortlichen Produktspezialisten wird nun eine Priorisierung des Tickets vorgenommen:

Priorität A	Viele Anwender betroffen; hohe Eintrittswahrscheinlichkeit
Priorität B	Wenige Anwender betroffen; hohe Eintrittswahrscheinlichkeit

Tabelle 3.21 Priorisierung des Tickets

| Priorität C | Viele Anwender betroffen; geringe Eintrittswahrscheinlichkeit |
| Priorität D | Wenige Anwender betroffen; geringe Eintrittswahrscheinlichkeit |

Tabelle 3.21 Priorisierung des Tickets (Forts.)

▸ Für die Identifizierung der Ursache (= Known Error) wird dieses Ticket vom Problem-Manager an den verantwortlichen Produktspezialisten im 2nd Level aufgrund der Zuständigkeitsmatrix weitergeleitet. Wichtig dabei ist, dass der Produktverantwortliche seine Tätigkeit akribisch dokumentiert und gegebenenfalls einen Eintrag in die Wissensdatenbank oder einen Eintrag in die FAQ-Liste erstellt. Für die Identifizierung der Ursache kann es natürlich notwendig sein, dass ein Bearbeitungsteam gebildet wird.

▸ Wurde die Ursache identifiziert und konnte eine Lösung erarbeitet werden, so wird das Problem-Ticket erneut zum Problem-Manager weitergeleitet.

   Der Problem-Manager hat nun die Aufgabe, gemeinsam mit dem Produktspezialisten eine Bewertung durchzuführen und zu entscheiden, ob ein RfC (Request for Change), das heißt eine Änderung in der IT-Infrastruktur, durchgeführt wird.

▸ Wird bezüglich der Lösung des Problem-Tickets beschlossen, dass eine Änderung durchgeführt werden soll, so stellt der Problem-Manager einen RfC und startet somit den Prozess Change-Management. Im RfC selbst wird wiederum auf das Problem-Ticket verwiesen. Anderenfalls wird das Problem-Ticket geschlossen – eine entsprechende Begründung wird im Ticket dokumentiert.

3.8.4 Aufgaben

▸ Jeder Mitarbeiter (1st- und 2nd-Level-Mitarbeiter, Problem-Manager) hat wiederkehrende Incidents mittels Problem-Ticket zu erfassen. Für die leichtere Identifizierung ist ein geeigneter Bericht – wie zum Beispiel die Trendanalyse aller registrierten Incident-Tickets – zu verwenden.

▸ Jeder Mitarbeiter im 1st Level hat beim Auftreten einer Großstörung (Tickets mit Priorität A und B) parallel zum Incident-Ticket auch ein Problem-Ticket zu erstellen.

▸ Der Problem-Manager ist bei der Eskalation eines Incident-Tickets zu verständigen. Ein Problem-Ticket ist dafür zu erstellen.

▸ Der Produktspezialist im 2nd Level hat mittels einer »nachträglichen Ticketerfassung« alle Störungen zu dokumentieren, die am Service-Desk nicht gemeldet wurden.

- Jedes Problem-Ticket ist aufgrund von Auswirkung und Dringlichkeit vom Problem-Manager mit einer Priorität zu versehen.

- Der Produktspezialist im 2nd Level hat Known Errors und Workarounds in die Wissensdatenbank einzutragen.

- Der Produktspezialist im 2nd Level hat die FAQ-Liste für alle Anwender zu pflegen.

- Der Problem-Manager hat gegebenenfalls einen RfC in das Change-Management zu stellen.

3.8.5 Erforderliche Dokumente und Tools

- Ticketsystem
  Das Ticketsystem aus dem Incident-Management ist natürlich für die Verwaltung aller Problem-Tickets anzuwenden. Es muss lediglich gewährleistet werden, dass

  - Incident- und Problem-Ticket eindeutig unterschieden werden können und

  - die verwendeten Prioritäten im Falle eines Problem-Tickets eine andere Bedeutung als im Incident-Management haben.

- Trendanalyse aller registrierten Incident-Tickets

- Wissensdatenbank

- FAQ-Liste

- Zuständigkeitsmatrix

3.8.6 Kennzahlen

- Anzahl der Incident-Tickets

- Anzahl der Problem-Tickets pro Monat/Jahr/System

Produkt	Jahr 2005												
Acrobat Reader	0	0	0	1	0	0	0	0	0	0	0	0	1
Remote Tool	0	0	1	0	0	0	0	0	0	0	0	0	1
eDoc PDF Writer	0	1	0	0	0	0	0	0	0	0	0	0	1
rmGeo	0	0	0	0	1	0	0	0	0	0	0	0	1
VoIP-Client	0	0	0	1	0	0	0	0	0	0	0	0	1

Tabelle 3.22 Anzahl der Problem-Tickets pro Monat/Jahr/System

Checkliste für die Umsetzung

☑ Bestimmen Sie einen Problem-Manager und dessen Stellvertreter.

☑ Legen Sie den Prozess fest, wie ein Problem abgearbeitet wird.

☑ Konfigurieren Sie Ihr Ticketsystem so, dass Problem-Tickets aufgenommen werden können.

☑ Definieren Sie die Prioritäten eines Problem-Tickets hinsichtlich Dringlichkeit und Auswirkung.

☑ Erstellen Sie einen Bericht bzw. Report, mit dem Probleme identifiziert werden können (= Trendanalyse aller registrierten Incident-Tickets).

☑ Stellen Sie sicher, dass wirklich alle Störungen im Ticketsystem in Form eines Incident-Tickets dokumentiert werden.

☑ Stellen Sie sicher, dass alle Known Errors und Workarounds in die Wissensdatenbank eingetragen werden.

☑ Stellen Sie sicher, dass die FAQ-Liste regelmäßig gepflegt wird.

☑ Eskaliert ein Incident-Ticket, so ist der Problem-Manager zu benachrichtigen.

Was ist zu beachten?

☑ Incident-Manager und Problem-Manager dürfen nicht dieselbe Person sein.

☑ Nur durch vollständige Erfassung aller Incident-Tickets ist ein Problem-Management möglich.

☑ Für eine durchgängige und nachvollziehbare Dokumentation empfiehlt es sich,

   ▶ im Problem-Ticket auf die entsprechenden Incident-Tickets zu verweisen,

   ▶ in der Wissensdatenbank auf die entsprechenden Problem-Tickets zu verweisen,

   ▶ im Problem-Ticket auf den entsprechenden RfC zu verweisen.

3.9 Change-Management (ITIL)

> Das Change-Management stellt standardisierte Methoden und Verfahren zur Bearbeitung von Änderungen zur Verfügung.

Das Change-Management besteht in der sinnvollen Verwaltung von Installationen und Änderungen aller Configuration Items (CI). Das betrifft jede Art von Software, also auch Betriebssysteme, Tools, Utilities und Anwendungsprogramme.

Natürlich auch Hardware, die von Zeit zu Zeit ausgetauscht wird, sei es komplett oder lediglich bei Einzelgeräten.

Veränderungen sind grundsätzlich mit einem gewissen Risiko behaftet. Systeme könnten nicht mehr konsistent sein, unvorhergesehene Abbrüche oder andere Schäden könnten entstehen. Daraus ergibt sich zwangsläufig die zentrale Steuerung und Überwachung der Änderungen. Genau dies ist eine der Hauptaufgaben des Change-Managements. Die im CM verwendeten wichtigsten Grundbegriffe und ITIL-Definitionen sind:

	Beschreibung
Request for Changes (RfC)	Ist Auslöser des Change-Management-Prozesses und kann von beteiligten Prozessen oder jedem IT-Mitarbeiter gestellt werden.
	Folgende Daten müssen enthalten sein: Change ID, Datum, Antragsteller, betroffene Systeme und CIs, Begründung, Vorschlag für Priorität und Klassifikation. Bei uns als Intranetanwendung realisiert.
Change-Manager	Ist verantwortlich für die Leitung und Steuerung des Prozesses und hat den Vorsitz im Change Advisory Board (CAB). Außerdem ist der Change-Manager für die Definition von Verantwortlichkeiten innerhalb des Prozesses und deren Überprüfung zuständig. Er ist noch verantwortlich für das Filtern, Klassifizieren und Akzeptieren von RfCs. Das Einholen der notwendigen Autorisierung für die Planung, Koordinierung und Durchführung der Änderungen wird ebenfalls vom Change-Manager wahrgenommen.
Change	Alle Veränderungen bestehen aus Konfigurationen, Installationen, Hinzufügungen und Entfernungen von CIs.
Change Advisory Board (CAB)	Wird benötigt, um wichtige und umfassende Veränderungen zu beraten. Die nötige Zusammenkunft, bei uns ein Mal pro Monat, findet entweder zu fest definierten Terminen statt oder wird durch den Change-Manager einberufen.
EC (Emergency Committee)	Ist Teil des CAB, das bei eiligen Veränderungen die entsprechenden Entscheidungen trifft. In unserem Fall das Kern-CAB (siehe Abschnitt 3.9.5).
Forward Schedule of Changes (FSC)	Die Zeitpläne für die Koordination und Steuerung von autorisierten Changes finden Sie im FSC. Wurde ebenfalls als Intranetanwendung realisiert.

Tabelle 3.23 Grundbegriffe Change-Management

3.9.1 Kurzbeschreibung

Das Change-Management muss in jedem Fall alle notwendigen Veränderungen der IT-Komponenten steuern und verwalten. Die Spannweite reicht von einer einfachen Einzelaktion bis hin zu unternehmensweiten Vorhaben. Das Change-Management muss also sehr variabel reagieren können.

Im Change-Management werden neben einem IT-Projekt drei verschiedene Arten von Changes unterschieden:

	Beschreibung
Normal Changes	Sind alle wie oben beschriebenen Änderungen mit der Ausnahme aller anderen hier genannten Changes.
Standard Changes	Sind Changes, bei denen ein aufwendiges Genehmigungsverfahren für wiederkehrende Änderungen entfallen kann. Die Vorgaben macht das Change-Management mit dem jeweiligen Produktverantwortlichen. ITIL Vision, Inc. definierte folgende Standard Changes: Netzwerk-Firmwareupgrade, Server-Security-Patches, Server-Treiber- und -Firmwareupgrade, SAP-OSS-Hinweise, SAP-Rollenpflege, SAP-Patch, Projekte, Vertragsänderungen, Patches/Updates für Clients Beispiel: 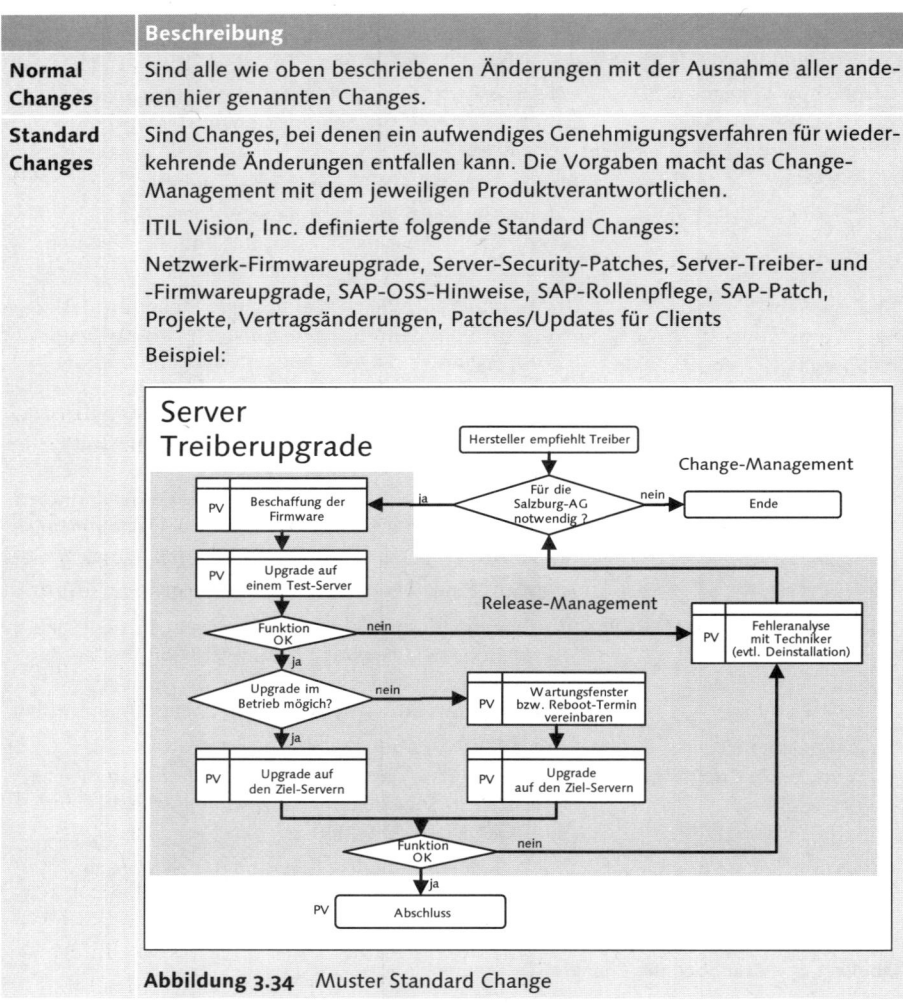

Abbildung 3.34 Muster Standard Change

Tabelle 3.24 Changes im Change-Management

	Beschreibung
Standard-Change-Projekte	Für IT-Projekte (sehr große Changes) gibt es in den meisten Unternehmen ein standardisiertes Verfahren, um diese entsprechend abzuwickeln. Darum müssen Sie diese nur mit den wichtigsten Daten ins Change-Management als »Standard Change« integrieren.
Emergency Changes	Bei sehr dringenden Changes, z.B. bei Systemausfall, bei Gefahr in Verzug usw. kann der Produktverantwortliche einen Change ohne vorherige Genehmigung durchführen. Es ist besser, wenn der Administrator während der Bereitschaft ein nötiges Upgrade durchführt, bevor am nächsten Morgen hunderte Anwender nicht auf den zentralen Datenserver zugreifen können. Auf jeden Fall muss jeder Emergency Change durch das EC, wenn nicht anders möglich auch nachträglich, in unserem Fall durch das Kern-CAB genehmigt werden bzw. müssen eventuell nötige weitere Schritte abgesegnet werden.

Tabelle 3.24 Changes im Change-Management (Forts.)

3.9.2 Zielsetzung

▶ Das Change-Management stellt standardisierte Methoden und Verfahren zur Bearbeitung von Änderungen zur Verfügung.

▶ Es garantiert die Autorisierung und Dokumentation von allen Veränderungen der IT-Infrastruktur.

▶ Geplante und getestete Veränderungen schützen die vorhandene Infrastruktur und somit die Auswirkungen auf das laufende Geschäft. Das heißt: Risikominimierung bei durchzuführenden Änderungen.

▶ Die Reduzierung der negativen Einflüsse von Änderungen auf die Qualität der IT-Services wird durch eine zentrale Planung erreicht. Damit werden auch Überschneidungen vermieden und mit Hilfe der Priorität können die Veränderungen gegliedert werden.

▶ Bessere Abschätzung der Kosten für vorgeschlagene und geplante Änderungen.

▶ Die Änderungen müssen seltener rückgängig gemacht werden.

Effektive und effiziente Backouts (Fallbacks) durch zeitnahe Analysen und eine abschließende Beurteilung des Changes.

▶ Der daraus gewonnene Nutzen steckt in der Produktivitätssteigerung der Anwender und des IT-Personals und ist auf keinen Fall ein Prozess zur Steigerung der Bürokratie. Eine hohe Anzahl von Änderungen koordiniert und sicher durchzuführen, ohne dass dadurch die IT-Umgebung instabil wird, bedeutet eine Qualitätsverbesserung bei Änderungen.

▶ Eine nahtlose Einbindung des Release-Managements. Erkennbar in der folgenden Prozessbeschreibung:

▶ Änderungen an CIs, die Client-Hard- und -Software betreffen, werden im Incident-Management als Anforderungs-Ticket abgewickelt. Das heißt, für einen einfachen Bildschirmtausch beim Anwender wird kein eigener Change erstellt. Die notwendigen Auswertungen können aber zentral über eine Intranetdarstellung ausgewertet werden.

▶ Ein weiteres Ziel ist, eine geringe durchschnittliche Genehmigungsdauer (unter einem Tag) zu erzielen.

▶ Es sollen möglichst viele Changes als Standard Change abgearbeitet werden um den Verwaltungsaufwand gering zu halten und das Change-Management zu entlasten.

3.9.3 Prozess

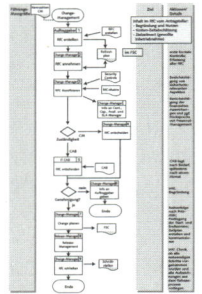

Abbildung 3.35 Prozess Normal Change (verkleinerte Darstellung; die Abbildung finden Sie in voller Größe in Anhang B: Abbildung B.7, Seite 334)

3.9.4 Aufgaben

Entspricht zum Teil dem Ablauf der Prozessbeschreibung:

	Beschreibung
Erfassen	Einreichen, Erfassen und Überprüfen von Änderungsanträgen, den sogenannten RfC (Request for Change). Alle benötigten Daten werden aufgenommen.
Akzeptieren	Filtern von RfC und Akzeptieren für eine weitere Bearbeitung. Eventuell müssen Daten vervollständigt werden.

Tabelle 3.25 Aufgaben im Change-Management

	Beschreibung
Klassifizieren	Klassifiziert wird mit Hilfe von Priorität und Kategorie. Die Kategorie bestimmt, wer die Änderung freigeben darf. Sogenannte Standard-Veränderungen sind bereits genehmigt, ebenso ist ein Verfahren für die Implementierung definiert und Testprozeduren sind vorhanden. Veränderungen, die als geringfügig eingestuft werden, können vom Change-Manager autorisiert werden. Bei erheblichen und weit reichenden Auswirkungen auf die vorhandene Infrastruktur muss das CAB über den Antrag entscheiden. Die Priorität hat eine reine Zeitkomponente. Wie diese in unserem Unternehmen eingeteilt sind, sehen Sie im Dokument »Klassifizierungsmatrix«.
Autorisieren	Je Kategorie werden die verantwortlichen Gremien zu Rate gezogen. Wird ein Change abgelehnt, wird der Antragsteller vom Change-Manager informiert.
Planen	Nach der erforderlichen Genehmigung müssen Sie die Veränderung planen, d. h., Sie bestimmen die zeitliche Abfolge und teilen die vorhandenen Ressourcen ein. Sie müssen auch darauf achten, dass die notwendigen Dokumente (Testprozeduren, Rückfallplan...) vorhanden sind.
Koordinieren	Erstellung, Test und die Implementierung
Dokumentieren & informieren	Alle relevanten Veränderungen werden in der CMDB dokumentiert. In unserem Fall findet die Dokumentation im zentralen Hotline-System der ITIL Vision, Inc. statt. Alle Auswertungen daraus (FSC, Kennzahlen und Trendanalysen) sind als Intranetanwendung umgesetzt. Bei Änderungen von zentralen CIs, das sind Server, Netzkomponenten, SAN usw., werden zusätzlich die Continuity-, Service-Level- und Capacity-Manager informiert (siehe Klassifizierungsmatrix).
Evaluieren	Vor dem Abschluss einer Veränderung müssen Sie das Ergebnis überprüfen und eventuell beurteilen.
Kosten	Kosten für die Veränderungen werden festgehalten.
Risiken	Risiken aller Art werden im Vorfeld der Änderungen abgeschätzt.

Tabelle 3.25 Aufgaben im Change-Management (Forts.)

3.9.5 Erforderliche Dokumente und Tools

Beschreibung des CAB

Für die verschiedenen IT-Systeme werden unterschiedliche Verantwortliche bei der Entscheidung über umfassende Veränderungen benötigt. Dafür wurde in unserem Unternehmen ein »Kern«-CAB eingerichtet, das aus den Führungskräften des Bereichs IT besteht. Für die einzelnen Systeme wird das CAB entsprechend mit Spezialisten aus der IT oder den Fachbereichen erweitert. Das Kern-CAB entspricht gleichzeitig dem Emergency Committee (EC).

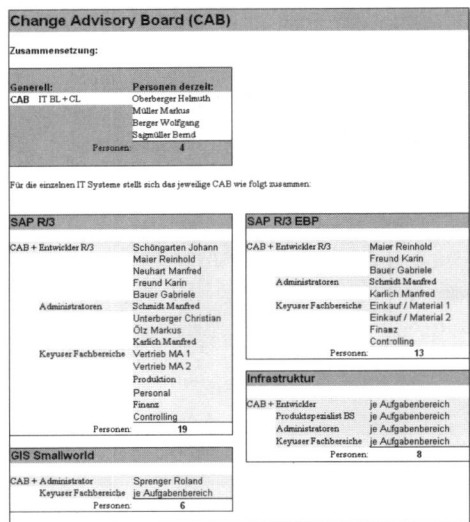

Abbildung 3.36 Change Advisory Board

3.9.6 Klassifizierungsmatrix

Sie ist notwendig, um die Changes zu kategorisieren, zu priorisieren und dient als Entscheidungsgrundlage, ob der Change-Manager die Anforderung freigeben kann oder ob das CAB eingeschaltet werden muss.

Bei der Kategorisierung wurde ein Punktesystem angewendet. Betrachtet werden die Aspekte Kosten, betroffene Anwender oder Systeme und das Risiko.

Abbildung 3.37 Vorgehen für die Klassifizierung von RFCs

Je größer die entsprechenden Werte sind, je mehr Punkte werden für jede Kategorie vergeben.

Beispiel Kosten: bis < 7.000,– gibt es 0 Punkte, bis < 28.000,– gibt es einen Punkt, bei > 28.000,– werden 2 Punkte vergeben. In Summe heißt das: Von 0 bis 2 Punkte wird der Change als »geringfügig« klassifiziert, bei 3 bis 4 Punkten als erheblich, über 4 Punkte als weit reichend.

Bei der ITIL Vision, Inc. können alle geringfügigen Changes vom Change-Manager autorisiert werden, alle anderen »Normal Changes« müssen über das CAB laufen. Besteht ein Sicherheits- oder Betriebsrisiko, wird der Security-Manager verständigt. Eine Hilfe zur Entscheidung geben Ihnen die Security Controls aus dem Security-Management.

Für **Standard Changes** haben wir die einzelnen Prozesse mit PowerPoint gezeichnet. Ein Beispiel dazu sehen Sie in der »Kurzbeschreibung« des Prozesses. Sie können natürlich auch jedes andere Prozesszeichenprogramm verwenden.

Verwendete Tools

In der ITIL Vision, Inc. verwenden wir eine Intranetanwendung zum Erstellen der Changes (Request for Changes). Damit haben alle IT-Mitarbeiter die Möglichkeit, Changes zu beantragen. Mit den Daten der Eingabemaske wird im Hintergrund ein Hotline-Ticket der Kategorie Change-Ticket erstellt. Darin erfolgt die operative Change-Verfolgung.

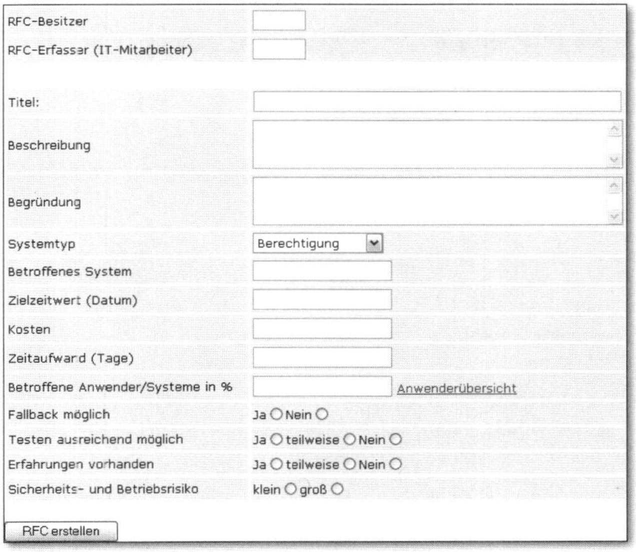

Abbildung 3.38 RfC-Eingabemaske

Aus dem Ticketsystem mit den erfassten Changes wird automatisiert der Forward Schedule of Changes im Intranet dargestellt.

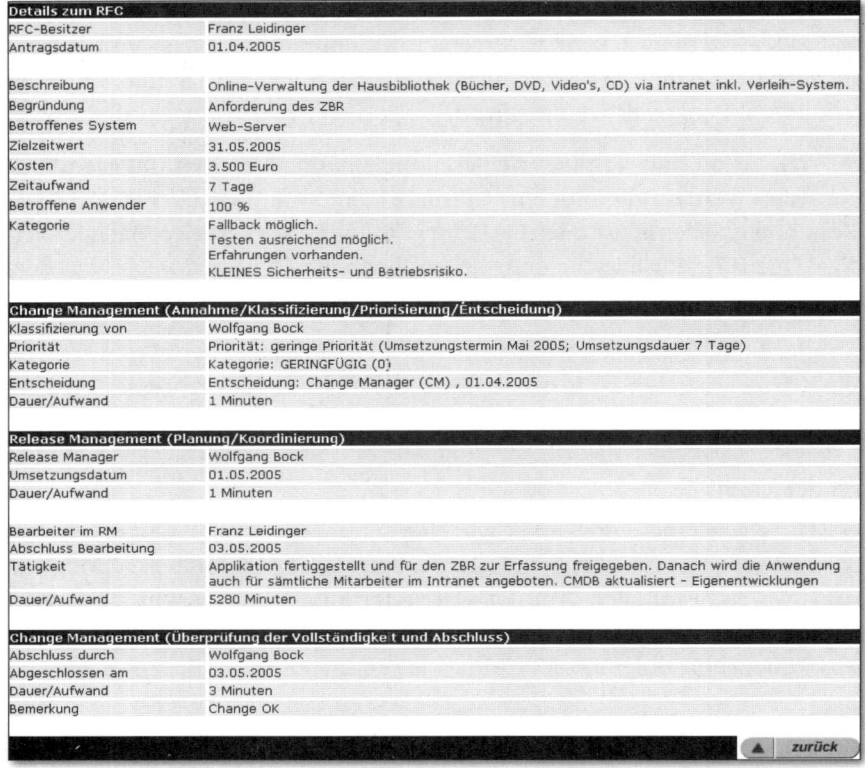

Abbildung 3.39   FSC-Detail – RFC 0024988, Hausbibliothek

Als FSC-Zusatz werden einige Auswertungen realisiert. Diese dienen als Grundlage für eine Qualitätsverbesserung im Change-Management.

	Beschreibung
Incident-Tickets aufgrund RfCs	Um direkte Rückschlüsse von durchgeführten Changes auf Hotline-Meldungen ziehen zu können
Problem-Tickets aufgrund RfCs	Wenn aus der Störungsanalyse ein Problem-Ticket erstellt wird und eine Verbindung zu einem vorher umgesetzten Change hergestellt werden kann, so muss auch das dokumentiert und geklärt werden.
Incident-Tickets aufgrund Fallback	Changes, die einen Fallback benötigen und davor einen Incident ausgelöst haben

Tabelle 3.26   Incident- und Problem-Tickets

3.9.7 Kennzahlen

Als Kennzahlen sind quantitative Werte wie Anzahl der Changes oder durchschnittliche Genehmigungsdauer einzurichten. Ein Beispiel:

Insgesamt wurden 130 Normal-RfCs registriert. Im Durchschnitt benötigte eine Genehmigung 0,6 Tage.

RfC-Typ	Anzahl beantragter RfCs	Anzahl abgelehnter RfCs	Durchgef. Changes/ Releases	Erfolglose Changes/ Releases
Normal Changes	130	2	94	0
Standard Changes	110	–	100	0
Emergency Changes	0	–	0	0

Tabelle 3.27 Beispiel RfCs

Darüber hinaus noch Analysekennzahlen wie z.B. Trendanalyse Change-Tickets:

Kategorie	Anzahl
Berechtigung	2
Hardware	15
Netzkomponente	105
Software	118

→

Software	Anzahl
Access	1
Betriebssystem	2
SAP GUI	6
Cimgraph	3
Eigenentwicklung	7
SAP/BW	12
SAP/CORE	10
SAP/CRM	22
Sonstiges	13

Sie haben natürlich auch die Möglichkeit zeitliche Trends in Ihre Analysedarstellung einfließen zu lassen. In Hinblick auf die Zertifizierung ist dieses Beispiel aber vollkommen ausreichend.

Tabelle 3.28 Beispiel Analysekennzahlen

In der ITIL Vision, Inc. werden alle Trendanalysen und Kennzahlen aus dem zentralen Hotline-Tool für Incidents und Changes im Intranet aufbereitet. Weitere Leistungsindikatoren sind:

▶ Ist der geplante Zeitplan oder das Budget eingehalten?
▶ Das Verhältnis von durchgeführten zu erfolglosen Changes

Checkliste für die Umsetzung

☑ Bestimmung des Change-Managers

☑ Erstellen der Prozessbeschreibungen für Normal und Emergency Change mit den Parametern des Unternehmens

☑ Legen Sie fest, dass die Dokumentation aller Changes durchgeführt wird.

☑ Erstellen der notwendigen Dokumente: Klassifizierungsmatrix, CAB-Beschreibung

☑ Applikation für die Darstellung des Forward Schedule of Change

☑ Wo immer möglich, standardisierte Verfahren einsetzen. Festlegen und Dokumentieren der Standard Changes durch die Produktverantwortlichen und das Change-Management

☑ Erarbeiten Sie eine Autorisierung für Emergency Changes.

☑ Legen Sie die notwendigen Kennzahlen fest und erstellen Sie die notwendigen Statistiken und Auswertungen.

Was ist zu beachten?

☑ Ein RfC sollte bereits bei der Einreichung möglichst vollständig sein. Einzelne Punkte wie Risikobewertung oder Kostenplanung werden meist erst im Change-Prozess selbst vervollständigt.

☑ Wichtig ist die Aussage gewisser Leistungsindikatoren (Kennzahlen). In einem »guten« Change-Management ist das Verhältnis von Veränderungen der Kategorie Standard/geringfügig zu erheblich/weit reichend 90:10.

☑ Der Prozess muss bei jeder Änderung eingehalten werden.

☑ Es ist keine Personalunion mit dem Configuration-Manager zulässig, aber die Zusammenarbeit muss gut funktionieren.

☑ Die Qualifikation des Change-Managers ist außerordentlich wichtig. Damit können Sie gegen Widerstände einer übergeordneten Autorisationsstelle steuern.

☑ Verwenden Sie ein integriertes Tool zur Unterstützung des Prozesses.

☑ Vergessen Sie über dem Prozess die Kommunikation mit den Anwendern und Kunden nicht.

3.10 Release-Management (ITIL)

Das Release-Management ist für die Freigabe, Kontrolle und Verteilung der eingesetzten Soft- und Hardware zuständig. Es ist in erster Linie dafür zuständig, Veränderungen von Hard- und Software produktivreif zu gestalten. Programme,

Prozesse, Treiber und Hardware befinden sich zu diesem Zeitpunkt noch in einer Vorbereitungsphase. Das Release-Management ist total in das Change-Management eingebettet. Der Prozess wird daraus angestoßen und endet wieder darin.

Das Release-Management beschreibt eine oder mehrere autorisierte Änderungen an einem IT-Service oder an Teilen der IT-Infrastruktur. Auch bei diesem ITIL-Prozess werden bestimmte spezifische Termini verwendet. Die wichtigsten sind:

Terminus	Erklärung
Definitive Hardware Store (DHS)	Ist eine Datenbank für die Speicherung aller Hardware-Komponenten der Systeme. Wird bei uns automatisch aus allen Systemen ausgelesen. R CMDB
Definitive Software Library (DSL)	DSL und DHS sind eng mit der CMDB verknüpft. Die Informationen der einzelnen Freigaben sind dort beschrieben.
Release-Arten/ -Typen	Beschreiben den Umfang der Releases. ▸ Delta Release – enthält nur die geänderte Hard- und/oder Software ▸ Full Release – enthält auch nicht geänderte Hard- und/oder Software, also ein kompletter Austausch ▸ Package Release – enthält mehrere Freigaben (Release)
Package	Release mit mehreren CIs, die zusammenhängend zu betrachten sind
Release Unit/Einheit	Beschreibt den Anteil an der IT-Infrastruktur, der normalerweise zusammenhängend getestet, freigegeben und ausgerollt wird.
Release	Ein Release ist eine Reihe neuer oder geänderter Komponenten (CI), die zusammen getestet und eingeführt werden.

Tabelle 3.29 Begriffe Release-Management

3.10.1 Kurzbeschreibung

Der ITIL-Prozess Release-Management muss in jedem Fall alle notwendigen Veränderungen der IT-Komponenten steuern und verwalten. Der Übergang vom Teststatus zum Produktivbetrieb ist bei der Informationstechnologie eine regelmäßig wiederkehrende Funktion.

Die Haupttätigkeiten bestehen aus der Implementierung, der Installation und der endgültigen Konfiguration im Sinne der Anwendung. Ein erster Ansatz dazu ist, wenn Sie drei verschiedene Arten von Releases unterteilen (siehe Tabelle 3.30).

Natürlich gilt diese Unterteilung auch für die gesamte Eigenentwicklung Ihres Unternehmens. Treffen Sie diese Unterteilungen am besten mit den verantwortlichen Entwicklern.

Release-Art	Erklärung
Major Release	Freigabe neuer Hard- und/oder Software mit erheblichen Funktionserweiterungen. Zusätzlich werden Known Errors und Workarounds behoben. Diese betreffen zumeist ganze Fachabteilungen oder das Gesamtunternehmen. Beispiel: Release-Update von Office XP auf Office 2003 bzw. von SAP R/3 auf mySAP ERP ECC.
Minor Release	Freigabe mit geringfügigen Verbesserungen und Quick Fixes. Lokal begrenzte Änderungen, die zumeist Teams oder Gruppen betreffen. Als Beispiel können Sie die Service Packs von Microsoft oder die Patch Levels bei der SAP sehen.
Emergency Release	Vorübergehende Behebung eines Known Errors. Dient einer schnellen Beseitigung von Störungen, die sich auf den Praxisbetrieb auswirken und IT-Services behindern. Beispiel: OSS-Hinweise der SAP oder Sicherheits-Patches von Microsoft

Tabelle 3.30   Release-Arten

3.10.2   Zielsetzung

▶ Das Release-Management ist für die Freigabe, Kontrolle und Verteilung der eingesetzten Soft- und Hardware zuständig.

▶ Entwurf und Implementierung effizienter Verfahren zur Verteilung und Installation von Änderungen an IT-Systemen

▶ Gewähr, dass nur korrekte, autorisierte und getestete Versionen installiert werden

▶ Abstimmung des genauen Inhalts und der Planung eines Rollout mit dem Change-Management. Wird bei der ITILVision, Inc. über den FSC – ist gleichzeitig der Rollout-Plan – realisiert.

▶ Sicherstellung, dass alle Master-Kopien der gesamten Software sicher in der maßgeblichen Software-Bibliothek (DSL) aufbewahrt werden. Das Gleiche gilt auch für die Hardware (DHS).

▶ Die CMDB muss den aktuellen und korrekten Stand der IT-Infrastruktur darstellen.

▶ Die Umstellungsarbeiten und Implementierungen müssen schnell, sicher und benutzergerecht durchgeführt werden.

▶ Das Hauptziel ist letztlich, dass die geforderten IT-Services anschließend auch fehlerfrei und nach SLA-Bedingungen erbracht werden können.

3.10.3 Prozess

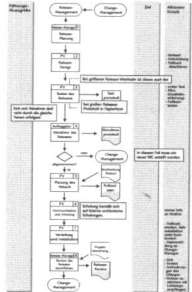

Abbildung 3.40 Prozess Release-Management (verkleinerte Darstellung; die Abbildung finden Sie in voller Größe in Anhang B: Abbildung B.8, Seite 335)

3.10.4 Aufgaben

Entspricht im Ablauf der Prozessbeschreibung:

Aufgabe	Beschreibung
Vorarbeiten	Erstellen und Abstimmen der Release-Richtlinien (Release Policy). Damit gemeint sind die Regelwerke und Durchführungsrichtlinien für die Release-Prozesse.
Planen	Teilen Sie die nötigen Ressourcen ein. Stellen Sie fest, welche SLAs betroffen sind. Stellen Sie die Zeitpläne auf und legen Sie die Termine, eventuell auch Meilensteine fest. Falls notwendig, legen Sie bereits zu Beginn die Test- und Abnahmemodalitäten fest.
Überwachen	Überwachen von Entwurf und Entwicklung bzw. der Ressourcen.
Einheiten	Erstellen von Release-Einheiten. Dokument »Release Policy«. Die Vorgehensweise bei Full, Package oder Delta Release werden im Einzelfall gemeinsam mit dem Produktverantwortlichen geregelt. Definieren Sie ein Rollback-Verfahren, falls ein Release wider Erwarten nicht funktionieren sollte.
Testen	Testen und Abnahme der Entwicklungen oder Änderungen durch den Auftraggeber oder Fachbereich. Nötig sind dazu nicht nur Einzeltests, sondern auch Testdaten in der Testumgebung (identisch mit der Produktivumgebung oder aber sehr ähnlich).
Implementieren	Planen der Implementierung. Achten Sie darauf, dass Sie das Personal und die Ressourcen zur Verfügung haben. Machen Sie alle vorhandenen Dokumente für alle Betroffenen zugänglich.
Kommunizieren	Informieren Sie alle betroffenen Anwender über die Zeitpläne und führen Sie die notwendigen Schulungen durch. Die Testergebnisse sollten für die Anwender als Testziele vorbereitet werden.

Tabelle 3.31 Aufgaben Release-Management

Aufgabe	Beschreibung
Verteilen	Die Geräte werden zum Aufstellungsort transportiert. Stellen Sie Programme und Anwendungen in die »Produktivbibliothek«. Führen Sie die Installationen durch. Die Anwender müssen eingearbeitet werden und prüfen die Funktionalitäten. Betreuen Sie die Anwender in der ersten Phase direkt. Später übernehmen die Service-Desk-Mitarbeiter die Funktion.
Review	Review über die Änderung durchführen. ▸ Wurde der Schutz der Produktivumgebung gewährleistet? ▸ Wurde die Service-Qualität bei der Implementierung einer neuen Version eingehalten? ▸ Was können wir beim nächsten Mal besser machen? (schneller, sicherer, stabiler, anwenderfreundlicher …)

Tabelle 3.31 Aufgaben Release-Management (Forts.)

3.10.5 Erforderliche Dokumente und Tools

Release Policy

Beschreibt, in welchem Zeitabstand bei welcher Software mit einem neuen Release zu rechnen ist. Mit Hilfe der Release Policy fällt es Ihnen auch leicht, eine Einteilung zwischen Major, Minor und Emergency Release vorzunehmen. Eine einfache Excel-Tabelle (siehe Tabelle 3.32) mit den erforderlichen, von Ihnen und Ihren produktverantwortlichen Entwicklern erstellten Daten reicht für die Zertifizierung. Für die wichtigsten Anwendungen in Ihrem Unternehmen stellen Sie eigene Regeln auf. Ähnliche Produkte können Sie auch in Gruppen zusammenfassen. Schreiben Sie auch eine kurze Begründung für jede Anwendung auf. Damit vermeiden Sie von vorn herein mögliche Fragen.

Release Policy				
		Vorgehen bei:		
System	**Modul**	**Major Release**	**Minor Release**	**Emergency Release**
SAP R/3 Core		z.B. 4.6C, ERP ECC usw.	Patch	Vorabkorr. (OSS-Hinweise)
	HR FI/CO IM/AA MM/WM PM SD	nach Abstimmung mit dem CAB (SAP R/3), derzeitiger Plan: ca. alle 3 Jahre	gesetzliche Bestimmungen Bei Erscheinen eines neuen SAP-Patches wird der Vorgänger-Patch eingespielt. In der Regel einmal pro Monat	bei Bedarf sofort

Tabelle 3.32 Release Policy

Release Policy			
Begründung	Firmenstrategie, auch abhängig von der Releaseplanung der SAP	Vorgabe des CAB R/3	nötig bei Fehlern oder dringenden Änderungen
SAP R/3 weitere Systeme		**Patch**	**Vorabkorr (OSS-Hinweise)**
BW BC EBP IST	nach Abstimmung mit dem CAB (SAP R/3 & IS-U), derzeitiger Plan: ca. alle 3 Jahre	Bei Erscheinen eines neuen SAP-Patches wird der Vorgänger-Patch eingespielt. In der Regel einmal pro Monat	bei Bedarf sofort
EIS, CMS, QMS	**Release-Wechsel**	**Patch**	**Fehlerkorrekturen**
EIS CMS QMS	nach Abstimmung mit dem CAB (EDM), derzeitiger Plan: ca. alle 2 Jahre	Die von Process Vision erscheinenden Patches werden ca. 3 x pro Jahr gesammelt, eingespielt, gemeinsam getestet und nach Freigabe des CAB in das Produktivsystem transportiert.	bei Bedarf sofort
Begründung	Firmenstrategie, auch abhängig von der Releaseplanung der PV	Vorgabe des CAB EDM	nötig bei Fehlern oder dringenden Änderungen
Verantwortlichkeiten	Abnahme: Zusammenstellung von Changes zu einem Release: Release-Management	Produktverantwortlicher & Anforderer Produktverantwortlicher Release-Manager	
Vorgehen zur	Standardsoftware Eigenentwicklung	Abhängig von den Herstellervorgaben und abhängig von den Anforderungen aus dem Fachbereich in Abstimmung mit dem PV	

Verfasser: Wolfgang Bock

Freigabe durch: Wolfgang Bock

Status: Freigegeben

Dateiname: R:\IT-Allgemein\ITIL\3_Prozesse\10_Release\Release Policy.xls Datum der letzten Änderung: 19. April 2005

Tabelle 3.32 Release Policy (Forts.)

Verwendete Tools

In der ITIL Vision, Inc. wird aus dem Change-Ticket im Ticketsystem nach der Genehmigung des Change-Managers und dessen Weiterleitung automatisch ein Release-Ticket. Damit garantieren wir die notwendige Durchgängigkeit der Prozesse.

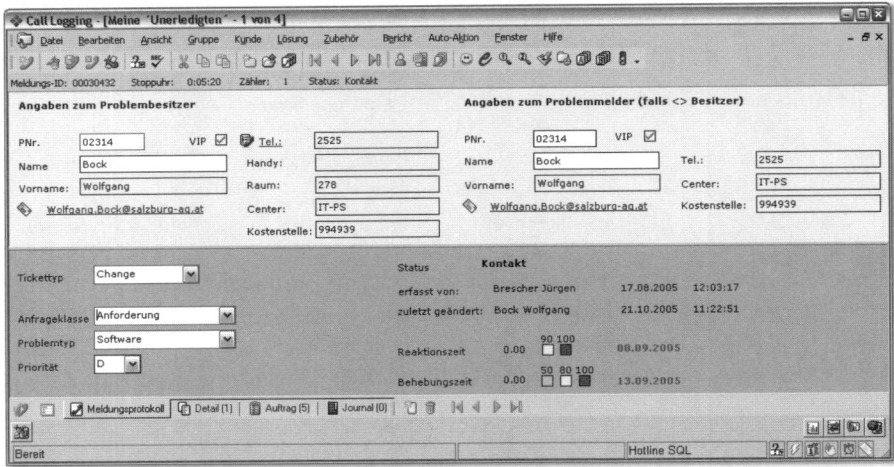

Abbildung 3.41 Hotline-Ticket Release

Aus der Hotline-Datenbank wird der Forward Schedule of Changes generiert. Diese Intranetanwendung wird für das Release-Management gleichzeitig als Rollout-Plan verwendet.

	Umsetzungsdatum	Typ	Ticket-Nr.	Bereich	System	Titel
▣	30.04.2005	N	00024666	IT	Sonstige (IT-SPECTRUM1, IT-SYS)	Spectrum Alarm Notification Manager
▣	31.03.2005	N	00024776	NE	SAP/ISU	Rundsteuerempfänger in ISU
▣	15.05.2005	N	00024797	NE	SAP/CORE	SAP-ONLINE-Transaktion - unerledigte Maßnahmen
▣	31.05.2005	N	00024808	NE	SAP/CORE (PM)	PM Zugriff DYNASIGHT
▣	30.04.2005	S	00025083	IT	Infrastrukturserver	SAN/FC-Switch/Library Firmwareupgrade
▣	30.04.2005	S	00025084	IT	Infrastrukturserver	Server Treiberupgrade
▣	30.04.2005	N	00025340	IT	SAP/BW (IS-U Ableseart)	IS-U Ableseart als Kriterium im BW
▣	31.05.2005	S	00025444	IT	Acrobat Reader	Patches/Updates Unternehmensweit einspielen
▣	31.05.2005	N	00025448	IT	SGL-Server	Redundanten SQL-Server installieren
▣	15.06.2005	S	00025548	IT	Sonstige	Funktionserweiterung Eigenentwicklung

Abbildung 3.42 Rollout-Plan/Forward Schedule of Change (FSC)

3.10.6 Kennzahlen

Als Kennzahlen werden vor allem qualitative Werte wie Anzahl der Releases verwendet. Die Auswertungen aus dem Change-Management (siehe Abschnitt 3.9.7) gelten hier auch für das Release-Management:

RfC-Typ	Anzahl beantragter RfCs	Anzahl abgelehnter RfCs	Durchgef. Changes/Releases	Erfolglose Changes/ Releases
Normal Changes	130	2	94	0
Standard Changes	110	-	100	0
Emergency Changes	0	-	0	0

Tabelle 3.33 Kennzahlen Release-Managament

Darüber hinaus noch Analysekennzahlen aus dem Change-Management.

In der ITIL Vision, Inc. werden alle Trendanalysen und Kennzahlen aus dem zentralen Hotline-Tool für Incidents und Releases im Intranet aufbereitet.

Weitere Qualitätsindikatoren sind: Verhältnis der erfolglosen/erfolgreichen Releases, Anzahl der Incidents und Problem-Tickets aufgrund RfCs, Verhältnis der Fallbacks/durchgeführten RfCs. Eine weitere Kennzahl beschreibt die durchschnittliche Umsetzungsdauer pro Change/Release.

Checkliste für die Umsetzung

☑ Entscheiden Sie bereits am Beginn, ob Sie ein eigenes Release-Management einrichten möchten, oder ob es in das Change-Management integriert wird. Unsere Erfahrung zeigt, dass ein eigenes Release-Management bei einer Anzahl von 50 IT-Mitarbeiter nicht notwendig ist und nur einen erhöhten Verwaltungsaufwand bedeutet.

☑ Bestimmung des Release-Managers

☑ Ist ein getrenntes Change- und Release-Management notwendig oder können die Prozesse zusammengelegt werden?

☑ Erstellen der Prozessbeschreibungen für Normal und Emergency Release mit den Parametern des Unternehmens

☑ Legen Sie fest, dass die Dokumentation aller Releases durchgeführt wird.

☑ Erstellen der notwendigen Dokumente: Release Policy, Testprotokolle, FSC bzw. Rollout-Plan

☑ Wo immer möglich, standardisierte Verfahren einsetzen. Festlegen und Dokumentieren der Standard Releases durch die Produktverantwortlichen und das Release-Management.

☑ Erarbeiten Sie eine Autorisierung für Emergency Releases.

☑ Legen Sie die notwendigen Kennzahlen fest und erstellen Sie die notwendigen Statistiken und Auswertungen.

> **Was ist zu beachten?**
>
> ☑ Sorgen Sie für ein gutes Berichtswesen einerseits Richtung Anwender, andererseits Richtung Kunden und Top-Management.
>
> ☑ Sehr gute Kommunikation mit dem Change- und Configuration-Management
>
> ☑ Der Prozess muss bei jeder Änderung eingehalten werden.
>
> ☑ DSL und DHS sind eng mit der CMDB verknüpft. Die Informationen der einzelnen Freigaben sind dort beschrieben.
>
> ☑ Die Qualifikation des Release-Managers ist gleich wichtig wie beim Change-Management. Damit können Sie gegen Widerstände einer übergeordneten Autorisationsstelle steuern.
>
> ☑ Zeit, um die Planung und den Rollout der neuen Version planmäßig durchzuführen
>
> ☑ Stark reaktiv ausgerichtete IT-Organisationen laufen den Ergebnissen immer hinterher und werden infolgedessen häufiger mit Problemen konfrontiert, die auf mangelnde Sorgfalt bei der Durchführung von Releases zurückzuführen sind.
>
> ☑ Die Kunden sollten die Geduld für eine planmäßige Vorgehensweise aufbringen: Wenn man Releases unter Zeitdruck durchführt, sind nur unerwünschte Auswirkungen auf das Geschäft die Folge. Mit den qualitativen Kennzahlen aus dem Release-Management können Sie das untermauern.

3.11 Configuration-Management (ITIL)

Das Configuration-Management stellt ein logisches Modell der IT-Infrastruktur zur Verfügung. Alle Informationen und Details zu den IT-Komponenten werden in der Konfigurations-Datenbank (CMDB) zusammengefasst. Folgende Begriffe werden im Configuration-Management angewendet:

▶ **Configuration-Item (CI)**
Komponenten, die für die Erbringung der Services bzw. Produkte notwendig sind

▶ **Configuration-Management-Database (CMDB)**
Beschreibt eine Datenbank (nicht physikalisch), die Details, Attribute und die Geschichte jeder Komponente (CI) enthält. In ihr werden auch die Beziehungen zwischen den Komponenten gepflegt.

▶ **Attribute**
Attribute beschreiben eine Komponente näher. Wichtige Attribute sind zum Beispiel Status, Kategorie usw.

Entgegen allen Erwartungen konnte der Prozess Configuration-Management bei der ITIL Vision, Inc. binnen kurzer Zeit eingeführt werden. Befürchtungen, dass die Etablierung einer Configuration-Management-Database ein etwas größeres Projekt mit sich führe, konnten mit einer ganz einfachen, aber effektiven Lösung ausgeräumt werden.

3.11.1 Kurzbeschreibung

Um den Prozess Configuration-Management erfolgreich einzuführen, sind folgende Punkte erforderlich bzw. umzusetzen:

▶ **Definieren Sie eine Configuration-Policy.**
Diese Policy beschreibt den Umfang und die Aufgaben des Configuration-Managements. In diesem Dokument wird beschrieben, welche Configuration-Items betrachtet werden. Folgendes ist pro CI zu definieren:

- ▶ CI-Verantwortlicher
- ▶ Wie wird dieses CI eindeutig identifiziert?
- ▶ Attribute zum Configuration-Item
- ▶ Relationen zu anderen CIs
- ▶ Status
- ▶ Ablauf eines Audits

▶ **Etablieren Sie eine Configuration-Management-Database.**
Mit den Vorgaben aus der Configuration-Policy kann mit dem Aufbau einer CMDB begonnen werden. Mit der Etablierung einer CMDB besteht sicherlich die Gefahr, dass zu hohe Erwartungen in dieses System gesetzt werden. Ein relativ großes Projekt mit enormen Ressourceneinsatz wäre die Folge. Aber es ist deutlich festzuhalten, dass

- ▶ es sich bei der CMDB nicht um eine physikalische Datenbank handeln muss,
- ▶ es keinen Sinn macht, Informationen, die sich automatisch regelmäßig ändern (wie zum Beispiel Routing-Tabellen) oder Informationen, die lediglich ein Mal pro Jahr benötigt werden, in der CMDB aufgenommen werden und
- ▶ es oftmals besser ist, wenn mit einem einfachen System gestartet wird – mit einem System mit den wichtigsten Informationen zu den CIs, die passen und vor allem auch wartbar sind.

Die ITIL Vision, Inc. definierte eine Configuration-Policy. Bei der Definition waren alle Produktspezialisten unter der Leitung des Prozessverantwortlichen vom Configuration-Management beteiligt.

Folgender Ablauf lässt sich skizzieren:

▸ Auflistung aller Komponenten bzw. Objekte, die für die Erbringung der IT-Services bzw. Produkte notwendig sind

▸ Gruppierung aller aufgelisteten Komponenten zu CIs

▸ Festlegen des Verantwortlichen pro CI

▸ **Mit dem Verantwortlichen sind alle weiteren Punkte zu definieren:**

▸ Eindeutige Identifizierung des CIs (z.B. durch Name, Seriennummer, Inventarnummer usw.)

▸ Definition der Attribute pro CI (z.B. Festplattengröße, Prozessor, Hauptspeicher usw.)

▸ Identifizierung bestehender Dokumentationen/Datenquellen zu den CIs

▸ Festlegen des Prozesses der Ersterfassung pro CI

▸ Status pro CI (zum Beispiel defekt/in Reparatur/in Betrieb)

▸ Wie und durch wen erfolgen Veränderungen?

▸ Relationen/Schnittstellen

▸ Wie und wann wird ein Audit durchgeführt (automatisch/manuell/Stichproben)?

▸ Weitere Details zum CI

Aufgrund dieser Configuration-Policy lassen sich die Anforderungen an die Configuration-Management-Database ableiten.

ITIL Vision, Inc. hat für die CMDB kein eigenes System eingesetzt. Bereits bei der Auflistung der bestehenden Dokumentationen bzw. Datenquellen stellte sich heraus, dass alle notwendigen Informationen bereits in irgendeiner Form existierten. Es hatte zwar nicht jeder Mitarbeiter Zugriff auf diese Information oder Kenntnis von der Existenz dieser Dokumentation, aber alles war (verblüffenderweise) vorhanden. So wird für die Verwaltung der Clients zum Beispiel eine eigene Applikation verwendet, oder für die Verwaltung der Server-Hardware mit den notwendigen Attributen wird eine einfache Excel-Tabelle angewendet, – und das schon seit Jahren, mit geringem Aufwand und sehr effektiv.

Aus diesem Grund legte ITIL Vision, Inc. fest, dass keine Änderungen in der Dokumentation vorgenommen werden. Es wurde beschlossen, dass alle einzelnen Dokumentationen beibehalten werden. Um dem Anspruch einer CMDB gerecht zu werden, wurde lediglich eine einheitliche Oberfläche erstellt. Eine Oberfläche im Intranet, von der aus auf die verschiedenen Datenquellen mittels Hyperlinks verwiesen wird.

ITIL Vision, Inc. definierte in Summe zwölf Configuration-Items. Von Clients über Software und Lizenzen bis hin zu den abgeschlossenen Service Level Agreements. Zu jedem Configuration-Item wird bereits auf der Einstiegsseite im Intranet die relevante Datenquelle angezeigt, in der sämtliche Attribute dokumentiert werden (siehe Abbildung 3.43).

Configuration Item	Relevante Objekte	Datenablage
Clients	Systeme, Notebooks, Monitore, Drucker, Handhelds, Zusatzhardware;	Inventarverwaltung
Software	Standardsoftware, Zusatzsoftware, Eigententwicklungen auf Clients;	Inventarverwaltung
Lizenzen	Alle gekauften Software-Lizenzen und bestehende Wartungsverträge	Lizenzen/Wartungsverträge
Server	Server inkl. Server-Software;	Serverliste
Netzwerksstandort	Alle Netzwerkkomponenten zentral/dezentral: Switches	Switchübersicht Netzwerksübersicht
Schnittstellen	Schnittstellen zwischen allen internen Servern; Schnittstellen nach außen;	Schnittstellen-Doku Schnittstellen-Doku im Web
Berechtigungen	SAP, Enermet, Smallworld, Swiftview, Marketing Manager, EasyArchiv, Portmaster, RSA-User;	Inventarverwaltung
Anwender	Mitarbeiter der Salzburg AG, MyElectric, Objektwerbung, WSG, Leiharbeiter	IT-MSSQL
Library	Libraries: ESL9326 und ESL9595	Library-Dokumentation
Fibre-Channel-Switches	Fibre-Channel-Switches	SAN Dokumentation Switch- Hardwareinformationen Switch-Anschlussbelegung
Storage-System	Storage-System EVA01 und EVA02 inkl. Software	SAN Dokumentation Logische Plattenbelegung Gesamtüberblick SAN
Service Level Agreemnets	Alle abgeschlossenen SLAs der IT: TS, EH	Aktuelle SLAs in der IT

Abbildung 3.43 Configuration-Management-Database

Zu jedem CI existiert auch ein weiterer Hyperlink auf eine Unterseite, auf der alle weiteren Informationen laut Configuration-Policy dargestellt werden.

Attribut	System Notebook Tablet-PC	Monitor Scanner Handheld	Drucker	Weitere Zusatz- geräte	Bemerkung
Typ	X	X	X	X	Kategorisierung für die Leistungsverrechnung
Bezeichnung	X	X	X	X	Typenbezeichnung laut Hersteller
Standort	X				Standort, wenn Standort des Gerätes vom Standort des Mitarbeiters abweicht
Seriennummer	X	X	X		Seriennummer laut Hersteller
Inventarnummer*	X	X	X		Inventarnummer, als Aufkleber am Gerät angebracht
Hersteller	X	X	X		

Tabelle 3.34 Attribute für das Configuration-Item Clients

Attribut	System Notebook Tablet-PC	Monitor Scanner Handheld	Drucker	Weitere Zusatz-geräte	Bemerkung
Personalnummer	X			X	Personalnummer des verantwortlichen Anwenders
Arbeitsplatzname	X	X	X		Systemname bzw. Name des Systems, dem das Gerät zugewiesen ist
online/offline	X		X		mit oder ohne Netz-werkverbindung
* als eindeutige Identifikation des Gerätes					

Tabelle 3.34 Attribute für das Configuration-Item Clients (Forts.)

3.11.2 Zielsetzung

Das Configuration-Management hat das Ziel, Informationen über IT-Services und IT-Komponenten (CIs) anderen Prozessen zur Verfügung zu stellen. Um dieses Ziel erreichen zu können, muss sichergestellt werden, dass sämtliche Veränderungen in der IT-Infrastruktur zeitnah in der CMDB dokumentiert werden. Das heißt, dass in allen anderen Prozessen der Dokumentationsschritt in der CMDB berücksichtigt werden muss. Weiterhin sind regelmäßige Audits bzw. Überprüfungen der CMDB notwendig, um den Stand zu kontrollieren.

Das Ziel, eine aktuelle CMDB zur Verfügung zu stellen, kann zum Beispiel daran gemessen werden, wie oft Fehleinträge in der CMDB entdeckt werden. ITIL Vision, Inc. hat festgelegt, dass zu jedem gefundenen Fehleintrag in der CMDB ein Incident-Ticket erfasst werden muss. Durch eine entsprechende Kennzeichnung dieser Tickets kann so die Anzahl ausgewertet werden. Ziel dieser Kennzahl ist, die Anzahl zu minimieren.

3.11.3 Prozess

Das Configuration-Management ist nicht durch einen eigenen Prozess beschrieben. Vielmehr wird in anderen Prozessen auf das Configuration-Management zugegriffen, indem Informationen zur IT-Infrastruktur und deren CIs abgerufen bzw. benötigt werden oder eine Aktualisierung der Configuration-Management-Database ausgelöst wird.

▶ So werden im **Incident- und Problem-Management** zur Störungsbehebung bzw. Problemlösung aktuelle Informationen zu den Komponenten der IT-Infrastruktur und deren Beziehungen untereinander benötigt. Durch einen aktuellen Stand in der CMDB verkürzt sich die Bearbeitungszeit immens, da die Informationen nicht extra erhoben werden müssen.

Eine weitere Verbindung vom Incident- zum Configuration-Management stellen sicherlich Service Requests (= Anforderungen) dar. Wird eine Software oder Hardware über den Service-Desk angefordert, so ist die Installation ebenfalls in der CMDB zu dokumentieren.

▶ Im **Change- und Release-Management** wird auf die CMDB zugegriffen, um Veränderungen in der IT-Infrastruktur zu planen, Auswirkungen zu analysieren und natürlich auch Veränderungen zu dokumentieren. So wurde im Change-Management-Prozess zum Beispiel definiert, dass eine Veränderung nur dann erfolgreich abgeschlossen werden kann, wenn auch alle Veränderungen in der CMDB dokumentiert wurden.

▶ Für Planungsarbeiten wird die CMDB auch in den Prozessen **Availability-, Capacity- und Continuity-Management** benötigt. Weiter übernimmt die CMDB im Katastrophenfall eine zentrale Rolle zur Wiederherstellung der IT-Services.

▶ Im Prozess **Financial-Management** wird auf die CMDB zugegriffen, um auch finanzielle Aspekte zu regeln. So sind zum Beispiel unter anderem auch Anschaffungskosten und Wartungskosten in der CMDB dokumentiert, die einen wesentlichen Input bei der Budgetplanung oder auch Leistungsverrechnung darstellen.

ITIL Vision, Inc. definierte für das Configuration-Management lediglich einen standardisierten Ablauf zur Ersterfassung von IT-Komponenten.

So beschreibt dieser Prozess den Ablauf bei der ITIL Vision, Inc. bei einer Anschaffung von Software oder Hardware:

▶ Als erster Schritt wird von einer zentralen Stelle eine Bestellung erstellt.

▶ Bereits im nächsten Schritt wird eine Anlagennummer (= Inventarnummer) vergeben.

▶ Der Lieferant liefert die Ware.

▶ Der Produktverantwortliche (in den meisten Fällen ist das auch der Anforderer) überprüft die gelieferte Ware (Vollständigkeit/Richtigkeit).

▶ Durch den Produktverantwortlichen wird die Ware in der CMDB verzeichnet und in Folge für die Installation freigegeben.

3.11.4 Aufgaben

▶ Der Verantwortliche des Prozesses Configuration-Management hat regelmäßig Audits zu jedem CI durchzuführen.

▶ Alle Mitarbeiter im 1st und 2nd Level haben alle Veränderungen in der IT-Infrastruktur in der CMDB zu dokumentieren.

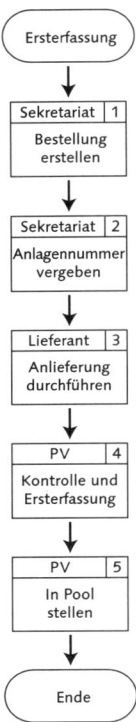

Abbildung 3.44 Prozess zur Ersterfassung von IT-Komponenten

3.11.5 Erforderliche Dokumente und Tools

▶ Configuration-Management-Policy

▶ Configuration-Management-Database (CMDB)

3.11.6 Kennzahlen

▶ Anzahl der CMDB-Korrekturen

Monat	Anzahl der Fehleinträge in der CMDB
Januar	2
Februar	0
März	4
April	4
Mai	2
Juni	7

Tabelle 3.35 Anzahl der CMDB-Korrekturen

Monat	Anzahl der Fehleinträge in der CMDB
Juli	3
August	3
September	4
Oktober	0
November	0
Dezember	0
Jahr 2005	**29**

Tabelle 3.35 Anzahl der CMDB-Korrekturen (Forts.)

Checkliste für die Umsetzung

☑ Bestimmen Sie einen Prozessverantwortlichen und dessen Stellvertreter.

☑ Definieren Sie alle Configuration-Items.

☑ Definieren Sie eine Configuration-Policy mit folgenden Punkten:

  ▶ Verantwortlicher pro CI

  ▶ Eindeutige Identifizierung des CIs (z.B. durch Name, Seriennummer, Inventarnummer usw.)

  ▶ Definition der Attribute pro CI. (z.B. Festplattengröße, Prozessor, Hauptspeicher usw.)

  ▶ Identifizierung bestehender Dokumentationen/Datenquellen zu den CIs

  ▶ Festlegen des Prozesses der Ersterfassung pro CI

  ▶ Status pro CI (zum Beispiel defekt/in Reparatur/in Betrieb)

  ▶ Wie und durch wen erfolgen Veränderungen?

  ▶ Wie und wann wird ein Audit durchgeführt (automatisch/manuell/Stichproben)?

  ▶ Weitere Details zum CI

☑ Etablieren Sie eine CMDB mit den Vorgaben aus der Configuration-Policy.

☑ Stellen Sie sicher, dass alle Veränderungen in der IT-Infrastruktur bzw. zu den CIs in der CMDB dokumentiert werden. Prüfen Sie dazu auch alle ITIL-Prozesse, in denen eine Veränderung in der CMDB vorgenommen wird. Legen Sie im jeweiligen Prozess die Aktualisierung in der CMDB fest.

☑ Dokumentieren Sie alle gefundenen Fehleinträge in der CMDB mittels Incident-Ticket. Leiten Sie davon einen Bericht ab, in dem die Anzahl der Fehleinträge zum Beispiel pro CI dargestellt werden kann.

☑ Führen Sie regelmäßig Audits pro CI durch.

Was ist zu beachten?

☑ KISS – Keep It Simple Stupid
Beginnen Sie mit einer einfachen CMDB. Die CMDB muss nicht eine physikalische Datenbank sein. Eine einfache Ansammlung von Hyperlinks – am Beispiel ITIL Vision, Inc. – reicht für den Anfang vielleicht völlig aus. Einem späteren Ausbau steht nichts im Wege.

3.12 Availability-Management (ITIL)

Der Ausfall eines Computersystems kann unter Umständen verheerende Auswirkungen auf die Geschäftstätigkeit eines Unternehmens haben. Der Prozess Availability-Management sorgt für eine gesicherte Verfügbarkeit der vom Kunden erwarteten IT-Serviceleistungen.

Im Availability-Management geht es hauptsächlich um die Verfügbarkeit der IT-Services bzw. -Produkte. Unter Verfügbarkeit versteht man das Verhältnis der Zeit innerhalb eines bestimmten Zeitraums, in der die Anlage für ihren eigentlichen Zweck wirklich zur Verfügung steht (nutzbare Zeit), zu der maximal möglichen Zeit. Die nutzbare Zeit wird dabei durch regelmäßige Wartung und durch Fehler/Schäden sowie Reparaturen zu deren Beseitigung begrenzt. Die Verfügbarkeit wird hierbei üblicherweise in Prozent angegeben.

Bei Computersystemen wird die Verfügbarkeit in »Dauer der Uptime pro Zeiteinheit« gemessen und in Prozent angegeben. Die Verfügbarkeit ist auch dann nicht mehr gegeben, wenn zum Beispiel die Antwortzeit eines Systems eine bestimmte Kenngröße überschreitet (zum Beispiel Response-Zeit). Als Zeiteinheiten werden typischerweise Monat, Quartal oder Jahr verwendet.

Die Verfügbarkeit hängt von der **Zuverlässigkeit**, der **Wartbarkeit** und der **Servicefähigkeit** ab.

► Die **Zuverlässigkeit** (Reliability) ist der Umfang, in dem von einem System erwartet werden kann, dass es die beabsichtigte Funktion mit der erforderlichen Genauigkeit ausführt. Auch die Fehlertoleranz fällt unter diesen Punkt. Die Zuverlässigkeit wird anhand von Wahrscheinlichkeitsrechnungen ermittelt.

► Die **Wartbarkeit** (Maintainability) beschreibt den Aufwand, der erforderlich ist, um den Betrieb eines Services aufrechtzuerhalten oder bei einem Ausfall wiederherzustellen. Auch präventive Wartungsarbeiten oder regelmäßige Inspektionen gehören zur Wartbarkeit.

▶ Die **Servicefähigkeit** (Serviceability) bezieht sich auf die vertraglichen Pflichten der externen Dienstleister (3rd Parties).

3.12.1 Kurzbeschreibung

Viele Faktoren beeinflussen die Verfügbarkeit eines IT-Dienstes, wie beispielsweise Hardwarefehler, Umwelteinflüsse sowie von Menschen verursachte Fehler. Ein Hardwarefehler ist eine der offensichtlichsten denkbaren Gefahren, wie z.B. eine defekte Energieversorgung oder ein defektes Laufwerk. Wenn die einzige Energieversorgung eines Servers ausfällt, kann dies zum Verlust des gesamten IT-Dienstes führen. Durch das Installieren einer doppelten, redundanten Energieversorgung auf dem Server kann dieses Risiko vermieden werden.

Situationen wie diese werden als Verfügbarkeitsrisiken bezeichnet, und Maßnahmen, die zum Mindern dieser Risiken ergriffen werden können, werden als Gegenmaßnahmen bezeichnet.

3.12.2 Zielsetzung

Das Ziel des Availability-Managements ist, ein kosteneffektives und laut SLAs festgelegtes Verfügbarkeitsniveau für die IT-Services zu gewährleisten. Voraussetzung hierfür ist, dass die Anforderungen des Kunden mit den Möglichkeiten der IT-Infrastruktur und der IT-Organisation übereinstimmen.

Gemessen wird dieses Ziel daran, ob die tatsächliche Verfügbarkeit der Services mit der vereinbarten Verfügbarkeit laut Service Level Agreement übereinstimmen. Dafür sind entsprechende Reports für jeden IT-Service notwendig.

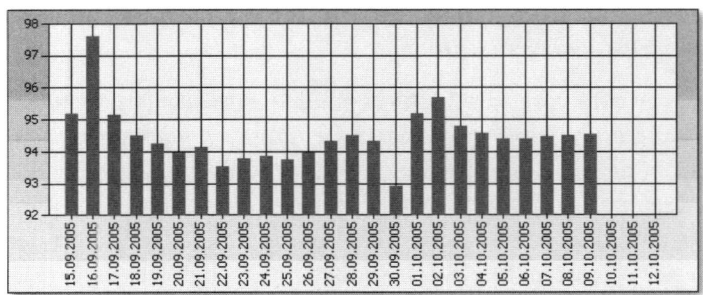

Abbildung 3.45 Systemverfügbarkeit aller IT-Services

3.12.3 Prozess

Das Availability-Management ist nicht durch einen eigenen Prozess beschrieben. Das Availability-Management nimmt seine Arbeit auf, sobald Verfügbarkeitsanforderungen hinsichtlich der IT-Services formuliert wurden, und endet erst, wenn der IT-Service nicht länger gefragt ist und aus dem Angebot genommen wird. Der Input des Availability-Management-Prozesses besteht aus:

▶ Reports zur tatsächlichen Verfügbarkeit der vereinbarten Service Level Agreements

▶ Analyse der Auswirkungen, wenn ein IT-Service bzw. eine Komponente des IT-Services nicht zur Verfügung steht

▶ Informationen über aufgetretene Störungen und Probleme pro IT-Service

Der Output des Availability-Management-Prozesses besteht aus:

▶ Berichten über die tatsächliche Verfügbarkeit der IT-Services

▶ Verfügbarkeitsplan zur proaktiven Verbesserung der IT-Infrastruktur

3.12.4 Aufgaben

Die Aufgaben des Availability-Managements bestehen darin, das Verfügbarkeitsniveau zu messen und nötigenfalls zu verbessern bzw. zu steuern.

In den meisten Fällen wird es notwendig sein, die Verfügbarkeit zu verbessern. Bei der ITIL Vision, Inc. zeigte sich jedoch auch der Fall, dass die Verfügbarkeit zu reduzieren war. Durch die Verfügbarkeitsberichte konnte nämlich erstaunlicherweise festgestellt werden, dass eine zu hohe Verfügbarkeit gegeben war – eine Verfügbarkeit, die vom Kunden gar nicht gefordert war. Eigentlich wunderbar. Aber diese hohe Verfügbarkeit war natürlich auch mit entsprechenden Kosten verbunden. Gezielt wurde diese Verfügbarkeit in Folge auf die im SLA vereinbarten Werte reduziert, indem die eingesetzten finanziellen und personellen Ressourcen eingespart bzw. verlagert wurden.

Aber auch bereits im Vorfeld – vor dem Abschluss eines Service Level Agreements mit dem Kunden – hat das Availability-Management Aufgaben wahrzunehmen. Und zwar nicht nur bei neuen IT-Services, auch bei der Änderung bestehender Services muss festgelegt werden, inwieweit Verfügbarkeitsbedürfnisse der Kunden durch die IT-Organisation erfüllt werden können. Auch die Definition der Verfügbarkeit des IT-Services ist im Vorfeld zu erarbeiten. Das heißt, es muss festgelegt werden, wann der IT-Service zur Verfügung stehen muss und wann nicht (u. a. für Wartungsfenster), und ab wann dieser IT-Service als nicht verfügbar gilt (quantifizierbare Messkriterien wie zum Beispiel Response-Time).

Erfahrungen aus dem Availability-Management sollten aber auch bereits vor der Implementierung eines neuen IT-Services Schwächen und Hinweise aufzeigen, die die Verfügbarkeit negativ beeinflussen könnten.

Damit die Verfügbarkeit im Availability-Management gesteuert und natürlich längerfristig verbessert werden kann, sind folgende Schritte notwendig:

▶ **Durchführung einer Risikoanalyse**

»Jede Kette ist nur so stark wie ihr schwächstes Glied.« – In diesem Sinne ist es notwendig, alle notwendigen Komponenten eines IT-Services aufzulisten, und mittels einer Risikoanalyse zu bewerten. Mittels dieser Bewertung sollten Schwachpunkte identifiziert werden, die die Verfügbarkeit negativ beeinflussen könnten.

Die ITIL Vision, Inc. führte zu jedem IT-Service eine Risikoanalyse durch. Zu jedem Service wurden alle Komponenten aufgelistet und mit Werten bezüglich Auswirkung und Eintrittswahrscheinlichkeit versehen.

Für die Auswirkung wurden jeweils Zahlenwerte zwischen 1 und 5 festgelegt, wobei 1 als »sehr geringe Auswirkung« und der Wert 5 als »sehr hohe Auswirkung« definiert wurde. Die Eintrittswahrscheinlichkeit wird ebenfalls mit Werten zwischen 1 und 5 festgelegt – ähnlich der Auswirkung.

Durch das Multiplizieren der Auswirkung mit der Eintrittswahrscheinlichkeit ergibt sich die potentielle Schadenshöhe, mit der im Schadensfall gerechnet werden muss. Aus dieser potentiellen Schadenshöhe folgt die Risikobewertung:

Eine Risikobewertung »niedrig« entspricht dabei einer potentiellen Schadenshöhe von 1 oder 2, Risikobewertung »mittel« entspricht einer Schadenshöhe von 3 und einer Schadenshöhe von 4 oder 5 wird die Risikobewertung »hoch« zugeordnet.

Kommentar	Auswirkung	Eintrittswahrscheinlichkeit	Potentielle Schadenshöhe	Risikobewertung	Risikobew.System
			3		mittel
Produktiv Cluster	4	2	3		mittel
Speicher ausgelastet	3	2	3	mittel	
Prozessor ausgelastet	2	2	2	niedrig	
Speicherkapazität überschr.	4	1	3	mittel	
Speicherkapazität überschr.	4	1	3	mittel	
NW Karte ausgelastet	5	2	4	hoch	
	3	2	2		niedrig
Netzsegment fällt aus	5	1	3	mittel	
Einzelner Switch fällt aus	2	2	2	niedrig	
Defekte Hausverkabelung	1	1	1	niedrig	
Einzelner Router fällt aus	2	2	2	niedrig	
	5	2	4		mittel
Betriebssystem fällt aus	5	2	4	hoch	
Service nicht verfügbar					
Datenbank nicht verfügbar					
TableSpace voll					
	5	2	4		mittel
Anzahl der betroffenen User (Gesamtsystem)	5	2	4	hoch	

Abbildung 3.46 Risikoanalyse eines IT-Services

Der Durchschnitt von allen potentiellen Schadenshöhen der einzelnen Komponenten ergibt die potentielle Schadenshöhe für den gesamten IT-Service.

Umgesetzt wurde diese Risikoanalyse mit Microsoft Excel. Hinterlegte Formeln berechnen automatisch die potentielle Schadenshöhe und weisen eine Risikobewertung aus.

Das Availability-Management kann aufgrund dieser Bewertung Schwachstellen eines IT-Services identifizieren, die die Verfügbarkeit beeinflussen könnten.

▶ **Durchführen regelmäßiger Trendanalysen**
Das Availability-Management muss laufend über die aktuelle Verfügbarkeit der IT-Services informiert sein. Steht zum Beispiel ein Server und unter Umständen in Folge ein IT-Service nicht zur Verfügung, so hat das Availability-Management darauf zu reagieren.

Etwaige Störungen erfährt das Availability-Management durch entsprechende Reports aus dem Incident- und Problem-Management und zusätzlich zum Beispiel aus einem Systemüberwachungssystem.

ITIL Vision, Inc. hat ein Systemüberwachungssystem etabliert. Damit werden Verfügbarkeitsberichte für jeden IT-Service automatisiert erstellt.

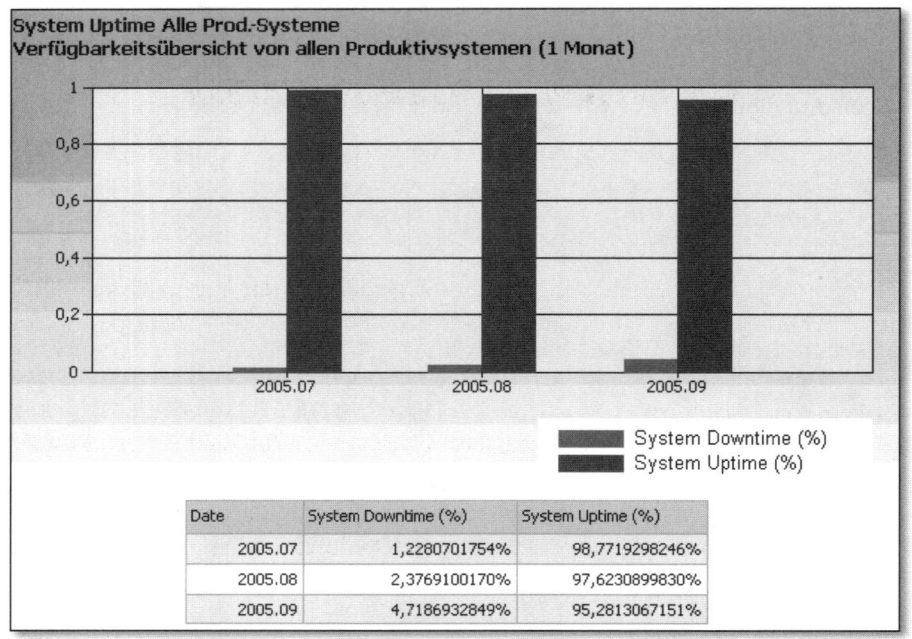

Abbildung 3.47 Automatisch erstellter Systemverfügbarkeitsbericht eines IT-Services

Außerdem werden mit dem Systemüberwachungssystem automatisiert Incident-Tickets erstellt, sobald eine Komponente oder ein gesamter IT-Service nicht zur Verfügung steht.

Produkt	Jahr 2005												
Applikationsserver	0	0	0	24	40	37	49	29	72	32	0	0	283
Bids	0	0	0	0	2	0	0	0	0	0	0	0	2
Datenserver/Domäne	0	0	0	2	6	7	2	7	6	0	0	0	30
Druckserver	0	0	0	0	0	1	4	4	3	0	0	0	12
Easy Archiv	0	0	0	2	7	2	3	6	2	2	0	0	24
Enermet	0	0	0	0	3	1	3	3	1	0	0	0	11
GIS/Smallworld	0	0	0	0	2	0	2	0	0	0	0	0	4
Infrastrukturserver	0	0	0	0	15	5	7	4	5	0	0	0	36
Internet/Intranet	0	0	0	0	0	4	0	4	0	0	0	0	8
Mailsystem	0	0	0	1	6	4	1	2	1	0	0	0	15
MIS Alea	0	0	0	0	1	0	0	0	0	0	0	0	1
SAP	0	0	0	0	0	0	5	9	3	0	0	0	17
SAP/BW	0	0	0	1	7	5	3	6	9	0	0	0	31
SAP/CORE	0	0	0	0	9	2	5	5	8	1	0	0	30
SAP/CRM	0	0	0	0	6	1	5	5	9	0	0	0	26
SAP/EBP	0	0	0	0	1	5	3	8	0	0	0	0	17
SAP/ISU	0	0	0	0	9	3	10	11	12	2	0	0	47
SAP/MAM	0	0	0	0	2	0	2	2	4	0	0	0	10
SQL-Server	0	0	0	0	1	0	0	0	0	0	0	0	1
Zählerfernauslesung	0	0	0	0	2	0	0	0	0	0	0	0	2
Summe	0	0	0	30	118	73	106	100	143	37	0	0	607

Abbildung 3.48 Analyse aller automatisch erstellten Incident-Tickets auf der Grundlage eines Availability-Alerts

Erstellung eines Verfügbarkeitsplans

Ein wichtiges Produkt des Availability-Management ist der Verfügbarkeitsplan. Hierbei handelt es sich um einen zukunftsgerichteten Ein- oder Mehrjahresplan, wie die Verfügbarkeit künftig verbessert werden sollte.

Der Plan kann als eine Art Wachstumsdokument für die Verfügbarkeit gesehen werden. Sämtliche geplanten Verbesserungsaktivitäten für die IT-Services werden in diesem Plan dokumentiert. Auch Erkenntnisse aus der Risikoanalyse oder aus der Trendanalyse führen letztendlich zu Einträgen in diesem Verfügbarkeitsplan. Pro Eintrag sind folgende Informationen zu dokumentieren:

▸ Betroffener IT-Service

▸ Betroffene Komponente

▸ Eintrittswahrscheinlichkeit vor und nach der Umsetzung der Maßnahme

- Verantwortlicher
- Status
- Anfangs- und Enddatum der Maßnahme
- Bemerkung bzw. Beschreibung der Maßnahme

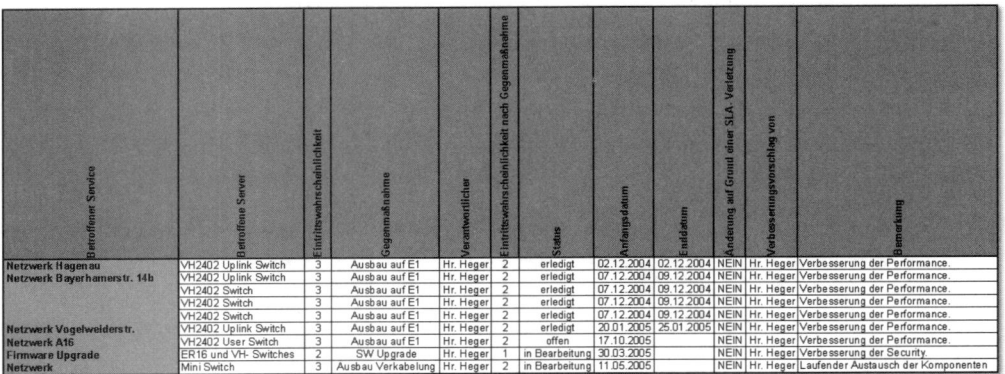

Betroffener Service	Betroffene Server	Eintrittswahrscheinlichkeit	Gegenmaßnahme	Verantwortlicher	Eintrittswahrscheinlichkeit nach Gegenmaßnahme	Status	Anfangsdatum	Enddatum	Änderung auf Grund einer SLA- Verletzung	Verbesserungsvorschlag von	Bemerkung
Netzwerk Hagenau	VH2402 Uplink Switch	3	Ausbau auf E1	Hr. Heger	2	erledigt	02.12.2004	02.12.2004	NEIN	Hr. Heger	Verbesserung der Performance.
Netzwerk Bayerhamerstr. 14b	VH2402 Uplink Switch	3	Ausbau auf E1	Hr. Heger	2	erledigt	07.12.2004	09.12.2004	NEIN	Hr. Heger	Verbesserung der Performance.
	VH2402 Switch	3	Ausbau auf E1	Hr. Heger	2	erledigt	07.12.2004	09.12.2004	NEIN	Hr. Heger	Verbesserung der Performance.
	VH2402 Switch	3	Ausbau auf E1	Hr. Heger	2	erledigt	07.12.2004	09.12.2004	NEIN	Hr. Heger	Verbesserung der Performance.
	VH2402 Switch	3	Ausbau auf E1	Hr. Heger	2	erledigt	07.12.2004	09.12.2004	NEIN	Hr. Heger	Verbesserung der Performance.
Netzwerk Vogelweiderstr.	VH2402 Uplink Switch	3	Ausbau auf E1	Hr. Heger	2	erledigt	20.01.2005	25.01.2005	NEIN	Hr. Heger	Verbesserung der Performance.
Netzwerk A16	VH2402 User Switch	3	Ausbau auf E1	Hr. Heger	2	offen	17.10.2005		NEIN	Hr. Heger	Verbesserung der Performance.
Firmware Upgrade	ER16 und VH- Switches	2	SW Upgrade	Hr. Heger	1	in Bearbeitung	30.03.2005		NEIN	Hr. Heger	Verbesserung der Security.
Netzwerk	Mini Switch	3	Ausbau Verkabelung	Hr. Heger	2	in Bearbeitung	11.05.2005		NEIN	Hr. Heger	Laufender Austausch der Komponenten

Abbildung 3.49 Verfügbarkeitsplan

Sämtliche Maßnahmen aus dem Verfügbarkeitsplan werden mittels RfC in den Change-Prozess weitergeleitet. Ob nun die Maßnahme durchgeführt wird oder nicht, wird mit dem Standardverfahren im Change-Management, unter Umständen im CAB, entschieden.

3.12.5 Erforderliche Dokumente und Tools

- Risikoanalyse aller Komponenten und IT-Services
- Trendanalysen aller Incident- und Problem-Tickets
- Verfügbarkeitsberichte; zum Beispiel aus Systemüberwachungssystem
- Verfügbarkeitsplan
- Service Level Agreements

3.12.6 Kennzahlen

- Verfügbarkeit pro Service im Vergleich zur geforderten Verfügbarkeit laut Service Level Agreement
- Anzahl der RfCs aufgrund Availability-Management

Checkliste für die Umsetzung

☑ Bestimmen Sie einen Prozessverantwortlichen und dessen Stellvertreter.

☑ Stellen Sie sicher, dass das Availability-Management Zugriff auf alle notwendigen Reports aus dem Incident- und Problem-Management hat.

☑ Stellen Sie sicher, dass alle Service Level Agreements bekannt sind.

☑ Erstellen Sie eine Risikoanalyse aller IT-Services mit dessen Komponenten. Bewerten Sie alle Komponenten hinsichtlich Auswirkung und Eintrittswahrscheinlichkeit und berechnen Sie daraus die potentielle Schadenshöhe.

☑ Definieren Sie einen Verfügbarkeitsplan. Übernehmen Sie alle Einträge aus der Risikoanalyse, die mit einer hohen Risikobewertung ausgewiesen sind. Dokumentieren Sie auch alle weiteren Maßnahmen zur Verfügbarkeitsverbesserung im Verfügbarkeitsplan.

☑ Setzen Sie alle definierten Maßnahmen aus dem Verfügbarkeitsplan mittels RfCs um.

Was ist zu beachten?

☑ Die Einführung des Availability-Managements ist der erste Schritt, um ein hohes Maß an Kundenzufriedenheit zu erreichen und aufrechtzuerhalten. Verfügbarkeit und Zuverlässigkeit haben großen Einfluss auf die Einstellung des Kunden gegenüber den IT-Services. Trotz hoher Verfügbarkeit werden aber dennoch immer wieder Störungen auftreten. Das Availability-Management bestimmt maßgeblich die Professionalität, mit der auf eine solche Situation reagiert wird.

3.13 Capacity-Management (ITIL)

Das Capacity-Management ist dafür verantwortlich, die richtigen Kapazitäten zu vertretbaren Kosten entsprechend den bestehenden und zukünftigen Bedürfnissen der Kunden zeitoptimiert bereitzustellen.

Im Capacity-Management müssen die Ressourcen ausreichend dimensioniert werden. Die vorhandene Infrastruktur muss ausreichen, um die Geschäfts- und Service-Prozesse optimal zu unterstützen. Überkapazitäten sollten vermieden werden, da sonst unnötig Kapital gebunden wird. Unterkapazitäten dürfen hingegen gar nicht erst vorkommen. Hinzu kommt noch die Einplanung von Leistungsreserven, also auch die kurz-, mittel- und langfristige Planung der Unternehmensziele und Geschäftsprozesse zu unterstützen.

Die Grundbegriffe im Capacity-Management sind:

Begriff	Erklärung
Performance-Management	Dabei geht es um Analyse, Überwachung, Tuning und Implementierung via Change-Management von einzelnen Komponenten (CIs) oder ganzen Services.
Application Sizing	Dies ist das Vorgehen zur Bestimmung der Kapazität der Komponenten, die erforderlich sind, um neue oder veränderte Applikationen zu unterstützen.
Modellierung (modelling)	Ist das Vorgehen anhand von Modellen, um Entscheidungskriterien für Neuanschaffungen oder Alternativen zu finden. ▶ Trendanalyse ▶ analytisches Modellieren ▶ Simulation ▶ Baseline
Kapazitäts-plan	Prognose der Kapazität für die nächste Planungsperiode, unter Berücksichtigung der derzeitigen Situation und der zu erwartenden Einflüsse
Demand-Management	Beeinflussung des Benutzerverhaltens, um die vorhandenen Ressourcen optimal zu nützen. Man unterscheidet: ▶ kurzfristig (short term) ▶ langfristig (long term)
Capacity Database CDB	Die CDB enthält technische, geschäftliche, finanzielle und servicerelevante Daten für das Capacity-Management. Daraus werden Daten zur Überprüfung des Kapazitätsplanes und der Schwellwerte ermittelt und weitergereicht.

Tabelle 3.36 Grundbegriffe Capacity-Management

3.13.1 Kurzbeschreibung

Das Capacity-Management muss zwei grundlegende Dinge beachten: Zum einen müssen die **technologischen Aspekte** der IT-Infrastruktur bekannt sein und beachtet werden. Zum anderen müssen die **Business-Aspekte** des Unternehmens berücksichtigt werden. Das Capacity-Management pendelt demzufolge permanent zwischen der Kontrolle des Status quo der IT-Landschaft und den zu erwartenden Ausweitungen oder Veränderungen der Firmenstrategie. Eine Hilfe bietet Ihnen die Unterteilung der Aktivitäten in die drei Teilprozesse Business-Capacity-Management, Service-Capacity-Management und Resource-Capacity-Management (siehe Abbildung 3.50).

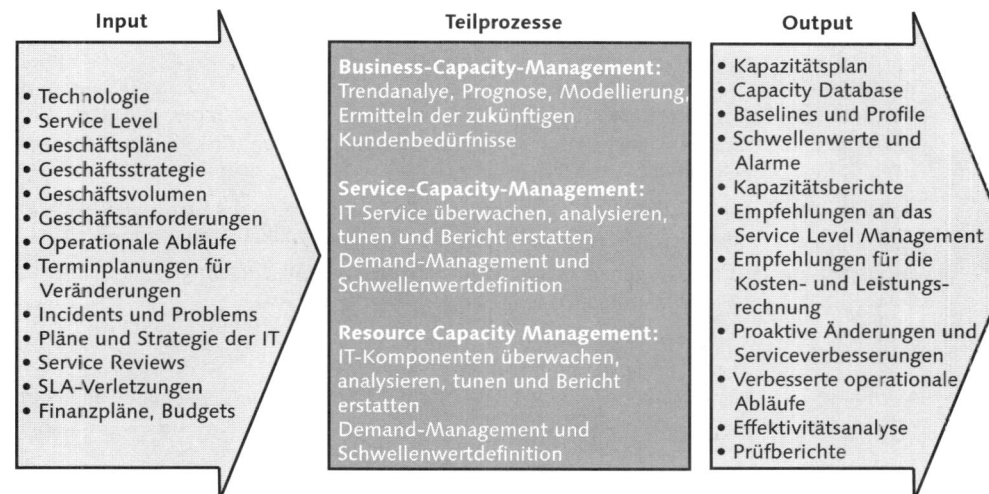

Input	Teilprozesse	Output
• Technologie • Service Level • Geschäftspläne • Geschäftsstrategie • Geschäftsvolumen • Geschäftsanforderungen • Operationale Abläufe • Terminplanungen für Veränderungen • Incidents und Problems • Pläne und Strategie der IT • Service Reviews • SLA-Verletzungen • Finanzpläne, Budgets	**Business-Capacity-Management:** Trendanalye, Prognose, Modellierung, Ermitteln der zukünftigen Kundenbedürfnisse **Service-Capacity-Management:** IT Service überwachen, analysieren, tunen und Bericht erstatten Demand-Management und Schwellenwertdefinition **Resource Capacity Management:** IT-Komponenten überwachen, analysieren, tunen und Bericht erstatten Demand-Management und Schwellenwertdefinition	• Kapazitätsplan • Capacity Database • Baselines und Profile • Schwellenwerte und Alarme • Kapazitätsberichte • Empfehlungen an das Service Level Management • Empfehlungen für die Kosten- und Leistungs-rechnung • Proaktive Änderungen und Serviceverbesserungen • Verbesserte operationale Abläufe • Effektivitätsanalyse • Prüfberichte

Abbildung 3.50   Aktivitäten, Subprozesse

3.13.2   Zielsetzung

▶ Die Aufrechterhaltung der Systeme und Strukturen für die Durchführung der Geschäftsprozesse

▶ Die strategischen Geschäftsprozesse müssen bei der Planung und Realisierung strikt beachtet werden.

▶ Eine Reduzierung der Kosten der Infrastruktur sollte erreicht werden, zumindest sollte dies langfristig erfolgen.

▶ Die Unterstützung des Service-Desks durch Informationstransfer muss gewährleistet sein.

▶ Ermöglichen Sie die Simulation von Umgebungsbedingungen in der Produktion in Bezug auf mögliche Auswirkungen und Engpässe.

▶ Überkapazitäten sind zu minimieren, ohne dass Engpässe entstehen können.

▶ Unterkapazitäten sind generell zu vermeiden, da anderenfalls Schwierigkeiten bei der Realisierung der IT-Services entstehen können.

3.13.3 Prozess

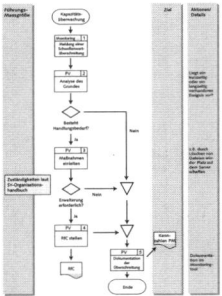

Abbildung 3.51 Kapazitätsüberwachung (verkleinerte Darstellung; die Abbildung finden Sie in voller Größe in Anhang B: Abbildung B.9, Seite 336)

3.13.4 Aufgaben

Aufgabe	Beschreibung
Erstellen	Erstellung eines Kapazitätsplans. Das heißt, welche Systeme werden mit welchen Schwellwerten versehen, um eventuell nötige Gegenmaßnahmen einleiten zu können.
Überwachen	Überwachen der Kapazität. Das heißt, es werden Alarme für Schwellenwertunter- oder -überschreitung eingerichtet.
Modellieren	Modellierung und Dimensionierung von IT-Services. Als weiterführende Planung können Sie Beschaffungspläne und Aktionslisten verwenden.
Beeinflussen	Beeinflussung der Kapazitätsnachfrage zur optimalen Auslastung, gestützt durch die Kapazitätsberichte an den CIO und an das Top-Management
Verwalten	Aufbau und Verwaltung der Capacity Database (CDB)

Tabelle 3.37 Aufgaben Kapazitätsüberwachung

3.13.5 Erforderliche Dokumente und Tools

Kapazitätsplan

Dieser Plan dokumentiert den aktuellen Grad der Ressourcennutzung und der Leistungen der Dienste. In unserem Fall ist es eine einfache Excel-Tabelle (siehe Abbildung 3.52) mit den erforderlichen Angaben der Serverhardware CPU, Memory usw. Ein weiterer wichtiger Bestandteil der Tabelle sind die Schwellwerte in Prozent, ab denen das Capacity-Management reagieren muss. Die durchschnittliche Auslastung wird mit der Systemüberwachungs-Software NetIQ gemessen und dokumentiert. Die wichtigsten Werte werden automatisiert in die Excel-Tabelle eingetragen. Damit werden diese Daten allen IT-Mitarbeitern auf einfache Weise zugänglich.

Server SAPAPP01

Kategorie	Installation	Wert		Kontrollart	Job	Intervall	Wert		2005 Jan	Feb	Mär	Apr	Mai	Jun
CPU	CPU0	700	MHz	NetIQ	NT-CpuLoaded	5	97	%	13,35	22,31	13,15			
	CPU1	700	MHz	NetIQ										
	CPU2	700	MHz	NetIQ										
	CPU3	700	MHz	NetIQ										
	CPU4													
	CPU5													
	CPU6													
	CPU7													
Memory	RAM	4	GB	NetIQ	NT-MemUtil	5	90	%	8,01	7,89	8,71			
Disk	C	17	GB	NetIQ	NT-LogicalDiskSpace	5	90	%						
	E	250	GB	NetIQ	MSCS-LogicalDiskSpace_e	5	90	%	68,71	75,38	86,45			
	D	510	GB	NetIQ	MSCS-LogicalDiskSpace_e	5	90	%	98,71	98,71	98,71			
	L	3	GB	NetIQ	MSCS-LogicalDiskSpace_e	5	95	%						
	N	3	GB	NetIQ	MSCS-LogicalDiskSpace_e	5	95	%						
	O	50	GB	NetIQ	MSCS-LogicalDiskSpace_e	5	95	%						
	Q	1	GB	NetIQ	MSCS-LogicalDiskSpace_e	5	95	%						
	S	5	GB	NetIQ	MSCS-LogicalDiskSpace_e	5	95	%						
	Y	4	GB	NetIQ	MSCS-LogicalDiskSpace_e	5	95	%						
Netzwerk	100BaseT	100	MB	NetIQ		5	80	%	7,89	5,94	4,33			

Abbildung 3.52 Kapazitätsplan

Für das Monitoring wurde ein Dokument erstellt, in dem Sie eine Übersicht über alle notwendigen Datenquellen und Analysetools erstellen können:

Einleitung

Um einen Überblick über sämtliche eingesetzten Komponenten und deren Kapazität möglichst automatisch zu erhalten, wird der Einsatz geeigneter Tools angestrebt. Für das kontinuierliche Monitoring in der ITIL Vision, Inc. werden zurzeit folgende Tools für die Überwachung einzelner Aspekte eingesetzt.

Server	Netzwerk
Verfügbarkeit (NetIQ, Insight Manager)	Switches-Verfügbarkeit (Spectrum)
Plattenkapazität (NetIQ)	Router-(TK-)Verfügbarkeit (Spectrum)
Prozessorauslastung (NetIQ)	Storage System
Speicherauslastung (NetIQ)	Verfügbarkeit (HP ISEE)
Netzwerkkartenauslastung (NetIQ)	Kapazitätsauslastung (Liste Bamberger)
Hardwarefehler (Insight Manager)	Plattenauslastung (NetIQ, Quotamanager)
Services (NetIQ)	Hardwarefehler (HP ISEE)
Applikationen (Oracle, Exchange) (NetIQ)	SAN
	Verfügbarkeit (Insight Manager)

Monitoring-Aspekte

Durch das proaktive Monitoring betreffs der diversen Systemparameter mit einem Schwellwert zur Warnung und einem weiteren zur Alarmierung, die an alle Systemadministratoren per E-Mail und an die IT-SY-Bereitschaftsdienste rund um die Uhr durch das Tool TelAlert per SMS und zur Sicherheit auch per VoiceCall übermittelt werden, ist ein Eintreten eines Systemstillstandes aufgrund von Kapazitätsengpässen nahezu unmöglich.

Tabelle 3.38 Übersicht Datenquellen und Analysetools

Verwendete Tools

In der ITIL Vision, Inc. werden alle systemrelevanten Analysen durch die Software NetIQ durchgeführt.

3.13.6 Kennzahlen

▶ Alle Problem-Tickets aufgrund Capacity-Management (Ziel: keine Problem-Tickets aufgrund Capacity-Management). Die Beschreibung der Problem-Tickets sehen Sie in Abschnitt 3.8, *Problem-Management*.

▶ Analyse der Capacity-Alerts. Es werden mit Hilfe von verschiedenen Analysetools NetIQ, Spectrum, HP Insight Manager und Quotamanager alle relevanten Schwellwerte überwacht. Die einzelnen Schwellwerte sehen Sie im Monitoring-Dokument, die Überschreitungen der Schwellwerte in der Analyse des Kapazitätsplans.

Produkt	Jahr 2005												Jahr 2006											
Applikationsserver	0	0	0	4	28	2	0	12	37	53	2	5	143	14	10	2	0	0	0	0	0	0	0	0	26
Bids	0	0	0	0	0	0	0	0	0	0	0	0	0	0	0	0	0	0	0	0	0	0	0	0	0
Datenserver/Domäne	0	0	0	0	0	0	0	0	0	0	0	0	0	0	0	0	0	0	0	0	0	0	0	0	0
Druckserver	0	0	0	2	2	0	4	1	0	2	1	14	26	2	1	0	0	0	0	0	0	0	0	0	3
Easy Archiv	0	0	0	0	1	0	0	3	0	4	23	0	31	0	0	0	0	0	0	0	0	0	0	0	0
Enermet	0	0	0	0	1	0	0	0	0	0	0	0	1	1	0	0	0	0	0	0	0	0	0	0	1
GIS/Smallworld	0	0	0	15	18	1	7	3	1	3	5	1	54	0	0	0	0	0	0	0	0	0	0	0	0
Infrastrukturserver	0	0	0	0	29	0	0	0	1	0	0	0	30	2	0	0	0	0	0	0	0	0	0	0	2
Internet/Intranet	0	0	0	0	0	66	0	0	0	0	0	0	66	0	0	0	0	0	0	0	0	0	0	0	0
Mailsystem	0	0	0	0	0	0	0	2	0	0	0	0	2	1	0	0	0	0	0	0	0	0	0	0	1
MIS Alea	0	0	0	0	0	0	0	0	0	0	0	0	0	0	0	0	0	0	0	0	0	0	0	0	0
SAP	0	0	0	0	0	0	0	0	0	0	0	0	0	1	0	0	0	0	0	0	0	0	0	0	1
SAP/BW	0	0	0	1	0	12	1	0	5	2	12	1	34	72	17	4	0	0	0	0	0	0	0	0	93
SAP/CORE	0	0	0	0	0	0	0	7	4	0	0	0	11	0	0	0	0	0	0	0	0	0	0	0	0
SAP/CRM	0	0	0	0	1	5	20	0	5	19	9	0	59	0	3	0	0	0	0	0	0	0	0	0	3
SAP/EBP	0	0	0	0	0	0	0	0	0	0	0	0	0	1	0	0	0	0	0	0	0	0	0	0	1
SAP/ISU	0	0	0	0	0	0	0	10	0	0	0	0	10	0	0	0	0	0	0	0	0	0	0	0	0
SAP/MAM	0	0	0	0	0	0	0	0	0	1	0	1	0	0	0	0	0	0	0	0	0	0	0	0	0
Softwareverteilung	0	0	0	0	5	2	4	1	13	2	9	0	36	0	0	0	0	0	0	0	0	0	0	0	0
SQL-Server	0	0	0	0	0	2	0	0	0	0	0	0	2	0	0	0	0	0	0	0	0	0	0	0	0
Zählerfernauslesung	0	0	0	0	0	0	0	0	0	0	0	0	0	0	0	1	0	0	0	0	0	0	0	0	1
Summe	0	0	0	22	85	88	38	29	76	85	62	21	506	94	31	7	0	0	0	0	0	0	0	0	132

Abbildung 3.53 Analyse der Capacity-Alerts 1

Easy Archiv, 2005-10		
00033024	2005-10-18	Windows Performance: Total System Processor utilization is high Time of Event: 18.10.2005 14:28:05 Source Machine Name: IT-ARCHIV Object Name: CPU Detail Message: Processor Utilization: PROCESSOR Utilization - Overall CPU and Queue Length === Processor Number: All (Total) Total Utilization (%): 100,00 Queue Length (Threads): 39 Processor Number: Threshold Total Utilization (%): 99 Queue Length (Threads): 4
00032717	2005-10-11	Windows Performance: Total System Processor utilization is high Time of Event: 11.10.2005 23:26:43 Source Machine Name: IT-ARCHIV Object Name: CPU Detail Message: Processor Utilization: PROCESSOR Utilization - Overall CPU and Queue Length === Processor Number: All (Total) Total Utilization (%): 100,00 Queue Length (Threads): 8 Processor Number: Threshold Total Utilization (%): 99 Queue Length (Threads): 4
00032713	2005-10-11	Windows Performance: Total System Processor utilization is high Time of Event: 11.10.2005 20:26:03 Source Machine Name: IT-ARCHIV Object Name: CPU Detail Message: Processor Utilization: PROCESSOR Utilization - Overall CPU and Queue Length === Processor Number: All (Total) Total Utilization (%): 100,00 Queue Length (Threads): 7 Processor Number: Threshold Total Utilization (%): 99 Queue Length (Threads): 4
00032707	2005-10-11	Windows Performance: Total System Processor utilization is high Time of Event: 11.10.2005 16:26:02 Source Machine Name: IT-ARCHIV Object Name: CPU Detail Message: Processor Utilization: PROCESSOR Utilization - Overall CPU and Queue Length === Processor Number: All (Total) Total Utilization (%): 99,38 Queue Length (Threads): 7 Processor Number: Threshold Total Utilization (%): 99 Queue Length (Threads): 4

Anzahl Störungen	0	0	0	0	0	0	0	0	3	0	0	0	0	0	0	1	0	0	0	0	0	0	0	0	0	0	0	0	0	0	0
Tag	1.	2.	3.	4.	5.	6.	7.	8.	9.	10.	11.	12.	13.	14.	15.	16.	17.	18.	19.	20.	21.	22.	23.	24.	25.	26.	27.	28.	29.	30.	31.

Abbildung 3.54 Detailanalyse der Capacity-Alerts 2

Checkliste für die Umsetzung

☑ Bestimmung des Capacity-Release-Managers

☑ Ermitteln Sie die strategischen Geschäftsziele. Damit können Sie die Schwellwerte und in Folge auch die damit verbundenen Geldmittel planen. Untersuchen Sie dafür die notwendigen Applikationen und Prozesse.

☑ Erstellen Sie Trendanalysen und stellen Sie darauf basierend den Kapazitätsplan auf.

☑ Stellen Sie den tatsächlichen Nutzungsgrad der gesamten IT-Infrastruktur durch Anwender und Kunden fest.

☑ Erstellen der notwendigen Dokumente und Analysen: Kapazitätsplan und Monitoring

☑ Wichtig ist die Kenntnis über die Entwicklung neuer Technologien und der IT-Strategie.

Was ist zu beachten?

☑ Sorgen Sie für ein gutes Berichtswesen Richtung Service-Level-Management. Das heißt, leiten Sie alle notwenigen Informationen weiter.

☑ Geben Sie auch Service-Level-Empfehlungen in Richtung Service-Level-Management weiter.

☑ Erstellen Sie dem Financial-Management die Grundlage für deren Kostenaufstellung zur internen/externen Verrechnung und dem benötigten Budget.

☑ Wickeln Sie Änderungen oder Anpassungen ausschließlich über das Change-Management ab.

☑ Legen Sie das richtige Maß für die Überwachung fest (siehe Dokumente). Fangen Sie klein an und erweitern Sie das Monitoring nach Bedarf.

☑ Beachten Sie den Einfluss externer Dienstleister.

☑ Es entstehen Kosten für eventuell nötige Tools (siehe Kennzahlen bzw. Monitoring), Schulungen und die nötige Betreuung.

3.14 Continuity-Management (ITIL)

Schnellstmögliche und kontrollierte Wiederherstellung eines IT-Services im Katastrophenfall – das ist Continuity-Management. Um einfacher zu verstehen, ob Sie ein Continuity-Management in Ihrem Unternehmen benötigen, können Sie sich ein paar einfache Fragen stellen. Falls Sie diese beantworten können, sind Sie schon sehr weit und müssen diese nur noch in geeigneter Form dokumentieren und bekannt machen:

▶ Sind die Risiken bekannt, mit denen eine IT-Organisation konfrontiert werden kann?

▶ Ist bekannt, welche Auswirkungen ein eintretendes Risiko auf den Betrieb hat?

▶ Welche Anforderungen an die Risikoabsicherung bestehen durch Dritte?

▶ Was kostet eine ungeplante Ad-hoc-Wiederherstellung des IT-Service-Betriebs?

▶ Was kostet ein eventueller Geschäftsausfall?

Auch bei diesem ITIL-Prozess werden bestimmte Begriffe verwendet. Die wichtigsten sind:

Begriff	Beschreibung
Business-Continuity-Management	Analysiert den Geschäftsprozess, um jederzeit eine Mindestproduktion und/oder einen Mindestservice gewährleisten zu können. Es versucht die Risiken zu minimieren und erstellt Pläne zur Wiederherstellung.
	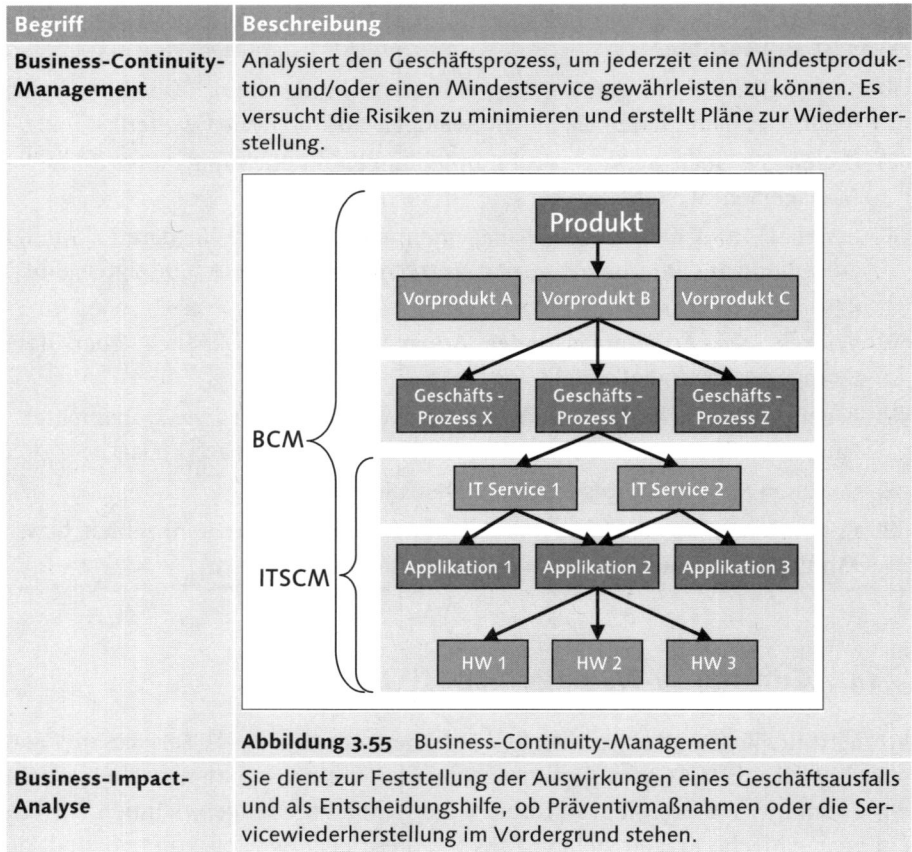 **Abbildung 3.55** Business-Continuity-Management
Business-Impact-Analyse	Sie dient zur Feststellung der Auswirkungen eines Geschäftsausfalls und als Entscheidungshilfe, ob Präventivmaßnahmen oder die Servicewiederherstellung im Vordergrund stehen.

Tabelle 3.39 Begriffe Continuity-Managament

Begriff	Beschreibung
Risikoanalyse	
Wiederherstellungs-Optionen	▸ nichts tun ▸ manueller Rückgriff ▸ wechselseitige Abkommen ▸ allmähliche Wiederherstellung (Cold Standby) über 72 h ▸ zügige Wiederherstellung (Warm Standby) 24–72 h ▸ sofortige Wiederherstellung (Hot Standby) unter 24 h ▸ Kombination der Optionen

Tabelle 3.39 Begriffe Continuity-Managament (Forts.)

3.14.1 Kurzbeschreibung

Das IT-Service-Continuity-Management beschreibt, wie ein Unternehmen die vereinbarten IT-Services über eine Geschäftsunterbrechung hinaus sichern kann. Es beschreibt die notwendigen Prozesse, um die negativen Geschäftsauswirkungen (zum Beispiel bei einem großen Systemausfall) so minimal wie möglich zu halten. IT-Service-Continuity-Management definiert konkrete Maßnahmen für nicht vorhersehbare Ereignisse. Eine konsequente Durchführung dieses Prozesses mindert finanzielle Risiken und führt zu mehr Kundenvertrauen hinsichtlich der vereinbarten Leistungen.

Aber ab wann besteht ein Notfall oder eine Katastrophe? Eine Katastrophe besteht ab dem Zeitpunkt, wo erkannt wird, dass ein IT-Service nicht in vorhersehbarer Zeit bzw. nicht innerhalb der vereinbarten Bearbeitungszeiten wiederhergestellt werden kann und die Auswirkungen erheblich sind. ITIL Vision, Inc. definierte diesbezüglich, dass alle Eskalationen von Tickets der Priorität A und B als Katastrophe behandelt werden.

Im Unterschied zu normalen Störungen werden beim Eintritt einer Katastrophe die Standardprozeduren außer Kraft gesetzt. Je nach Größe des Notfalles werden die weiteren Maßnahmen durch den Prozessverantwortlichen Continuity-Management allein oder durch ein allfälliges Notfallteam koordiniert und festgelegt.

Der Ausfall eines IT-Systems gilt als Verfügbarkeitsproblem, solange die Wiederherstellung innerhalb der SLA-Zeiten realistisch erscheint. Diese Aussage beschreibt die Abgrenzung zum Availability-Management.

Im Zuge der Prozessvorstellungen und der praktischen Anwendung haben sich einige Schnittstellen zu anderen Prozessen als wichtig herausgestellt. Diese sollen hier angeführt und bei Bedarf erweitert werden:

Prozess	Schnittstelle
Service-Level-Management	Eine Verständigung des PV Continuity-Management bei Änderungen im SLA-Bereich wurde in den Prozess integriert. Die Kenntnis der aktuellen SLAs wird durch eine Übersichtstabelle unterstützt.
Change-Management	Eine Verständigung des PV Continuity-Management bei großen Änderungen im Change-Bereich wurde in den Prozess integriert (RfC-Matrix).
Incident-Management	Als erste Ansprechstelle der IT wurde im Prozess die Wichtigkeit der Einhaltung von SLA-Vereinbarungen festgehalten. Bei Erkennen einer eventuellen SLA-Verletzung sind Eskalationsprozeduren festgelegt.
Availability-Management	Kann ein Service nicht innerhalb der SLA-Zeiten wiederhergestellt werden, müssen Notfallmaßnahmen eingeleitet werden. Dies wird durch automatische Eskalation mittels Hotline-Ticket und E-Mail nach Ablauf der SLA-Zeiten gewährleistet.

Tabelle 3.40 Schnittstellen BCM zu anderen Prozessen

3.14.2 Zielsetzung

▶ Das Continuity-Management ist für die Planung des Katastrophenfalles zuständig. Es arbeitet mit dem Business oder Kunden zusammen.

▶ Bei einer Katastrophe muss sichergestellt sein, dass die IT-Infrastruktur möglichst rasch wiederhergestellt wird.

▶ Sichere Durchführung von vereinbarten Service-Leistungen in Ausnahmesituationen

▶ Proaktives Vorgehen (Notfallvorsorge): Darunter versteht man Maßnahmen im Vorfeld, welche die Eintrittswahrscheinlichkeit eines Notfalles verringern (Notfallvermeidung bzw. geplantes und damit effektives Vorgehen bei Eintritt).

▶ Vertrauensverlust vermeiden und Katastrophenschäden minimieren

▶ Operationelle Risiken und Schwachstellen im Unternehmen identifizieren. Diese angemessen bewerten und Kontinuitätsstrategie entwickeln.

▶ Präventive Maßnahmen zur Risikovorsorge entwickeln und umsetzen

▶ Vorkehrungen für den Ersatz von Prozessen und Ressourcen treffen

▶ Notfallpläne zur Wiederherstellung der Prozesse bereitstellen. Wirtschaftlichkeit der Vorsorge- und Wiederherstellungsmaßnahmen sicherstellen

▶ Erstellung einer Notfallstrategie

Inhaltsverzeichnis		
1.	Allgemeines	3
1.1	Definition Notfall (=Katastrophe)	3

Tabelle 3.41 Notfallstrategie

Inhaltsverzeichnis		
1.2	Abgrenzung zu Availability-Management	3
1.3	Überprüfung der Notfallpläne	3
2.	Proaktives Vorgehen (Notfallvorsorge)	3
2.1	Analyse möglicher Schadensfälle	3
2.2	Aufzeigen von Schwachstellen	4
2.3	Ergreifen von Präventivmaßnahmen	4
2.4	fixe Eskalationsprozeduren	4
2.5	Erstellen einer Notfallliste	4
2.7	Definition von Standardnotfällen und Vorgehensanweisungen	4
2.9	Schulungen der Notfallmaßnahmen	5
2.10	Aufbereitung von Erkenntnissen aus früheren Notfällen	5
3.	reaktives Vorgehen (Notfallstrategie)	5
3.1	Information erlangen und verteilen	5
3.2	Eskalation	5
3.3	Notfallteam bilden	5
3.4	Aktionen festlegen	5
3.5	Wirksamkeit der Maßnahmen prüfen	5
3.7	Aufbereitung von Erkenntnissen aus aufgetretenem Notfall	6
4.	Kennzahlen	6

Tabelle 3.41 Notfallstrategie (Forts.)

3.14.3 Prozess

Für das Continuity-Management wurden in der ITIL Vision, Inc. zwei »operative Prozesse« erstellt.

Proaktives Notfallvorgehen

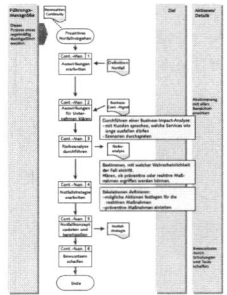

Abbildung 3.56 Proaktives Notfallvorgehen (verkleinerte Darstellung; die Abbildung finden Sie in voller Größe in Anhang B: Abbildung B.10, Seite 337)

Der zweite Prozess beschreibt das Vorgehen im Notfall.

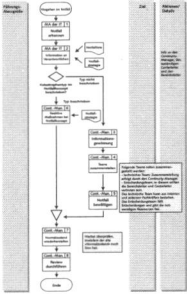

Abbildung 3.57 Notfallvorgehen (verkleinerte Darstellung; die Abbildung finden Sie in voller Größe in Anhang B: Abbildung B.11, Seite 338)

3.14.4 Aufgaben

Aufgabe	Beschreibung
Umfang	Legen Sie den Umfang und die Aktivitäten des Continuity-Managements fest.
BIA & RA	Erstellen Sie eine Business-Impact- und eine Risikoanalyse.
Entwickeln	Entwickeln Sie eine IT-Service-Continuity-Strategie, Präventivmaßnahmen und Wiederherstellungsoptionen.
Planen und Erarbeiten	Planen Sie die Organisation und Implementierung. Erstellen Sie Ausfallpläne (Disaster Recovery). Erarbeiten Sie Entwicklungspläne und Wiederherstellungsverfahren.
Testen und Schulen	Um die Maßnahmen garantieren zu können, müssen Sie testen, die Mitarbeiter entsprechend ausbilden und schulen, das Bewusstsein fördern. Im Erstansatz wird eine Schulung über den Ablauf der Notfallmaßnahmen durchgeführt. Danach werden auch Notfallübungen durchgeführt (auf Basis der definierten Standardnotfälle).
Review und Audit	Nach den Livetests halten Sie ein Review und Audit ab. Jeder Notfall wird nach Behebung auf Verbesserungsmöglichkeiten analysiert. Diese werden dann in die Anweisungen für Standardnotfälle implementiert bzw. ein neuer Standardnotfall generiert.
Analyse möglicher Schadensfälle	Im Zuge des Risikomanagements wurden mögliche Schadensfälle identifiziert und nach Eintrittswahrscheinlichkeit und potenzieller Schadenshöhe bewertet.
Aufzeigen von Schwachstellen	Die momentane Vorsorge im Bezug auf Brand, Stromausfall, Störung Klimaanlage und Zutrittskontrolle wurde erfasst und mit dem zuständigen Haustechniker auf Aktualität überprüft.

Tabelle 3.42 Aufgaben

Aufgabe	Beschreibung
Ergreifen von Präventivmaßnahmen	Es werden bisher ergriffene Maßnahmen zur Vermeidung von Notsituationen festgehalten. Zusätzlich sind Maßnahmen zur Erhöhung der Verfügbarkeit durchgeführt worden, die sich ebenfalls positiv auswirken (Redundanzen im Server/Storage/Switch/Librarybereich).
fixe Eskalationsprozeduren	Bei jedem Notfall sind zu informieren: ▸ Prozessverantwortlicher Continuity-Management ▸ Centerleiter IT-SY = PV-Stellvertreter. ITIL CM, Bereichsleiter IT ▸ Hotlinestelle (Tel. 1588 oder CL IT-BS)
Erstellen einer Notfallliste	Die Notfallliste umfasst Namen, Telefonnummern, Bereich und Funktion des Personenkreises, der mit Notfallmaßnahmen betraut ist. Definition von Standardnotfällen und Vorgehensanweisungen: Anhand einiger definierter Standardnotfälle soll die Vorgehensweise zur Problembehebung festgelegt werden. Die Wiederherstellung erfolgt durch Fachpersonal, d. h., diese Standardnotfälle sollen im Zuge von Notfallübungen auf ihre Vollständigkeit überprüft und ständig verbessert werden.
»Katastrophensicherheit« Dokumentenablage für Notfälle	Im Notfall muss sichergestellt werden, dass wichtige Dokumentationen auch offline oder in Papierform vorliegen. Aktualisierungsintervalle: quartalsweise durch den Continuity-Manager

Tabelle 3.42 Aufgaben (Forts.)

3.14.5 Erforderliche Dokumente und Tools

Risikoanalyse

Im folgenden Dokument sollen die wichtigsten Risikofaktoren aufgelistet werden, die bekanntermaßen Einfluss auf das Notfallmanagement haben. Dies beschreibt die Ist-Situation, um Verbesserungsmöglichkeiten abschätzen zu können (siehe Abbildung 3.58).

In der **Business-Impact-Analyse** enthaltene Definitionen:

▸ Potentielle Schadenshöhe (niedrig, mittel, hoch):
Monetäre Schadenshöhe für das Unternehmen, wenn der Service nicht zur Verfügung steht (Personalkosten u. Ä.)

▸ Maximaler Datenausfall (muss noch in SLAs aufgenommen werden)
Momentan realistischer Stand aus Sicht der Datensicherungsintervalle bei Datenverlust durch Hardwarefehler. Nicht berücksichtigt sind langfristige, unbemerkte Datenschiefstände – da müssen Speziallösungen greifen.

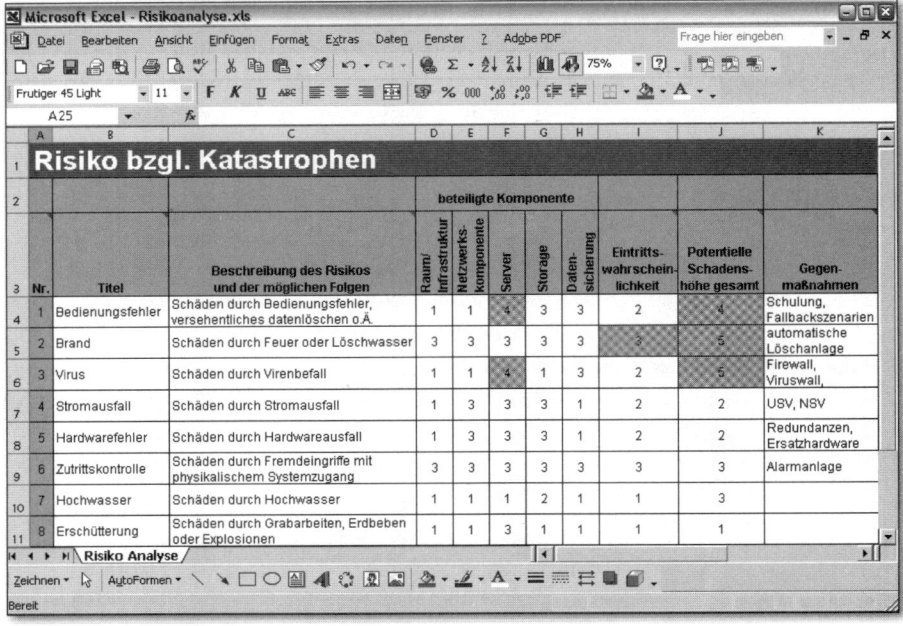

Abbildung 3.58 Risikoanalyse

► Schaden durch Sicherheitsverletzung (niedrig, mittel, hoch):
Möglicher Schaden durch Sicherheitsverletzung im Sinne von Datenspionage durch Fremdunternehmen. Annahme: komplette Dateneinsicht durch Außenstehende

Risikofaktoren und **Maßnahmen** betreffend Continuity-Management:
Im Folgenden sollen die wichtigsten Risikofaktoren aufgelistet werden, die bekanntermaßen Einfluss auf das Notfallmanagement haben. Dies beschreibt die Ist-Situation, um Verbesserungsmöglichkeiten abschätzen zu können.

► **Brand**
Das Gebäude der ITIL Vision, Inc. ist mit Brandmeldern ausgestattet, die bei Auslösung einen akustischen Alarm sowie eine Alarmierung der Feuerwehr veranlassen. Zusätzlich wird innerhalb der Betriebszeiten der Portier alarmiert.

► **Stromausfall**
Die Serverräume der ITIL Vision, Inc. sind sowohl mit einer unterbrechungsfreien Stromversorgung (USV), als auch mit einer Notstromversorgung (NSV) abgesichert. Wichtige Komponenten sind mit redundanten Netzteilen ausgestattet und jeweils mittels USV und NSV angebunden.

- **Klimaanlage**
  In den Serverräumen wurden Klimaanlagen installiert. Klimaalarm: Ab einer Temperatur von 30° Celsius wird der diensthabende Haustechniker verständigt. Dieser überprüft den Fehler und leitet weitere Maßnahmen ein. Kann der Fehler nicht sofort behoben werden, wird die IT-System-Bereitschaft verständigt.
- **Zutrittskontrolle Gebäude**
  Außerhalb der Betriebszeiten wird das Gebäude durch eine Alarmanlage gesichert.
- **Serverräume**
  Die Serverräume XC16 und XC17 sind mit Stahltüren ausgestattet; die Fenster bestehen aus Panzerglas. Der Zutritt (Schlüssel) wird zentral mittels Schließsystem verwaltet.
- **Datensicherungsraum 321**
  Der Datensicherungsraum kann nur durch den Raum 322 betreten werden und hat keine Fenster. Eine Alarmanlage ist momentan nicht aktiv.

3.14.6 Kennzahlen

Als Kennzahlen wurden die Anzahl der durchgeführten Notfallschulungen und Notfalltests festgelegt – diese werden in einer Tabelle festgehalten und jeder Punkt in einem Protokoll festgehalten (Verlauf des Tests, aufgetretene Probleme, Verbesserungsvorschläge):

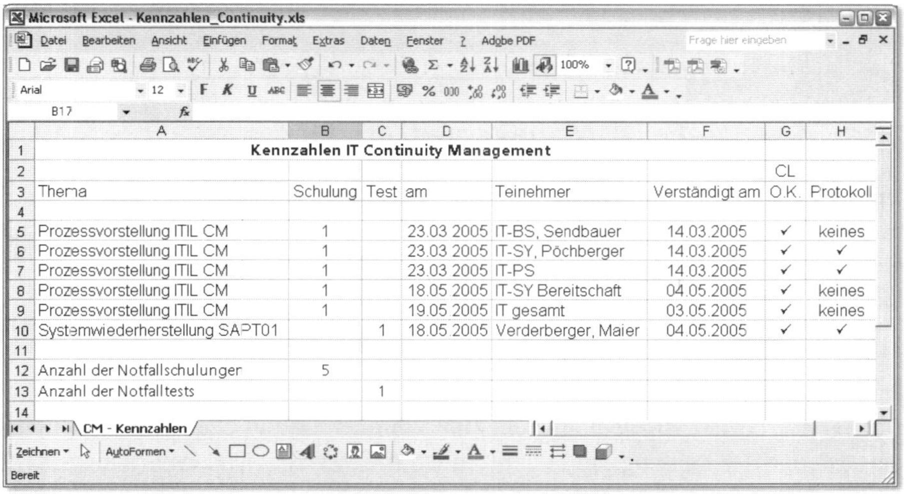

	A	B	C	D	E	F	G	H
1	**Kennzahlen IT Continuity Management**							
2							CL	
3	Thema	Schulung	Test	am	Teinehmer	Verständigt am	O.K.	Protokoll
4								
5	Prozessvorstellung ITIL CM	1		23.03.2005	IT-BS, Sendbauer	14.03.2005	✓	keines
6	Prozessvorstellung ITIL CM	1		23.03.2005	IT-SY, Pöchberger	14.03.2005	✓	✓
7	Prozessvorstellung ITIL CM	1		23.03.2005	IT-PS	14.03.2005	✓	✓
8	Prozessvorstellung ITIL CM	1		18.05.2005	IT-SY Bereitschaft	04.05.2005	✓	keines
9	Prozessvorstellung ITIL CM	1		19.05.2005	IT gesamt	03.05.2005	✓	keines
10	Systemwiederherstellung SAPT01		1	18.05.2005	Verderberger, Maier	04.05.2005	✓	✓
11								
12	Anzahl der Notfallschulungen	5						
13	Anzahl der Notfalltests		1					
14								

Abbildung 3.59 Continuity-Kennzahlen

Checkliste für die Umsetzung

- ☑ Definieren Sie den Begriff »Katastrophe« und listen Sie auf, welche Ereignisse Katastrophen sind und welche nicht.
- ☑ Erarbeiten Sie ein proaktives Vorgehen, bevor Katastrophen eintreten, ebenso auch das Vorgehen im Notfall.
- ☑ Führen Sie eine Business-Impact-Analyse durch.
- ☑ Legen Sie fest, welche Services wie lange ausfallen dürfen; spielen Sie Szenarien durch; definieren Sie Services, die nicht wiederhergestellt werden müssen.
- ☑ Erarbeiten Sie eine Klärung der aus der Business-Impact-Analyse definierten Auswirkungen für das gesamte Unternehmen.
- ☑ Führen Sie eine Risikoanalyse mit dem Fokus auf Continuity-Management und Wahrscheinlichkeit eines möglichen Eintritts durch.
- ☑ Erstellen Sie eine Notfallstrategie. Diese Notfallstrategie muss auch auf Papier vorliegen.
- ☑ Erstellen Sie Dokumente, die eine Definition der »Katastrophe«, eine Notfallstrategie sowie eine Beschreibung der Kennzahlen enthalten.
- ☑ Erstellen Sie eine Notfallliste (Liste der Ansprechpartner für den Fall, dass ein Notfall eintrifft).
- ☑ Erstellen Sie Vorgehensanweisungen für definierte »Standard«-Notfälle.
- ☑ Erstellen Sie eine Beschreibung der Kennzahlen. In unserem Fall: Anzahl der Theorie-Schulungen, Anzahl der durchgeführten Tests für Standardnotfälle

3.15 Service-Level-Management (ITIL)

Die ITIL Vision, Inc. hatte bereits vor der ITIL-Zertifizierung Service Level Agreements mit einigen Kunden abgeschlossen. Neben einem Rahmenvertrag mit allgemein gültigen Themen wurde für jedes Produkt ein »Systemschein« erstellt. In diesem Systemschein sind alle Qualitätsmerkmale zum Produkt aufgelistet.

3.15.1 Kurzbeschreibung

Das Service-Level-Management stellt eine Schnittstelle zwischen dem Dienstleister (also der IT-Abteilung) und dem Kunden dar. Das Service-Level-Management definiert aus den verschiedensten IT-Komponenten IT-Services bzw. Produkte und dokumentiert diese in einer für den Kunden verständlichen Sprache. Eine

Auflistung aller Produkte wird als Service-Katalog bzw. Produktkatalog bezeichnet. Im Produktkatalog werden sämtliche Qualitätsmerkmale angeführt, unter anderem auch die Kosten.

Abbildung 3.60   Produktkatalog

Zum Beispiel sind bei der ITIL Vision, Inc. ein PC-Arbeitsplatz und ein Laptop-Arbeitsplatz als Produkt definiert. Dieser IT-Service setzt sich aus mehreren Komponenten zusammen:

▶ PC-Standgerät inkl. Datenblatt laut Hersteller

▶ Betriebssystem (Microsoft Windows)

▶ Standard-Anwendersoftware (Microsoft Office, Virenscanner usw.)

▶ Tastatur und Maus

▶ Aufwand für die einmalige Installation

▶ Service-Desk-Unterstützung von Montag bis Donnerstag von 7:00 bis 17:00 Uhr und Freitag von 7:00 bis 14:30 Uhr

▶ Monatlicher Preis

▶ Zusätzliche Bemerkungen und vor allem auch Richtlinien zum Produkt

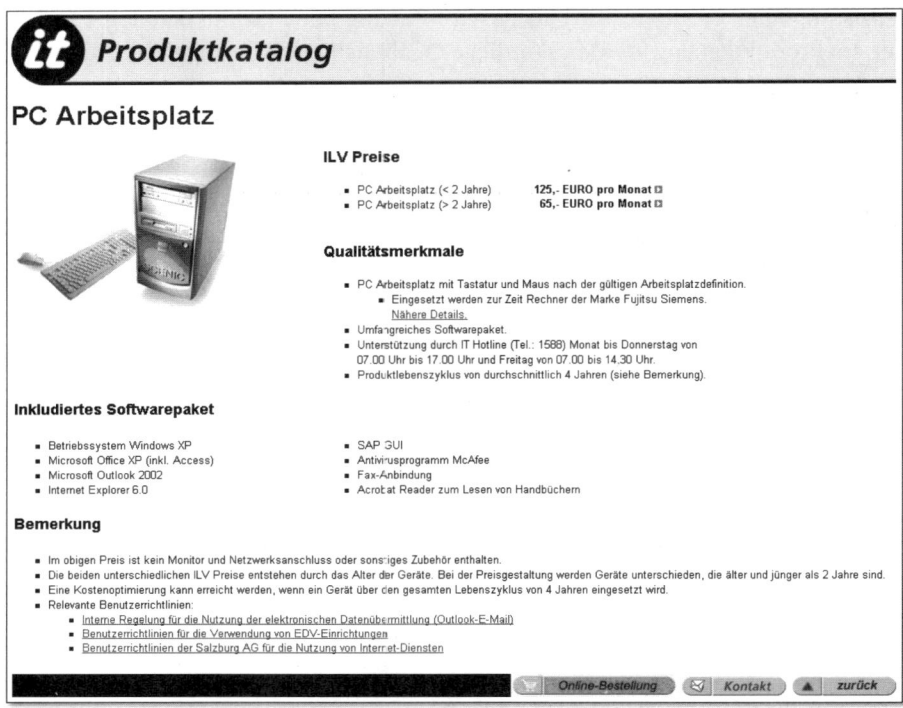

Abbildung 3.61 Produktkatalog PC-Arbeitsplatz

Für jedes Produkt oder auch zum Teil für Produktgruppen wurden außerdem gemeinsam mit dem Kunden Service Level Agreements abgeschlossen. So wurde ein SLA »IT-Arbeitsplatz« zum Beispiel definiert, der die definierten IT-Services PC-Arbeitsplatz, Monitor, Drucker, Zusatzsoftware, Netzwerkanbindung usw. betrifft und sämtliche Leistungen definiert.

So ist, wie bereits beschrieben, im angeführten SLA klar definiert, welche Software zum Beispiel installiert ist, welche Speicherkapazität im Netzwerk vorhanden ist oder auch welche Reaktions- und Bearbeitungszeiten am Service-Desk geboten werden.

Das Service-Level-Management führt zudem regelmäßig Gespräche mit den Kunden. Dabei werden unter anderem geschäftliche Anforderungen des Kunden besprochen. Neue Anforderungen des Kunden, die noch nicht als IT-Service angeboten werden, werden als Service-Level-Requirements bezeichnet. Service-Level-Requirements sind meistens vage Anforderungen an die IT-Organisation, die im Detail erst mit dem Kunden besprochen werden müssen.

IT-Arbeitsplatz
Servicelevel Agreement (Leistungsschein)

1   Gegenstand der Vereinbarung
Das vorliegende Servicelevel Agreement regelt den Leistungsumfang und die Leistungsqualität für einen IT- Arbeitsplatz in der Salzburg AG als Dienstleistungssegment im Sinne des IT-Dienstleistungsrahmenvertrags.

2   Bereitstellung und Betrieb
Der Bereich IT stellt dem Kunden einen IT-Arbeitsplatz zur Verfügung. Der Leistungsumfang für einen IT-Arbeitsplatz umfasst die Bereitstellung und laufende Unterstützung für folgende Komponenten:
*   PC-Endgeräte und Laptops
*   Monitore
*   Drucker
*   Netzwerkzugang inkl. E-Mail-Kommunikation und Intranet/Internet Zugang

Im Standardumfang eines IT-Arbeitsplatzes sind folgende Software-Produkte enthalten:
*   Betriebssystem Windows
*   Microsoft Office (inkl. Access)
*   Microsoft Outlook
*   Internet Explorer
*   SAP GUI
*   Antivirusprogramm
*   Fax-Anbindung
*   Acrobat Reader zum Lesen von Handbüchern

Zusätzliche Hard- und Software ist im Produktkatalog des Bereichs IT aufgeführt. Der Produktkatalog ist jeweils in seiner aktuellsten Form im Intranet der Salzburg AG verfügbar. Für im Intranet der Salzburg AG angeführte Software ist die Installation der Software im Preis inbegriffen. Für sonstige Software, die vom Bereich IT bereitgestellt wird, werden Wartung und Installationsaufwand gesondert verrechnet.

Im Rahmen des Betriebs des unternehmensweiten Computernetzwerks stellt der Bereich IT sowohl Netzwerkzugänge für Personalcomputer und Laptops als auch für Drucker zur Verfügung. Im Netzwerkzugang enthalten ist auch die vollständige Kommunikation mittels E-Mail-System (Outlook) und der Zugang zum Intranet bzw. Internet. Weiterhin umfasst ein Netzwerkzugang die Nutzung der zentralen Datenlaufwerke sowie deren tägliche Sicherung.

Der Bereich IT betreibt die für das Mail-System benötigten Applikationsserver inkl. der Peripheriegeräte. Ebenso übernimmt der Bereich IT die Beschaffung und das Lizenzmanagement für die eingesetzte Software sowie für alle auf den zentralen Servern benötigten Softwareprodukte.

Der Bereich IT ist verantwortlich für alle Regelarbeiten, die in den oben genannten Systemen für die Aufrechterhaltung und Sicherstellung eines ordnungsgemäßen und stabilen Betriebs durchgeführt werden müssen. Insbesondere ist der Bereich IT für die Sicherheit, Funktionsfähigkeit und Aktualität der eingesetzten Firewall verantwortlich.

3   Servicelevel
Der Servicelevel, der für einen IT- Arbeitsplatz als vereinbart gilt, wird durch Lieferzeiten, Verfügbarkeit des Computernetzwerks, Reaktionszeiten und Bearbeitungszeiten definiert. Die Prioritätsstufen sind im IT-Dienstleistungsrahmenvertrag definiert.

Im Stadtgebiet von Salzburg ist der Service Level für Neuanforderungen von IT-Endgeräten, die einen IT-Arbeitsplatz charakterisieren, durch folgende Lieferzeit definiert:

Lieferzeit
5 Tage

Wie im IT-Dienstleistungsrahmenvertrag bereits beschrieben, erfolgt insbesondere die Neuanforderung von IT-Arbeitsplätzen über das Intranet der Salzburg AG.

Für das Computernetzwerk der Salzburg AG sowie für den Betrieb des Mail-Systems gilt folgender Servicelevel als vereinbart:
Serviceart	fmServicelevel
Verfügbarkeit des Systems	95%
maximale Ausfallzeit	8 h

Bei der Unterstützung der Anwender gelten folgende Vereinbarungen:

Reaktionszeiten
Prioritätsstufe	Reaktionszeit
A	15 min
B	30 min
C	6 h
D	6 Tage

Bearbeitungszeiten
Prioritätsstufe	Bearbeitungszeit
A	6 h
B	10 h
C	3 Tage
D	7 Tage

4   Offline-Zeit
Die Sicherung der Laufwerke sowie der Kommunikationsserver wird täglich zwischen 22:00 und 24:00 durchgeführt. Während dieser Zeit sind das Netzwerk sowie die E-Mail-Kommunikation nicht verfügbar.

5   Vergütung
Der Preis der einzelnen Geräte und Services wird im Produktkatalog der IT im Intranet geregelt. Die Vergütung ergibt sich aus der individuellen Konfiguration der Arbeitsplätze.

....
ITIL Vision, Inc.
für Energie, Verkehr und Telekommunikation   Vertriebs GmbH
Salzburg, am 1. Juni 2003

Abbildung 3.62   Service Level Agreement »IT-Arbeitsplatz«

Außerdem müssen die erbrachten Leistungen in Form von Berichten gemeinsam mit dem Kunden besprochen werden. Dabei werden die realisierten Service-Levels vorgelegt und mit den vereinbarten Service-Levels verglichen. Dadurch erfährt der Kunde, ob das SLA eingehalten wurde.

SLA	Anzahl	Störungen		Anforderungen	Beratungen	Beschwerden
Priorität		C	D	D	D	D
IT-Arbeitsplatz	198	2 Tickets 2,0 Stunden FLT: 0 Esk: 0	103 Tickets 5,2 Stunden FLT: 41 Esk: 0	66 Tickets 27,0 Stunden FLT: 9 Esk: 1	27 Tickets 7,7 Stunden FLT: 20 Esk: 0	-
Bürokommunikation	94	1 Tickets 145,1 Stunden FLT: 0 Esk: 0	41 Tickets 20,4 Stunden FLT: 29 Esk: 1	48 Tickets 7,5 Stunden FLT: 5 Esk: 0	4 Tickets 3,2 Stunden FLT: 3 Esk: 0	-
SAP Core	18	-	13 Tickets 1,7 Stunden FLT: 2 Esk: 0	5 Tickets 2,2 Stunden FLT: 0 Esk: 0	-	-
SAP IS-U	13	-	5 Tickets 0,4 Stunden FLT: 1 Esk: 0	8 Tickets 14,7 Stunden FLT: 0 Esk: 0	-	-
SAP CRM	1	-	-	1 Tickets 0,9 Stunden FLT: 0 Esk: 0	-	-
SAP EBP	1	-	1 Tickets 2,1 Stunden FLT: 0 Esk: 0	-	-	-
SAP BW	10	-	5 Tickets 0,3 Stunden FLT: 2 Esk: 0	5 Tickets 14,4 Stunden FLT: 0 Esk: 0	-	-
???SLA???	5	-	2 Tickets 5,4 Stunden FLT: 1 Esk: 0	2 Tickets 8,1 Stunden FLT: 0 Esk: 0	1 Tickets 0,0 Stunden FLT: 1 Esk: 0	-
Summe	340	173		135	32	0

Abbildung 3.63 Auswertung der SLAs pro Kunde

Die Darstellung zeigt sämtliche SLAs für einen Kunden. So ist zum Beispiel aus dem Bericht zu entnehmen, dass im Jahr 2005 insgesamt 198 Tickets am Service-Desk zum SLA »IT-Arbeitsplatz« gemeldet wurden. Neben der durchschnittlichen Bearbeitungszeit wird ausgewiesen, in wie vielen Fällen das vereinbarte SLA nicht eingehalten wurde. In diesem Beispiel ist zu sehen, dass eine Anforderung im SLA »IT-Arbeitsplatz« eskalierte. Und genau diese Eskalationen sind unter anderem mit dem Kunden abzuklären.

Bei der ITIL Vision, Inc. wurde im Prozess Service-Level-Management beschlossen, dass keine eigenen Gespräche mit dem Kunden durchgeführt werden. Da auch im Prozess Business-Relationship-Management Gespräche mit dem Kunden stattfinden, wurde bei der ITIL Vision, Inc. beschlossen, beide Agenden zusammenzufassen und in einem Gespräch abzuhandeln.

3.15.2 Zielsetzung

Aufgabe des Service-Level-Managements ist die Pflege und ständige Verbesserung der mit den Kunden vereinbarten IT-Services. Zu diesem Zweck trifft das Service-Level-Management Vereinbarungen hinsichtlich der Leistungen der IT-Organisation, sogenannte Service Level Agreements, und überwacht und dokumentiert diese Leistungen.

Ein effektives Service-Level-Management erhöht die geschäftlichen Leistungen und somit auch die Zufriedenheit des Kunden. Wenn eine IT-Organisation genau weiß, was man von ihr erwartet, kann sie ihre IT-Services besser planen und verwalten.

3.15.3 Prozess

Das Service-Level-Management bei der ITIL Vision, Inc. beschreibt zwei Teilprozesse. Zum einen das Ändern/Erstellen von SLAs und zum anderen den Umgang mit Service-Level-Requirements (SLRs).

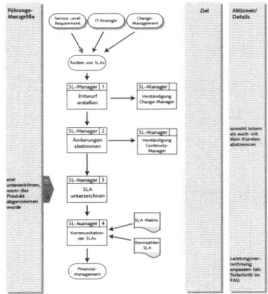

Abbildung 3.64 Prozess Ändern/Erstellen von SLAs (verkleinerte Darstellung; die Abbildung finden Sie in voller Größe in Anhang B: Abbildung B.12, Seite 339)

Die Änderung eines bestehenden SLAs, aber auch ein neues SLA kann mehrere Auslöser haben. Entweder durch einen SLR durch den Kunden oder auch durch eine Änderung der Strategie oder durch das Change-Management.

Dieser Prozess wird größtenteils vom Prozessverantwortlichen selbst durchgeführt. Ein Entwurf für den neuen SLA wird erstellt, dieser Entwurf wird IT-intern und natürlich auch mit dem Kunden abgestimmt und letztendlich unterzeichnet. Abschließend, und das ist wohl einer der bedeutendsten Punkte, ist das neue SLA zu verbreiten.

Da eine Änderung eines SLAs auch eine Änderung in der Leistungsverrechnung bewirkt, ist abschließend noch das Financial-Management darüber zu informieren.

Der zweite Teilprozess beschreibt den Umgang mit vagen Anforderungen durch den Kunden selbst – den sogenannten Service-Level-Requirements.

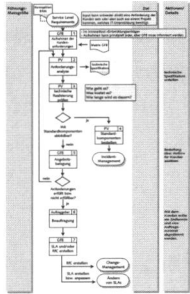

Abbildung 3.65 Prozess Service-Level-Requirement (SLR) (verkleinerte Darstellung; die Abbildung finden Sie in voller Größe in Anhang B: Abbildung B.13, Seite 340)

▶ Bei der ITIL Vision, Inc. wurde definiert, dass SLRs entweder über den Service-Desk aufgenommen werden können oder im Zuge eines Kundengespräches. In beiden Fällen ist dazu im Ticketsystem ein Ticket der Kategorie »Anforderung« – »Sonstiges« zu erstellen.

▶ Je nach Kunde wird dieses Ticket zum jeweiligen Geschäftsfeldbetreuer weitergeleitet.

Geschäftsfeldbetreuer wurden bei der ITIL Vision, Inc. definiert, da in Summe über 15 Kunden zu betreuen sind. Durch diese interne Aufteilung in der IT-Organisation wird versucht, neben dem Service-Desk einen zentralen Ansprechpartner für sämtliche Belange zu etablieren, der den Kunden und seine speziellen Geschäftsanforderungen und Geschäftsprozesse kennt und bestmöglichst unterstützt.

▶ Für die weitere Bearbeitung wird dieses Ticket anschließend einem Produktverantwortlichen zugewiesen.

▶ Der Produktverantwortliche führt eine Anforderungsanalyse durch und erstellt daraus eine technische Spezifikation.

▶ Anschließend wird die technische Realisierung geprüft. Daraus resultieren ein Produktvorschlag, die anfallenden Kosten und die Implementierungsdauer.

▶ Unter Umständen wird aber auch festgestellt werden können, dass die Anforderung mit einem bestehenden IT-Service abgedeckt werden kann. In diesem

Fall endet der Prozess und läuft als normale Anforderung im Prozess Incident-Management weiter.

▶ Der Geschäftsfeldbetreuer bespricht den erarbeiteten Realisierungsvorschlag mit dem Kunden und prüft, ob alle Anforderungen erfüllt werden. Der Prozess startet von vorne, wenn der Vorschlag nicht den Erwartungen des Kunden entspricht.

▶ Der nächste Schritt besteht nun darin, dass der Auftraggeber die IT-Organisation mit der Umsetzung beauftragt. In diesem Zug ist der Endtermin festzulegen.

▶ Der Prozess endet, indem der Geschäftsfeldbetreuer einen RfC erstellt und gegebenenfalls ein neues Service Level Agreement anhand des bereits beschriebenen Prozesses »Ändern von SLAs« definiert.

3.15.4 Aufgaben

Folgende Aufgaben ergeben sich zum Prozess Service-Level-Management:

▶ Erstellung und laufende Pflege eines Produktkatalogs

▶ Erstellung und laufende Pflege von Service Level Agreements

▶ Berichtswesen zur Überwachung und Steuerung der Service-Level

▶ Umgang mit Service-Level-Requirements

▶ laufende Gespräche mit dem Kunden

3.15.5 Erforderliche Dokumente und Tools

▶ Produktkatalog mit sämtlichen IT-Services

▶ Service Level Agreements

▶ Berichtswesen zur Überwachung und Steuerung der Service-Levels

Die im SLA vereinbarten Merkmale müssen mit einem geeigneten Berichtswesen ausgewertet werden können. Im Fall der ITIL Vision, Inc. werden diese Auswertungen aus dem Ticketsystem (Reaktions- und Bearbeitungszeiten) und Systemüberwachungssystem (Verfügbarkeit eines IT-Services) gemacht.

3.15.6 Kennzahlen

Die Kennzahlen ergeben sich aufgrund der Vereinbarungen im Service Level Agreement. Die Kennzahlen zeigen die Anzahl bzw. den Anteil jener Fälle, in denen der vereinbarte Service-Level nicht eingehalten wurde.

▶ Anzahl der Tickets am Service-Desk pro SLA und Kunde, bei denen der vereinbarte Service-Level nicht eingehalten wurde (siehe Abbildung 3.66)

Bereich	Gesamtanzahl Tickets	Überschreitung der Reaktionszeit	Überschreitung der Bearbeitungszeit	Prozentueller Anteil überschrittener Reaktionszeiten	Prozentueller Anteil überschrittener Bearbeitungszeiten	Prozentueller Anteil gesamter Überschreitungen
Salzburg AG	180	26	7	14,4%	3,9%	18,3%
Betriebsarzt	5	0	0	0,0%	0,0%	0,0%
Bereich EH	241	1	2	0,4%	0,8%	1,2%
Bereich EM	181	0	0	0,0%	0,0%	0,0%
Externe Mitarbeiter (MyE, Plaut, Sonst. Berater)	89	1	0	1,1%	0,0%	1,1%
Bereich FC	341	0	2	0,0%	0,6%	0,6%
Bereich IT	367	1	0	0,3%	0,0%	0,3%
Bereich KW	258	0	0	0,0%	0,0%	0,0%
MyElectric	108	1	0	0,9%	0,0%	0,9%
Bereich NE	801	0	15	0,0%	1,9%	1,9%
Objektwerbung	276	2	2	0,7%	0,7%	1,4%
Bereich PW	198	0	1	0,0%	0,5%	0,5%
Bereich RW	129	0	1	0,0%	0,8%	0,8%
Bereich SP	104	0	0	0,0%	0,0%	0,0%
Stabstelle	188	0	0	0,0%	0,0%	0,0%
Bereich TS	2.157	10	21	0,5%	1,0%	1,4%
Vorstand	7	0	0	0,0%	0,0%	0,0%
Bereich VE	517	2	5	0,4%	1,0%	1,4%
Bereich VM	1.169	2	2	0,2%	0,2%	0,3%
Vorstandunterstützung	26	0	0	0,0%	0,0%	0,0%
WSG	6	0	0	0,0%	0,0%	0,0%
Zentralbetriebsrat	15	0	0	0,0%	0,0%	0,0%

Abbildung 3.66 Anzahl der Eskalationen pro Kunde

▶ Verfügbarkeit der IT-Services (siehe Abbildung 3.67)

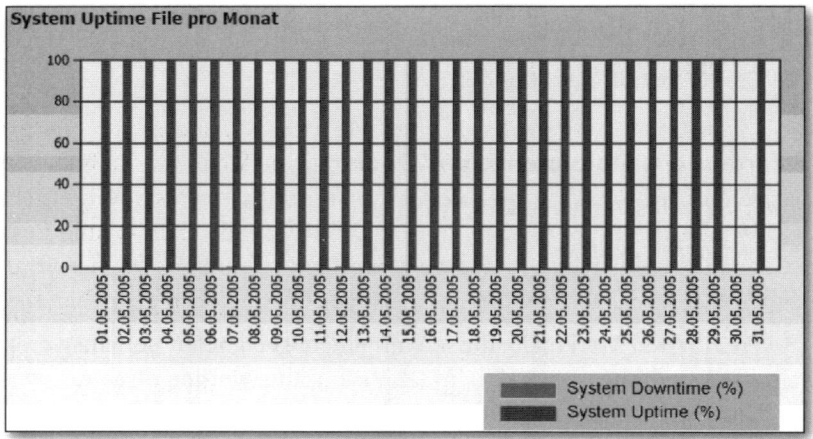

Abbildung 3.67 Verfügbarkeit der IT-Services

Checkliste für die Umsetzung

☑ Bestimmen Sie einen Prozessverantwortlichen und dessen Stellvertreter.

☑ Überdenken Sie die Notwendigkeit von Geschäftsfeldbetreuern.

☑ Definieren Sie Produkte und etablieren Sie einen Produktkatalog (zum Beispiel im Intranet).

☑ Erstellen Sie für jedes Produkt oder zumindest für Produktgruppen Service Level Agreements. Legen Sie dazu einen Prozess fest, wie SLAs erstellt bzw. verändert werden.

☑ Etablieren Sie ein Berichtswesen, in dem die Einhaltung der vereinbarten Service-Levels geprüft werden kann.

☑ Definieren Sie einen Prozess für den Umgang mit Service-Level-Requirements.

☑ Prüfen Sie die Notwendigkeit eigener Kundengespräche. Es ergeben sich Synergien bei der Zusammenlegung des Gespräches mit dem Prozess Business-Relationship-Management.

☑ Besprechen Sie regelmäßig das Berichtswesen mit den Kunden.

Was ist zu beachten?

☑ Klare Unterscheidung zwischen KVP, SLR und RfC: Bei der ITIL Vision, Inc. kam es immer wieder zu Missverständnissen bezüglich der Begriffe KVP, RfC und SLR. Folgende Definition ist hilfreich:

3.16   Financial-Management (ITIL)

Bereits beim Assessment wurde der Prozess Financial-Management mit dem Level 3 bewertet. Für die Zertifizierung wären also keine weiteren Maßnahmen notwendig gewesen. Dies ist sicherlich darauf zurückzuführen, dass im Unternehmen ITIL Vision, Inc. unternehmensweit SAP R/3 Core für die Planung und Budgetierung, Kostenrechnung und interne Leistungsverrechnung verwendet wird. Zu all diesen Aufgaben existieren unternehmensweite Regelungen und Ablaufbeschreibungen, die bereits jahrelang erfolgreich eingesetzt wurden.

Im Financial-Management kommen drei Begriffe zur Anwendung, die sich folgendermaßen beschreiben lassen:

▶ **Budgeting**
  Mit Budgeting wird der Prozess beschrieben, wie die finanziellen Ressourcen für die nächste Periode – im Fall von ITIL Vision, Inc. für das kommende Jahr – geplant werden.

▶ **Accounting**
  Accounting beschreibt den Prozess der Planung, Erfassung und Steuerung der erbrachten Leistungen der IT-Mitarbeiter.

▶ **Charging**

Charging beschreibt den Prozess der Leistungsverrechnung. Alle eingesetzten Produkte werden bei der ITIL Vision, Inc. verursachungsgerecht dem Kunden berechnet.

Die Vorteile des Financial-Managements lassen sich folgendermaßen beschreiben:

▶ Kenntnisse über die Kosten und Wirtschaftlichkeit von IT-Services

▶ Kostentransparenz und Kostenbewusstsein für Kunden und Anwender

▶ Entscheidungsgrundlage für künftige Investitionen

3.16.1 Kurzbeschreibung

Bei der ITIL Vision, Inc. wurde bereits vor Jahren unternehmensweit festgelegt, dass sämtliches IT-Budget ausschließlich im Bereich IT geplant wird und in Folge auch nur dem Bereich IT zur Verfügung steht. Das heißt, dass keine andere Abteilung bzw. kein anderer Bereich im Unternehmen finanzielle Ressourcen für IT-relevante Themen zur Verfügung hat. Jede Anforderung vom Anwender bzw. vom Kunden ist in Folge über den Bereich IT zu stellen. Damit kann sichergestellt werden, dass der Bereich IT die komplette Steuerung und Planung sämtlicher IT-Kosten in der Hand hat.

Für das Financial-Management wurde ein Handbuch erstellt. Dieses Handbuch regelt die geforderten Teilprozesse Budgeting, Accounting und Charging für das Financial-Management.

Budgeting

Der Budgetierungsprozess bzw. das Budgeting ist bei der ITIL Vision, Inc. ein jährlicher Prozess, der sich nach unternehmensweit geregelten Planungs- und Budgetierungsrichtlinien richtet:

Von einem strategischen Finanzplan des gesamten Unternehmens für die folgenden fünf Jahre werden die Eckwerte für den Bereich IT abgeleitet. Als Eckwert wird dabei das maximal zur Verfügung stehende Budget bezeichnet, das im Folgejahr zur Verfügung steht.

Aufgrund der Eckwerte kann im Bereich IT mit der IT-Budgetplanung begonnen werden. Folgende Positionen sind zu planen:

	Mai	Juni	Juli	August	September	Oktober	November	Dezember
strategischer Plan (5-Jahres-Vorschau)								
Festlegung Eckwerte								
Planung Investitionen								
Planung Aufwand								
Abstimmung Invest- und Aufwandspläne								
sonstige Erträge								
Personalkosten (inkl. Mehrleistungen)								
Reiseaufwand								
Interne Leistungsverrechnung IT								
Abstimmung Internverrechnung								
Abstimmung aller Teilpläne								
Genehmigung durch den Aufsichtsrat								
Budgetfreigabe								

Abbildung 3.68   Budgetierungsprozess bei der ITIL Vision, Inc.

Investitionskosten und Aufwandskosten

Als Aufwand gelten bei der ITIL Vision, Inc. Wartungskosten, Software-Anschaffungskosten, Beraterkosten usw.; als Investitionen gelten bei der ITIL Vision, Inc. nur Ankäufe von Hardware – also Anschaffungen, die sich in Folge über mehrere Jahre hinweg als Abschreibung in der Kostenrechnung niederschlagen.

Die IT-Budgetplanung für Aufwand und Investitionen wird in mehreren Runden mit dem Ziel durchgeführt, die Kosten, die sich aus

- den Anforderungen der Kunden,
- den Wartungskosten der bestehenden Systeme und
- der laufenden Weiterentwicklung des IT-Betriebs.

ergeben, mit den vorgegebenen Eckwerten in Einklang zu bringen. Für die Planung werden eine Reihe von Investitions- und Aufwandsaufträgen angelegt und mit den Kosten geplant. Je nach Produkt existieren gegebenenfalls zwei Aufträge: ein Aufwandsauftrag und ein Investitionsauftrag.

Erlöse

Die ITIL Vision, Inc. bietet ihre IT-Dienstleistungen auch Tochterunternehmen und Beteiligungen an. Durch diese Geschäftsbeziehung werden auch externe Erträge erzielt. Die Höhe dieser Einnahmen gilt es zu planen.

Diese externen Erträge gelten im Budgetierungsprozess als aufwandsmindernd. Das heißt, dass der vorgegebene Eckwert im Aufwandsbudget um die Summe der externen Erlöse überschritten werden kann. Die Planung der Erlöse wird ebenfalls in Form eines Auftrages durchgeführt.

Interne Leistungsverrechnung

Die Planung der internen Leistungsverrechnung stellt eine weitere Tätigkeit während der IT-Budgetplanung dar. Dabei wird die Leistungserbringung im Bereich IT geplant. Das heißt, es wird die Anzahl der Stunden pro Produkt oder pro Projekt geplant. Ziel dabei ist, dass alle zur Verfügung stehenden Mitarbeiterressourcen in Form standardisierter Produkte oder Projekte geplant werden.

Des Weiteren wird die Entlastung durch die Leistungsverrechnung geplant. Das heißt, dass alle Kunden mit den geplanten Kosten durch die Leistungsverrechnung beplant werden.

Personalkosten inkl. Mehrleistungen und Reiseaufwand

Geplant werden die Anzahl der Mitarbeiter pro Organisationseinheit und die Kosten für Mehrleistungen und Reiseaufwand.

Die Planung selbst erfolgt im SAP-System. Bei der ITIL Vision, Inc. wurde dafür eine Auftrags- und Kostenstellenstruktur im SAP-System abgebildet (siehe Abbildung 3.69).

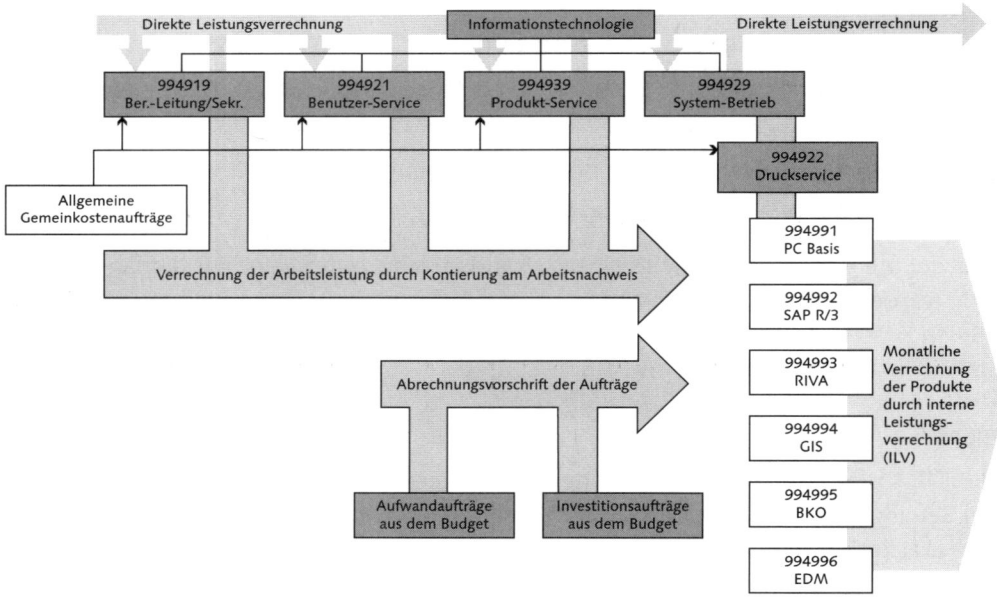

Abbildung 3.69 Auftrags- und Kostenstellenstruktur

Pro Produkt bzw. Produktgruppe existiert eine Kostenstelle, eine sogenannte Produktkostenstelle. So existiert zum Beispiel eine Produktkostenstelle für »PC-Basis«, auf der alle Kosten für den Client-Betrieb gesammelt werden.

Außerdem existieren Aufwands- und Investitionsaufträge, die jährlich neu erstellt und budgetiert werden. Je nach Produktzuordnung rechnen diese Aufträge dann auf die entsprechende Produktkostenstelle ab, bei Investitionsaufträgen in Form der Abschreibung. Das heißt, dass letztendlich sämtliche Kosten von den Aufwands- und Investitionsaufträgen auf der jeweiligen Produktkostenstelle landen.

Die Personalkosten selbst werden auf den organisatorischen Kostenstellen geplant. Pro Organisationseinheit existiert eine Kostenstelle, die mit den Personalkosten, Mehrleistungen und Reisekosten geplant und belastet wird. Die Personalkosten werden durch das Schreiben von Arbeitsnachweisen der Mitarbeiter einer Produktkostenstelle zugewiesen.

Die Leistungsverrechnung erfolgt von den Produktkostenstellen. Ziel ist es, dass die Entlastung der Produktkostenstellen durch die Leistungsverrechnung die Kosten aus den Investitions- und Aufwands-Aufträgen und den Personalkosten aufhebt. Das heißt, dass die Belastungen durch die Entlastungen ausgeglichen werden.

Accounting

Die Planung der Leistungserbringung wird bei der ITIL Vision, Inc. bereits im Budgetierungsprozess abgewickelt. Wie bereits beschrieben, werden pro Produkt, das heißt auf jeder Produktkostenstelle, die Anzahl der Stunden geplant, die für das jeweilige Produkt von den IT-Mitarbeitern aufgewendet werden.

Das Jahr über erfolgt dann die Leistungserfassung durch den IT-Mitarbeiter selbst, der regelmäßig und zeitnah seine erbrachten Leistungen mittels Arbeitsnachweis erfasst und einem Produkt zuordnet.

Die Leistungserfassung erfolgt nicht nur auf die beschriebenen Produktkostenstellen, sondern zum Teil auch auf Aufträge. Diese Aufträge werden eigens für die Kontrolle und Steuerung spezieller Produkte/Projekte (insbesondere zum Beispiel bei Einführungsprojekten) angelegt, rechnen aber letztendlich wieder auf eine entsprechende Produktkostenstelle ab.

Charging

ITIL Vision, Inc. verrechnet monatlich die Kosten für die IT-Produkte verursachungsgerecht. Das heißt, jedem Kunden werden die Kosten einzeln berechnet. Ziel dieser Verrechnung ist es, alle Kosten, die im Bereich Informatik- und Abrechnungsservice für die Erbringung der Dienstleistungen entstehen, durch direkte Leistungsverrechnung an die Kunden weiterzugeben.

Die Verrechnung der IT-Services erfolgt über standardisierte Produkte und Projekte:

- ▶ **Produktverrechnung**

  Alle Kosten, die bei der Erbringung einer IT-Dienstleistung entstehen, werden auf einer Produktkostenstelle gesammelt, d. h., alle IT-Mitarbeiter erfassen ihre Leistungen für Produkte auf Aufträgen, die auf die jeweilige Produktkostenstelle abrechnen. Diese Produkteigenleistungen bilden zusammen mit den systemtechnischen Kosten (Wartung, HW ...) die Kostenbasis zur Festlegung der Produktpreise. Die Kalkulation der einzelnen Produkte erfolgt unter Beobachtung von Marktpreisen für vergleichbare Leistungen.

  Die Verrechnung der Produktpreise erfolgt monatlich anhand der Daten aus dem Configuration-Management direkt im SAP-System. Es erfolgt keine direkte Rechnungslegung, sondern jeder Anwender/Kunde hat im Intranet die Möglichkeit, sich über die verrechneten Produkte zu informieren (siehe Abbildung 3.70).

IT Rechnungsanzeige

für 02819, Markus Gruber
Monat August 2005

Berechtigungen für Mitarbeiter 02819		
Berechtigung	Mail-Synchronisation	5,- EURO
Berechtigung	Mobiler Arbeitsplatz	48,- EURO
Summe		**53,- EURO**

Arbeitsplatz L02819-01		
Hardware	Bildschirm - 17" TFT Display	29,- EURO
Hardware	Handheld - Handheld Farbe	37,- EURO
Hardware	Notebook - Pentium Centrino	196,- EURO
Infrastruktur	Bürokommunikation	120,- EURO
Software	Autocad Vollversion	117,- EURO
Software	AutoVue	19,- EURO
Software	DeskTopBinder	5,- EURO
Software	edoc PDF Writer	3,- EURO
Software	InterVideo WinDVD	0,- EURO
Software	Siemens HiPath und OptiClient	0,- EURO
Software	SnagIt	3,- EURO
Software	Systran (Übersetzungsprogramm)	17,- EURO
Software	UltraEdit	2,- EURO
Software	Volo View Express	0,- EURO
Summe		**548,- EURO**

Gesamtkosten		601,- EURO

ILV Belastung wurde auf Kostenstelle 994021 verrechnet.

Abbildung 3.70 Rechnungsauskunft im Intranet

- ▶ **Projektverrechnung**

  Alle IT-relevanten Projekte werden zentral vom Bereich IT budgetiert, die tatsächlichen Kosten werden erfasst und letztendlich auch verrechnet. Neben den ausgabewirksamen Projektkosten werden auch die bereichsinternen oder die von anderen Bereichen für ein IT-Projekt geleisteten Stunden auf Aufträgen der IT gesammelt. Die Abrechnung aller projektrelevanten Aufträge erfolgt auf die Produktkostenstelle »Projekte« des Bereichs IT (siehe Abbildung 3.70).

Die Verrechnung der Projektkosten an die Fachbereiche (Projektauftraggeber) erfolgt quartalsweise. Dazu werden die projektrelevanten Aufträge zu einer Auftragsgruppe zusammengefasst und die Kosten der gesamten Auftragsgruppe an den Projektauftraggeber weiter verrechnet.

3.16.2 Zielsetzung

Ziel des Financial-Managements ist die effektive Steuerung der Kosten und der finanziellen Ressourcen, die für die Erbringung der IT-Services eingesetzt werden.

Bei der ITIL Vision, Inc. werden die notwendigen Informationen bereitgestellt, um das betriebswirtschaftliche Ziel »Ausgeglichenes Ergebnis bei marktkonformen Preisen« zu erreichen. Das heißt, dass allen Ausgaben gleich hohe Einnahmen durch die Produkt- und Projektverrechnung gegenübergestellt werden können. Um dieses Ziel erreichen zu können, ist es notwendig, dass

▶ sämtliche Aufwands- und Investitionsaufträge regelmäßig daraufhin kontrolliert werden, ob die Planwerte eingehalten werden können und

▶ alle Produktpreise den tatsächlichen Entstehungskosten gegenübergestellt werden.

3.16.3 Prozess

Das Financial-Management wird nicht durch einen eigenen Prozess beschrieben. Es muss sichergestellt werden, dass Veränderungen mit Auswirkungen auf das Sortiment der IT-Produkte den Change-Prozess durchlaufen. In diesem Fall ist das Financial-Management zu informieren, um mögliche Auswirkungen auf die Gestaltung des Produktkatalogs oder der Preisgestaltung von Produkten zu prüfen. Aber auch bei Änderungen von Service Level Agreements ist es notwendig, dass das Financial-Management informiert wird.

3.16.4 Aufgaben

▶ Die Abläufe von Budgeting, Charging und Accounting sind festzulegen.

▶ Alle Mitarbeiter müssen zeitnah und regelmäßig alle erbrachten Leistungen mittels Arbeitsnachweis erfassen und in Folge einem Produkt zuordnen.

▶ Alle Ausgaben (Aufwand/Investitionen) müssen einem Produkt zugeordnet werden.

▶ Die Leistungsverrechnung ist regelmäßig durchzuführen. Der Kunde bzw. Anwender muss über die Leistungsverrechnung informiert werden, zum Beispiel in der beschriebenen Form der Rechnungsauskunft im Intranet.

▶ Außerdem sollte der Kunde bereits vorab über die Kosten pro Produkt informiert sein. In einem Produktkatalog sind alle IT-Services mit den Preisen abzubilden (vgl. Abbildung 3.71).

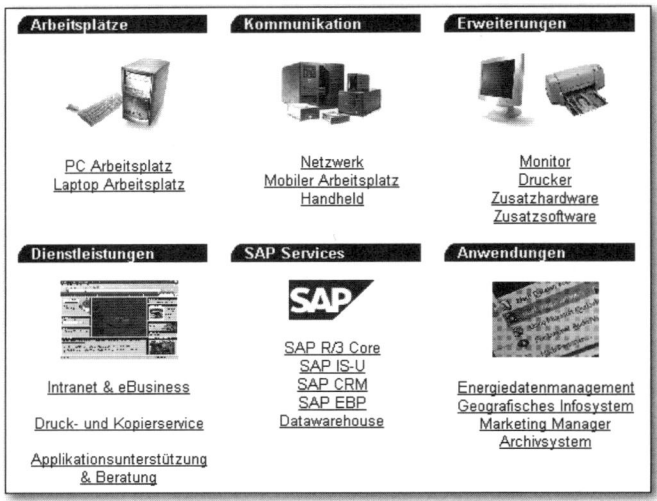

Abbildung 3.71 Produktkatalog mit allen IT-Services

▶ Aufgrund der anfallenden Kosten pro Produkt (Aufwandsaufträge, Investitionsaufträge, Leistungserfassung via Arbeitsnachweis) ist eine Kontrolle der Produktkosten durchzuführen. Gegebenenfalls sind Produktkosten anzupassen.

▶ Sämtliche Aufwands- und Investitionsaufträge sind regelmäßig zu prüfen. Es muss sichergestellt werden, dass alle vorgegebenen Budgetwerte eingehalten werden.

3.16.5 Erforderliche Dokumente und Tools

▶ Handbuch Financial-Management
Definiert den Ablauf der Teilprozesse Budgeting, Charging und Accounting

▶ Kostenrechnungssystem (z. B. SAP R/3 Core)

▶ IT-Rechnungsauskunft

Abbildung 3.72 Darstellung des IT-Services »PC-Arbeitsplatz« im Produktkatalog inkl. Preisgestaltung

3.16.6 Kennzahlen

Plan-/Ist-Darstellung aller Aufwands- und Investitionsaufträge: Die Summen der Belastungen und Entlastungen auf den Produktkostenstellen heben sich auf.

Checkliste für die Umsetzung

☑ Bestimmen Sie einen Prozessverantwortlichen und dessen Stellvertreter für das Financial-Management.

☑ Erstellen Sie ein Handbuch »Financial-Management«, in dem die Prozesse Budgeting, Charging und Accounting eindeutig beschrieben werden.

☑ Stellen Sie sicher, dass alle IT-Mitarbeiter regelmäßig und zeitnah die erbrachten Leistungen, zum Beispiel in Form eines Arbeitszeitnachweises, dokumentieren.

☑ Stellen Sie sicher, dass die gesamten Kosten für ein Produkt dargestellt werden können.

☑ Alle Ausgaben (Aufwand, Investitionen) müssen einem Produkt zugeordnet werden.

☑ Die durch das Schreiben eines Arbeitszeitnachweises erfasste Leistung der IT-Mitarbeiter muss ebenfalls einem Produkt zugeordnet werden können.

☑ Berechnen Sie für jedes Produkt einen Preis.

☑ Informieren Sie den Kunden/Anwender über die Kosten der IT-Services mittels Produktkatalog.

☑ Führen Sie regelmäßig eine Leistungsverrechnung durch.

☑ Der Kunde/Anwender muss über die verrechneten Leistungen, zum Beispiel in Form der beschriebenen Rechnungsauskunft, informiert werden.

☑ Erstellen Sie einen Controlling-Bericht und überprüfen Sie regelmäßig die Einhaltung alle Planwerte.

Was ist zu beachten?

☑ Die IT-Leistungsverrechnung stellt immer ein heikles Thema dar. Durch die Verrechnung der IT-Services schafft man Kostentransparenz und der Anwender bzw. Kunde entwickelt Kostenbewusstsein. Viele Anwender/Kunden werden über die Kosten pro Produkt erstaunt sein. Tätigkeiten und die damit verbundenen Kosten für die Erbringung von IT-Services sind oftmals nicht ausreichend bekannt und führen so zum Aufschrei bei der Leistungsverrechnung.

Es empfiehlt sich daher, wie in Abbildung 3.72 gezeigt, folgende Aspekte im Produktkatalog abzubilden:

- ▶ Genaue Beschreibung der IT-Services mit allen Details
- ▶ Preis inkl. Preisbildung

Die Zertifizierung steht bevor. In diesem Kapitel lesen Sie, wo Sie noch einmal kleine Korrekturen vornehmen können, wie die Zertifizierung abläuft und wie Sie das Zertifikat nutzen.

4 Die Zertifizierung – vor, während und danach

4.1 Internes Audit (vor der Zertifizierung)

Der Prozess interne Auditierung wurde schon in Abschnitt 3.2.2. ausführlich beschrieben. Es geht an dieser Stelle also nicht um den Standardprozess der laufenden internen Auditierung, sondern um den letzten Check vor der Zertifizierung. Dieser Check bietet auch die letzte Möglichkeit, Maßnahmen einzuleiten, die der Erreichung der Zertifizierung dienen.

4.1.1 Kurzbeschreibung

Der Ablauf des »internen Audits vor der Zertifizierung« ist sehr ähnlich dem Standardprozess, daher wird an dieser Stelle nur kurz das Wesen der internen Auditierung wiederholt und dann auf die Besonderheiten des letzten Checks eingegangen.

Grundsätzliches zu jedem internen Audit

Die Wirksamkeit und Effizienz der Prozesse ist ständig durch den Service-Manager zu überwachen. Dies erfolgt mit internen Audits, zumindest ein Mal im Jahr. Als Grundlage für die Befragung dient ein ISO 20000-Fragenkatalog, der um firmenspezifische Gegebenheiten erweitert wird. Die Audits und Reviews haben rechtzeitig in einem Auditplan angekündigt zu erfolgen. Die Audits führen zu Maßnahmen, die umgesetzt werden müssen. Die Umsetzung und Einhaltung dieser Maßnahmen wird durch den Service-Manager kontrolliert. Eine erweiterte Kontrolle erfolgt im Rückblick durch die Management Reviews sowie durch das ein Mal im Jahr erforderliche Jahres-Management-Review (globale Betrachtung).

Die Fragestellung beim Audit erfolgt aufgrund eines Auditfragenkataloges. Vorgaben dazu gibt es in der ISO 20000. Diese Fragen müssen um firmenspezifische Fragen erweitert werden. Die Aufzeichnungen während des Audits nennt man

Auditnotizen. Diese werden dann mit einer Beurteilung in den Auditbericht (je Prozess) übertragen.

Grundsätzliches zum internen Audit vor der Zertifizierung

Dieses Audit weicht insofern von den normalen Audits ab, als es sich dabei nicht um ein Instrument der kontinuierlichen Verbesserung handelt, sondern es einzig und allein dem Zwecke dient, die Zertifizierung zu erreichen. Es wird daher bei diesem Audit nicht primär darauf geachtet, was es zu verbessern gibt, sondern ob alle Erfordernisse der Normen ITIL und ISO 20000 erkannt, umgesetzt und gelebt werden. Dieses Audit bietet auch die letzte Möglichkeit für den Service-Manager, den Vorgang, den Ablauf und die Fragestellungen für die internen Audits zu erlernen.

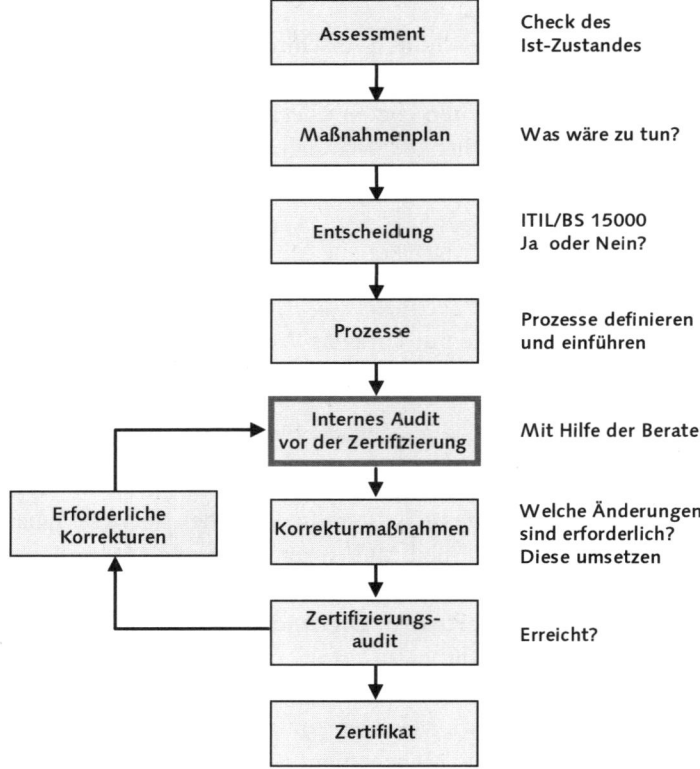

Abbildung 4.1   Internes Audit vor der Zertifizierung

Es ist sinnvoll, dieses letzte Audit vor der Zertifizierung gemeinsam mit der Beraterfirma durchzuführen, die das Unternehmen beim ITIL/ISO 20000-Projekt begleitet hat. Sie kennt die Stärken und Schwächen der Organisation und kann sich gezielt auf das eigentliche Thema – die Zertifizierung – konzentrieren.

Ablauf des internen Audits vor der Zertifizierung:

▶ Sämtliche Unterlagen, Dokumente, Aufzeichnungen zur Verfügung stellen. Am besten man legt einen oder mehrere Ordner an, in denen sich die Informationen in ausgedruckter Form wiederfinden. Die Organisation ist die Aufgabe des Service-Managers.

▶ Einen Raum mit entsprechendem Equipment vorbereiten, in dem sämtliche Möglichkeiten bestehen, die Informationen, Dokumente, Anwendungen und Kennzahlen online anzuzeigen. Konkret heißt dies, einen Besprechungsraum adaptieren mit PC oder Laptop, einen Videobeamer, damit alle Anwesenden die gezeigten Informationen sehen können, und vor allem das Endgerät mit den erforderlichen Berechtigungen und Programmen versehen, damit auch wirklich alles funktioniert. Nichts ist ärgerlicher, als wenn dann beim Aufruf der Programme die entsprechenden Berechtigungen fehlen. Die Organisation liegt in der Verantwortung des Service-Managers.

  ▶ Das interne Audit vor der Zertifizierung dauert normalerweise zwei bis drei Tage und läuft in folgenden Schritten ab:

  ▶ Startgespräch mit dem ganzen ITIL/ISO 20000-Projektteam – also den künftigen Prozessmanagern. Dabei wird die Vorgehensweise abgeklärt. Dauer circa eine Stunde.

  ▶ Gespräch mit dem IT-Management – also dem IT-Chef, seinen Assistenten und den Centerleitern. Dabei werden grundsätzliche Dinge besprochen, wie z. B. die relevanten IT-Service-Management-Prozesse und deren Verankerung in der Firma. Dauer circa eine Stunde.
  Danach wird jeder Prozess nach dem gleichen Schema behandelt:

▶ Der jeweilige Prozessmanager muss den Prozess beschreiben – warum, wieso und weshalb dies alles gemacht wird (um das Verständnis zu überprüfen).

▶ Kurzbericht, was bei dem einzelnen Prozess bereits umgesetzt ist. Dies erfolgt mittels des KVP-Programmes.

▶ Was wurde nicht umgesetzt und warum nicht? Führt dies eventuell zu einer Nichterreichung des Zertifikates?

▶ Kontrolle der Prozessaufzeichnungen

▶ Kontrolle der Dokumente

▶ Kontrolle der Kennzahlen. Was bedeuten die Kennzahlen – was erkennt man daraus?

- ▶ Wie läuft der Prozess in der Praxis?

- ▶ Wo sind momentan die Schwachstellen?

- ▶ Und vor allem, welche Maßnahmen müssen bis zur Zertifizierung noch umgesetzt werden, also wo muss bei den einzelnen Prozessen noch nachgebessert werden? Dauer je Prozess im Schnitt eine Stunde. Dies ist ein Erfahrungswert und natürlich von Prozess zu Prozess verschieden. Die Durchführung erfolgt durch den Service-Manager gemeinsam mit den Beratern.

- ▶ Präsentation der Erkenntnisse aus dem internen Audit vor dem ganzen Projektteam mit dem Hauptzweck: Klärung der Frage »Was ist noch zu tun bis zur hoffentlich erfolgreichen Zertifizierung?«. Das, was noch zu tun ist, spiegelt sich wider in den im nächsten Abschnitt beschriebenen Korrekturmaßnahmen.

4.1.2 Zielsetzung

- ▶ Letzter Check vor der Zertifizierung

- ▶ Gemeinsame Durchführung des Audits von Service-Manager und Beratern – dadurch Lernmöglichkeit für den Service-Manager

- ▶ Erkennen, was je Prozess umgesetzt wurde und wo noch Schwachstellen bestehen

- ▶ Aus dem Audit die letzten Korrekturen vor dem Zertifizierungsaudit ableiten

4.1.3 Prozess

Der Prozess entspricht dem Prozess der internen Auditierung mit den oben genannten Abweichungen.

4.1.4 Aufgaben

Die Aufgaben wurden bereits im Prozess interne Auditierung besprochen und wurden im vorigen Abschnitt 4.1.1 nochmals wiederholt und um die speziellen Erfordernisse dieses Audits erweitert.

4.1.5 Erforderliche Dokumente und Tools

Es sind keine speziellen Dokumente und Tools erforderlich, sondern alle Dokumente, Tools, Aufzeichnungen und Kennzahlen.

4.1.6 Kennzahlen

Es sind keine Kennzahlen erforderlich.

Checkliste für die Umsetzung

☑ Beraterfirma beauftragen für das interne Audit. Aufgabe des Service-Managers

☑ Besprechungsraum reservieren. Für entsprechendes Equipment und die erforderlichen Berechtigungen sorgen (online alles zeigen können)

☑ Sämtliche Unterlagen, Dokumente und Aufzeichnungen zur Verfügung stellen

☑ Ablauf: Startgespräch, Gespräch mit dem IT-Management, Check je Prozess, Kontrolle der umgesetzten Maßnahmen und Besprechung der Kennzahlen

☑ Präsentation der Erkenntnisse. Die Erkenntnisse werden in Form von Maßnahmen niedergeschrieben und als KVP bis zur Zertifizierung behandelt.

Was ist zu tun?

☑ Alle Prozessmanager und ihre Stellvertreter müssen vor Ort sein.

☑ Keine zusätzlichen Termine vereinbaren

☑ Der Service-Manager kümmert sich um die Organisation.

☑ Bei den Audits ein Schema der Befragung einhalten mit Eingangsfragen, Abarbeitung der Frageliste und Folgefragen

☑ Je Audit oder Review ein Protokoll hinzufügen

☑ Bei der Durchführung der Audits einen störungsfreien Raum verwenden und dafür sorgen, dass alle technischen Hilfsmittel vorhanden sind (online zeigen lassen)

☑ Es sind keine Kennzahlen erforderlich.

4.2 Korrekturmaßnahmen (vor der Zertifizierung)

Die Aufgabe »Maßnahmenplan« wurde schon in Abschnitt 2.2, *Der Maßnahmenplan*, ausführlich beschrieben. Es geht an dieser Stelle also nicht um die generellen Maßnahmen, die beim Projekt erforderlich sind, sondern um die letzte Möglichkeit vor der Zertifizierung, Maßnahmen einzuleiten und umzusetzen, die eine erfolgreiche Zertifizierung verhindern könnten. Diese letzten Maßnahmen sind das Ergebnis des zuvor durchgeführten »internen Audit vor der Zertifizierung«.

4.2.1 Kurzbeschreibung

Der Vorgang der »Korrekturmaßnahmen vor der Zertifizierung« ist sehr ähnlich dem Standardprozess, daher wird an dieser Stelle nur kurz die Art des »Maßnahmenplans« wiederholt und dann auf die Besonderheiten der letzten Korrekturen eingegangen.

Grundsätzliches zum Maßnahmenplan

Jeder Maßnahmenplan ist immer das Ergebnis einer internen oder externen Überprüfung. Dies kann ein Assessment, ein internes Audit, ein externes Audit oder ein Zertifizierungsaudit sein. Im erweiterten Sinn kann ein Maßnahmenkatalog auch das Resultat aus einem Management Review oder eines Jahres-Management-Review sein.

Ziel jedes Checks ist es, die Frage zu klären: »Wo stehen wir mit unserer IT?« Damit dies konkret und messbar ist, wird dazu häufig der konkrete Reifegrad jedes Prozesses ermittelt. Dies alles dient immer einer Standortbestimmung und beinhaltet folgende Komponenten und beantwortet folgende Fragen:

- ▶ Welche Verbesserungspotentiale gibt es?
- ▶ Was sind die nächsten sinnvollen Schritte des ITIL-Service-Managements?
- ▶ Was ist noch zu tun, damit eine erfolgreiche Zertifizierung nach dem internationalen Standard ISO 20000 erreicht werden kann oder dass ein höherer Reifegrad erreicht wird?

Die dabei verwendeten Reifegrade, auch Reifestufen genannt, werden dabei wie folgt interpretiert.

Reifegrad	Interpretation
Level **0**	Es gibt Tätigkeiten zum Prozess. Es gibt keinen Ablauf und kein definiertes Ziel. Arbeitsergebnisse liegen nicht oder unvollständig vor.
Level **1** (Unterschied zu Level 0)	Die Ziele werden grundsätzlich erreicht.
Level **2** (Unterschied zu Level 1)	Die Ausführung der Arbeiten wird geplant und gemanagt.
Level **3** (Unterschied zu Level 2)	Es gibt einen definierten Prozess und der wird auch gelebt. Dies ist die Stufe, die zur Erreichung der Zertifizierung erforderlich ist.
Level **4** (Unterschied zu Level 3)	Die Prozessergebnisse sind voraussagbar.
Level **5** (Unterschied zu Level 4)	Der Prozess wird dynamisch den Geschäftsanforderungen angepasst.

Tabelle 4.1 Korrekturmaßnahmen – Reifegrade

Grundsätzliches zu den Korrekturmaßnahmen vor der Zertifizierung:

Aufgrund der Ergebnisse des internen Audits vor der Zertifizierung durch die Beraterfirma und den Service-Manager gibt es Maßnahmen, die vor der Zertifizierung noch umgesetzt werden müssen. Diese Maßnahmen ergeben sich aus den Nonkonformitäten der Überprüfung und werden in einem ersten Schritt aufgezeichnet und dann bewertet und klassifiziert. Dabei wird wieder das übliche Schema aller Maßnahmen verwendet, nämlich eine Einteilung in drei Kategorien:

Kategorie	Beschreibung
A – Abweichung	Klarer Verstoß gegen die Anforderungen; die erforderliche Maßnahme muss sofort erfolgen. Die Wirksamkeit des gesamten Systems ist in Frage gestellt.
F – Feststellung	Verstoß gegen die Anforderungen. Diese Maßnahme sollte bis zur nächsten Überprüfung abgearbeitet sein.
V – Verbesserungspotential	Kein Verstoß gegen die Anforderung; die Maßnahme stellt aber ein Verbesserungspotential dar.

Tabelle 4.2 Korrekturmaßnahmen – Kategorien

Zusätzlich ergeben sich während der Auditierung immer wieder Hinweise der Berater, was man zusätzlich besser machen könnte. Dies wird durch den Service-Manager und/oder den jeweiligen Prozessmanager in einer Mitschrift notiert. Daher haben wir bei der ITIL Vision, Inc. eine vierte Kategorie eingeführt:

Kategorie	Beschreibung
M – Mitschrift (wird wie eine Maßnahme der Kategorie **V** behandelt)	Kein Verstoß gegen die Anforderung; die Maßnahme stellt aber ein Verbesserungspotential dar.

Tabelle 4.3 Korrekturmaßnahmen – Kategorie Mitschrift

Diese Maßnahmen werden wie Maßnahmen der Kategorie V als Verbesserungspotential behandelt.

Von den Korrekturmaßnahmen muss man nun jene Maßnahmen der Kategorie A (Abweichung) bis zum Zertifizierungsaudit umsetzen. Die Maßnahmen der Kategorie F (Feststellung) sollen umgesetzt werden, wenn irgendwie möglich, und die Maßnahmen der Kategorie V stellen nur ein Verbesserungspotential dar und können umgesetzt werden.

Wir haben uns bei der ITIL Vision, Inc. dazu entschlossen, alle Korrekturmaßnahmen umzusetzen, inklusive der Maßnahmen der Kategorie M. Einerseits weil wir bereits so im »Verändern« waren und andererseits wollten wir auf Nummer sicher gehen. Zwischen dem Bekanntsein der Korrekturmaßnahmen und dem Zertifizierungsaudit sollten circa zwei Monate liegen – natürlich abhängig von der

Firmengröße und den erforderlichen Korrekturmaßnahmen. Aber das weiß man zu dem Zeitpunkt der Terminplanung und der Order des Zertifizierungsaudit noch nicht.

Die Verwaltung der Korrekturmaßnahmen erfolgt im KVP-Programm und die Kontrolle der Umsetzung ist die Aufgabe des Service-Managers.

4.2.2   Zielsetzung

▶ Letzte Korrekturen vor der Zertifizierung

▶ Standortbestimmung des Projektes vor der Zertifizierung

4.2.3   Prozess

Es ist dazu kein Prozess erforderlich.

4.2.4   Aufgaben

Die Aufgaben wurden bereits im Prozess Maßnahmenkatalog besprochen und wurden im Abschnitt 4.1.1 nochmals wiederholt und um die speziellen Erfordernisse erweitert.

4.2.5   Erforderliche Dokumente und Tools

Es sind keine speziellen Dokumente und Tools erforderlich. Eventuell könnte man das KVP-Programm erwähnen, das aber in vorherigen Kapiteln schon ausführlich betrachtet wurde.

4.2.6   Kennzahlen

Es sind keine Kennzahlen erforderlich.

Checkliste für die Umsetzung

☑ Nach dem internen Audit die Maßnahmen klassifizieren. Dies ist die Aufgabe des Service-Managers und der Beraterfirma.

☑ Die üblichen Kategorien A, F und V verwenden. Eventuell eine zusätzliche Kategorie M einführen.

☑ Am besten sämtliche Maßnahmen bis zur Zertifizierung umsetzen. Ein Muss ist die Umsetzung der Kategorie A, ein Soll die Umsetzung der Kategorie F.

☑ Der Service-Manager muss die Korrekturmaßnahmen im KVP-Programm verwalten.

☑ Der Service-Manager ist für die Umsetzung verantwortlich.

Was ist zu tun?

☑ Im Projektplan genügend Zeit zwischen Korrekturmaßnahmen und Zertifizierungsaudit einplanen.

☑ Schon vor dem Zertifizierungsaudit die Maßnahmen aus der Projektphase laufend überprüfen. Dies ist Aufgabe des Service-Managers.

4.3 Die Zertifizierung

Dies ist nun der letzte Schritt auf dem hoffentlich nur neun Monate dauernden Weg zur Zertifizierung. Bei allen Betroffenen baut sich vor dem Zertifizierungsaudit unbewusst eine merkbare Anspannung auf, aber man darf vor der Zertifizierung nicht »in Panik verfallen« oder die »Flinte ins Korn werfen«. Der Vorgang ist im Grunde nichts anderes als ein Audit oder ein Assessment. Der Unterschied liegt nur darin, dass nicht der Berater oder der Service-Manager diese Aufgabe durchführt, sondern eine dazu autorisierte Person.

Damit die Zertifizierung auch wirklich ohne Probleme abläuft, empfiehlt es sich, einige Besonderheiten zu berücksichtigen, wie zum Beispiel:

▸ rechtzeitige Anmeldung zur Zertifizierung

▸ rechtzeitige Bereitstellung der Unterlagen für die Zertifizierung

▸ Schulung der Prozessmanager, des Service-Managers und der Mitarbeiter

▸ Bewusstseinsbildung der Mitarbeiter

4.3.1 Vorbereitung

Die beste Vorbereitung ist, dass alle – also wirklich alle – in der Projektphase beschlossenen Maßnahmen rechtzeitig umgesetzt wurden und seitdem gelebt werden. Und dies nicht nur von den Prozessmanagern, die während der ganzen Zeit in das Projekt involviert waren, sondern von allen betroffenen Mitarbeitern der IT.

Zusätzlich empfiehlt es sich, noch zusätzliche Maßnahmen im Schulungsbereich, in der Bewusstseinsbildung und Maßnahmen organisatorischer Art zu treffen.

Anmeldung

Die Anmeldung zur Zertifizierung muss zumindest vier Monate vor dem geplanten Termin erfolgen. Dies ist zumindest unser Erfahrungswert mit der TÜV Management Service GmbH.

Der Umfang der Zertifizierung gliedert sich in folgende Teile:

▶ Auditierung vor Ort (ITIL und ISO 20000): 2,5 Personentage

▶ Vor- und Nachbereitung: 1,5 Personentage

Zusätzlich sind noch folgende Positionen extra zu begleichen:

▶ Zertifikatserteilung – Jahresgebühr

▶ Reisekosten und Reisezeit für den Zertifizierer

Außerdem empfiehlt es sich, zusätzlich noch folgende zwei Positionen in die Überlegung aufzunehmen:

▶ Für die 2,5 Personentage der Auditierung vor Ort sollte unbedingt auch der Berater dabei sein, der das ganze Projekt begleitet hat.

▶ Die Zertifikatserteilung erfolgt mit »bestanden« oder eben »nicht bestanden«. Geht man vom ersten Fall aus, dann interessiert Sie sicher, wie sie sich gegenüber dem Assessment verbessert haben. Dazu ist es erforderlich, dass Sie zusätzlich eine Bewertung der ITIL- und ISO 20000-Prozesse in Form eines Spinnendiagramms ordern (Aufwand ca. 1 Personentag).

Für die Anmeldung zur Zertifizierung gibt es ein Formblatt. Neben den üblichen Angaben zum Unternehmen und dem zu zertifizierenden Bereich der IT sind u. a. noch folgende Angaben erforderlich:

▶ Ob Sie in den letzten drei Jahren beim Aufbau des Management-Systems durch Mitarbeiter des TÜV unterstützt wurden. Wenn nicht, dann erhöht sich der Aufwand der Auditierung vor Ort von 2,5 auf 5 Personentage.

▶ Wer ist der Auditbeauftragte im Unternehmen?

▶ Für welchen Bereich (IT) gilt die Prüfung oder gilt sie für das gesamte Unternehmen?

Vorbereitung der Unterlagen

Spätestens einen Monat vor der Zertifizierung sind die Unterlagen zur Sichtung an den Zertifizierer einzureichen. Dies kann auf zwei Arten erfolgen:

▶ Ausdruck sämtlicher Unterlagen (Prozesse, Dokumente, Kennzahlen, Übersichten, Ausdruck der HTML-Seiten ...) und Abgabe in mehreren Ordnern

▶ Wir von der ITIL Vision, Inc. haben uns entschieden, sämtliche Unterlagen (inkl. der HTML-Seiten) in Form einer CD zu liefern. Diese CD enthielt »alle« Informationen. So kann sich der Zertifizierer vorab am besten ein Bild vom Fortschritt der Umsetzung machen.

Organisatorische Maßnahmen

Der Ablauf der Zertifizierung ist wie der beim Assessment und daher erfolgt hier nur eine kurze Wiederholung, die Besonderheiten werden aber näher erläutert.

▶ Die Zertifizierung beginnt mit einer Angebotseinholung zur Zertifizierung. Es werden Ihnen danach sämtliche Unterlagen zugesandt mit Terminvorschlägen für das Zertifizierungsaudit.

▶ Diese Unterlagen senden Sie ausgefüllt an die Zertifizierungsstelle zurück mit einem fest definierten Termin.

▶ Sie erhalten von der Zertifizierungsstelle eine Zusage und einen Vorschlag für den zeitlichen Ablauf der Zertifizierung. Dies erfolgt gemeinsam mit dem Prüfer, der das Zertifizierungsaudit durchführt. Der Zeitplan wird dann abgestimmt und beschlossen.

▶ Dann erfolgen die Vorbereitungen von Räumlichkeiten und technischem Equipment, die Absicherung der Anwesenheit aller erforderlichen Personen usw.

▶ In der Zwischenzeit werden alle Mitarbeiter durch Schulungen, Quiz, Bewusstseinsbildung usw. auf die Zertifizierung vorbereitet.

Schulungsmaßnahmen Service-Manager/Prozessmanager

Die ITIL Vision, Inc. hat beschlossen, dass der Service-Manager und dessen Stellvertreter vor Beginn des Projektes einen ITIL-Foundation-Kurs besuchen und auch die Prüfung ablegen müssen. Der Grund war, dass zumindest zwei Mitarbeiter (außer dem Beraterteam) schon zu Projektbeginn einen Überblick über das Thema besitzen sollten.

In weiterer Folge hatten, nachdem alle Prozessmanager bestellt waren, auch diese den ITIL-Foundation-Kurs zu besuchen und die Prüfung abzulegen. Durch die gleich nach der Ausbildung stattfindende Prüfung konnte erreicht werden, dass eine besondere Aufmerksamkeit während des Kurses herrschte.

Zusätzlich ist es empfehlenswert, wenn zumindest der Service-Manager auch die umfangreiche Service-Manager-Ausbildung macht. Bei der ITIL Vision, Inc. wird dies noch nachgeholt.

4.3.2 Schulungsmaßnahmen aller betroffenen Mitarbeiter

Auch sämtliche anderen Mitarbeiter der IT mussten diesen ITIL-Foundation-Kurs besuchen, allerdings nicht die Prüfung ablegen. Dadurch konnte eine Sensibilisierung der Mitarbeiter für das Thema erreicht und die Wichtigkeit für die ganze IT vermittelt werden.

Bei der Auswahl des Schulungsunternehmens ist darauf zu achten, dass das Thema ITIL sehr praxisbezogen vermittelt wird. Nur dann kann ein Konnex zu den täglichen Aufgaben hergestellt werden. Ein weiteres Schulungsunternehmen, das die Kenntnisse nur theoretisch vermittelte, also die Definitionen vortrug und die Aufgaben erklärte, wurde wesentlich schlechter beurteilt.

Schulungsmaßnahmen zu den Prozessen

Nachdem ein Prozess designed und umgesetzt war, wurde dieser sofort bekannt gemacht und die Mitarbeiter geschult, damit er dann auch »gelebt« werden konnte. Dies soll konkret am Beispiel des Change-Management-Prozesses gezeigt werden:

▶ Change-Prozess definieren

▶ Change-Prozess umsetzen inklusive der erforderlichen Anwendungen

▶ Vorstellung des Prozesses durch den Prozessmanager an die anderen Prozessmanager. Erklärung der Handhabung der Anwendungen und welche Dinge in der Praxis besonders zu beachten sind

▶ Der Service-Manager überprüft, ob alle Maßnahmen umgesetzt sind, und auch, ob dies in der vereinbarten Art und Weise durchgeführt wurde.

▶ Abnahme des Prozesses durch alle Prozessmanager (alle müssen zustimmen)

▶ Schulung aller Mitarbeiter der IT durch den Prozessmanager (Dauer ca. 2 Stunden)

▶ In der täglichen Praxis ergab sich, dass noch einige Korrekturen erforderlich waren.

▶ Korrekturen beschließen

▶ Alle Mitarbeiter wurden neuerlich geschult, aber nur mehr mit dem Schwerpunkt der durchgeführten Veränderungen (Dauer ca. eine Stunde).

▶ Eine Woche vor dem Zertifizierungsaudit wurde das Wesentliche des Prozesses noch einmal an alle Mitarbeiter vermittelt (Dauer ca. 15 Minuten).

Dieser Vorgang wurde für jeden Prozess durchgeführt.

Bewusstseinsbildung

Die Bewusstseinsbildung ist eine der Hauptaufgaben während der Einführung des Projektes. Anderenfalls könnten bei den Mitarbeitern Ängste entstehen, und zwar aus vielen Gründen. Es tauchen Fragen auf wie:

- Es muss eingespart werden – auch bei mir?
- Was werden die Veränderungen für mich bringen – nur Negatives?
- Es funktioniert doch alles – warum müssen wir überhaupt verändern?
- Übernimmt meine Aufgaben in Zukunft ein Kollege oder erfolgt ein Outsourcing?
- Werden meine Kompetenzen beschnitten, wenn wir jetzt so viele zusätzliche Manager haben?

Am besten kann man die mögliche negative Stimmung vermitteln mit einem Zitat aus einem ITIL-Vortrag während eines Kongresses. Ein besorgter Teilnehmer warf bei der Diskussion ein: »Das ganze ITIL dient doch nur dazu, dass noch mehr am Sonnendeck sitzen«.

Diesen unbegründeten Ängsten kann man nur vorbeugen und begegnen durch Gespräche, Schulungen, laufende Information über den Projektfortschritt, Einbindung aller Mitarbeiter und laufende Erörterungen der Vorteile und der Sinnhaftigkeit des Themas.

Dieses Thema haben wir bei ITIL Vision, Inc. sehr ernst genommen und darauf auch viel Zeit investiert. Dadurch konnte die Grundstimmung zum Thema von zunächst »reserviert bis zurückhaltend« auf »größtenteils positiv« gedreht werden.

Quiz

Ein Teil der Bewusstseinsbildung für ITIL und ISO 20000 sollte durch ein Quiz zu diesem Thema erreicht werden. Das Quiz wurde als Intranetanwendung konzipiert. Täglich musste von den Mitarbeitern eine Aufgabe gelöst werden. Dies führte dazu, dass sich die Mitarbeiter mit den einzelnen Prozessen beschäftigen mussten, um die richtigen Antworten zu geben. Als weiterer Anreiz wurde für den Highscorer ein gebrauchter Laptop zur Verfügung gestellt. Außerdem konnte mit diesem Quiz der Wissenstand der Mitarbeiter beurteilt werden, die nicht direkt in das Projekt involviert waren.

Zu den einzelnen Quizfragen (zwei Fragen je Prozess)

Fragen zum Security-Management

In welcher Richtlinie ist die Nutzung von EDV-Einrichtungen der ITIL Vision, Inc. durch Berater geregelt?

○ Benutzerrichtline für die Benutzung von Internetdiensten

◉ Benutzerrichtlinien für die Verwendung von EDV-Einrichtungen

○ Sicherheitsrichtline für externes Personal

○ Benutzerrichtlinie zur Nutzung von Grundbuchdaten im Gis

In welchem Dokument sind die sicherheitspolitischen Ziele der ITIL Vision, Inc. geregelt?

○ Risikomanagement

◉ Bereich IT-Sicherheitspolitik

○ Benutzerrichtlinien für die Verwendung von EDV-Einrichtungen

○ Leitsätze der ITIL Vision, Inc.

Fragen zum Availability-Management

Welches der folgenden Dokumente findet man nicht im Prozess Availability-Management?

○ Verfügbarkeitsplan

○ Risiko-Assessment

○ Aktuelle Operation Level Agreements mit anderen Bereichen

◉ Notfallstrategie

Welcher der folgenden Punkte ist kein Ziel des Availability-Management?

○ Erstellen eines Risiko-Assessments

○ Erstellen eines Verfügbarkeitsplans

○ Reports erstellen zur SLA-Überwachung

◉ Überwachen von Kapazitäten

Fragen zum KVP

Welche Inputs können einen KVP-Prozess auslösen?

○ Die jährlichen internen Audits und Zertifizierungsergebnisse

○ Die Ergebnisse aus Lieferanten-/Kundengesprächen bzw. Umfragen

Fragen zum KVP

○ Verbesserungsvorschlag durch den jeweiligen Prozessmanager oder jeden Mitarbeiter

◉ Alle

Wo kann man die jährlichen Audittermine nachlesen?

○ gar nicht

○ im Sekretariatskalender

○ im Auditplan

◉ in der KVP-Anwendung

Fragen zu Service Reporting und Lenkung Dokumente

Wo kann sich jeder über alle relevanten Berichte und Kennzahlen der IT informieren?

○ im R-Laufwerk der IT

◉ im Service Reporting

○ in der Management-System-Dokumentation

○ über seinen Centerleiter

Wie oft müssen Vorgabedokumente (z.B. Prozesse, Risikomanagement ...) archiviert werden?

○ zumindest ein Mal im Jahr

○ zumindest ein Mal im Monat

○ zumindest ein Mal in der Woche

◉ bei jeder Änderung

Fragen zum Change-Management

Welche Hilfsmittel helfen dem Change-Manager bei der Entscheidung, ob der Change vom CAB oder vom CM genehmigt werden muss?

○ Kennzahlen aus dem Change-Management

○ FSC-Programm

◉ RFC-Matrix

○ Release Policy

Welche der vier Aufgaben aus dem Change-Management ist nicht richtig?

○ Jeder IT-Mitarbeiter muss sämtliche Änderungen an der IT-Infrastruktur mittels RFC erfassen (vollständig, wirklichkeitsgetreu und richtig).

Fragen zum Change-Management

⊙ Bei der Bearbeitung von Incident-Tickets sind zusätzlich RFCs zu erstellen.

◯ Wiederkehrende Changes sollten als Standard definiert werden. Abstimmung gemeinsam mit dem Change-Manager

◯ Jeder IT-Mitarbeiter hat alle geplanten Änderungen unter Berücksichtigung des »Forward Schedule of Change« vorzunehmen.

Fragen zum Configuration-Management

Welches Attribut wird für die eindeutige Identifikation eines Notebooks verwendet?

◯ Anwender

◯ Seriennummer des Notebooks

◯ MAC-Adresse

⊙ Inventarnummer

Es wurde ein Fehleintrag in der CMDB gefunden. Was ist zu tun?

◯ Ein RFC ist zu stellen. – In diesem Fall ein Normal-RFC.

⊙ Ein Incident-Ticket ist zu erstellen. Dieses ist mit Erledigungscode »ILV Korrektur« vom Bearbeiter abzuschließen.

◯ Ein Security-Ticket ist zu erstellen. Dieses ist dem Security-Manager zuzuweisen.

◯ Ein Problem-Ticket ist zu erstellen. Dieses ist mit Priorität D zu kategorisieren, da nur ein Anwender betroffen ist.

Fragen zum Problem-Management

Eine Großstörung ist aufgetreten. Was ist zu tun?

◯ Der Hotliner hat nur ein Incident-Ticket zu erstellen.

⊙ Der Hotliner hat ein Incident- und parallel dazu ein Problem-Ticket zu erstellen.

◯ Der Hotliner hat den Continuity-Manager zu informieren.

◯ Der Hotliner hat den Availability-Manager zu informieren.

Ziel des Problem-Managements ist es ...

◯ Tickets mittels »Nachträglicher Ticketerfassung« zu erfassen.

◯ regelmäßig Trendanalysen durchzuführen.

◯ Ticketbearbeitung gemäß SLA-Zeiten zu garantieren.

⊙ Incident-Tickets nachhaltig zu vermeiden.

Fragen zum Incident-Management

Ziel des Incident-Managements ist ...

○ die bereichsweite Nutzung der IT-Wissensdatenbank.

◉ Störungen schnellstmöglich zu beheben.

○ Anwenderkontakte mittels »Nachträglicher Ticketerfassung« zu dokumentieren.

○ Überwachung aller offenen Tickets mittels Intranet-Übersicht »Bearbeitungsstatus aller offenen Tickets«.

Bei einem Mitarbeiter im TS ist ein Fehler in Word aufgetreten. Es wird ein Störungs-Ticket mit der Priorität D aufgenommen. Welche Bearbeitungszeit ist laut SLA einzu-halten?

○ 3 Arbeitstage

○ 4 Arbeitstage

○ 5 Arbeitstage

◉ 6 Arbeitstage

Fragen zum Continuity-Management

An der Hotlinestelle wird der Ausfall der Netzwerksverbindung eines Standortes festge-stellt. Durch telefonische Rückfrage wird als Ursache ein Kabelbrand im Stromverteiler ermittelt, die Reparatur ist im Gange, wird aber sieben Stunden dauern. Wer ist in diesem Fall zu verständigen?

○ Hausmeister BL Flachgau

◉ Prozessverantwortlicher Continuity-Management

○ Service-Manager

○ Prozessverantwortlicher Availability-Management

Durch eine Hackerattacke werden gleichzeitig vier Produktivsysteme lahm gelegt (totaler Datenverlust). Der prozessverantwortliche Continuity-Manager ist im Urlaub. Wer leitet in seiner Abwesenheit die Wiederherstellungsmaßnahmen ein?

○ CAB (Change Advisory Board) nach Erstellung eines RFCs

○ Bereitschaftsdienst IT-SY

○ Prozessverantwortlicher Security-Management

◉ Prozessverantwortlicher Stellvertreter Continuity-Management

Fragen zum Release-Management

Für welche Aufgabe ist das Release-Management nicht zuständig?

- ○ Test und Abnahme des Releases
- ◉ Formeller Abschluss des RFCs
- ○ Planung und Implementierung
- ○ Kommunikation, Vorbereitung und Schulung

Welches Dokument hilft Ihnen zu entscheiden, ob die Anforderung einen »normalen« Change oder ein Projekt darstellt?

- ○ Release Policy
- ○ Rollout-Plan (bzw. FSC)
- ◉ Projektbewertung
- ○ Release-Strategie

Fragen zum Management-System

Warum ist es für uns wichtig, marktkonforme Preise für unsere Services zu verrechnen?

- ○ Weil wir dadurch mehr Gewinn erwirtschaften.
- ◉ Weil dadurch die Kundenzufriedenheit steigt, was unsere strategische Zielsetzung ist.
- ○ Weil wir regelmäßig verglichen (gebenchmarkt) werden.
- ○ Weil alle unsere Kunden die Preise mit Hofer, Media Markt u. Ä. vergleichen.

Was unterscheidet die IT-Strategie von der Service-Management-Politik?

- ○ Die Strategie enthält mehr Bilder, die Politik mehr Text.
- ◉ Die Service-Management-Politik bricht die strategischen Ziele auf die Prozesse herunter.
- ○ Die Strategie definiert die genauen Ziele, die Politik gibt die grobe Richtung vor.
- ○ Es gibt keinen Unterschied, beides sind »Blabla«-Dokumente.

Fragen zum Supplier-Management

Was bringt uns der Prozess Lieferanten-Management?

- ○ Eine Menge zusätzlicher Arbeit
- ○ Jeder kennt alle Informationen/Preise und Konditionen von allen Lieferanten.
- ◉ Eine kontrollierte und partnerschaftliche Zusammenarbeit mit unseren Lieferanten
- ○ Zusätzliche Gespräche und Protokolle/Reports von und mit unseren Lieferanten

Fragen zum Supplier-Management

Worauf ist bei der Ausgestaltung/Verhandlung von Wartungsverträgen besonders zu achten?

○ Auf eine freundliche Schreibweise

○ Dass – bis hinauf zum Vorstand – alle den Vertrag unterschrieben haben

○ Dass die erforderlichen 5 Kopien überall richtig abgelegt sind

◉ Dass die Bedingungen des Wartungsvertrages denen der hausinternen SLAs entsprechen

Fragen zum Service-Level-Management

In welchem Dokument ist die Verfügbarkeit unserer Systeme mit den Fachbereichen vereinbart?

○ im Verfügbarkeitsplan

○ im Dienstleistungsvertrag

○ im Projektauftrag

◉ im Service Level Agreement

Wer überarbeitet die SLAs?

○ unsere Kunden

◉ der SLA-Manager

○ der Change-Manager

○ der Service-Manager

Fragen zum Business-Relationship-Management

Wer darf Kundenanfragen aufnehmen?

◉ alle IT-Mitarbeiter

○ nur die Geschäftsfeldbetreuer

○ nur der BR-Manager

○ nur die Hotline

In welchem System werden Kundenanforderungen erfasst?

◉ im Hotline-Tool

○ im CRM-System

Fragen zum Business-Relationship-Management

○ in der FSC-Applikation

○ in der CMDB

Fragen zum Financial-Management

Wo ist die Übersicht unser internen Aufträge (Stundensammler) zu finden?

○ beim Centerleiter

◉ auf der IT-internen Startseite unter Financial-Management

○ im Service Reporting

○ beim Service-Manager

Wo ist eine Übersicht über die verrechneten IT-Komponenten je Mitarbeiter zu finden?

◉ bei der Rechnungsauskunft im Intranet

○ im SAP-Kostenstellenbericht

○ im Sekretariat

○ im Monatsbericht FC

Fragen zum Capacity-Management

Ziel des Capacitiy-Managements ist ...

○ so viel Reserveplatz wie möglich vorzuhalten.

○ einen Wartungsvertrag mit dem Hersteller abzuschließen.

◉ eine Erweiterung zu möglichst geringen Kosten rechtzeitig durchzuführen.

○ ein Security-Ticket zu eröffnen.

Aufgabe des Capacitiy-Managements ist ...

○ zu warten, bis ein Service nicht mehr zur Verfügung steht.

◉ wichtige Parameter automatisch per Schwellwertüberwachung zu kontrollieren.

○ Notfall-Strategien zu entwickeln.

○ laufend Hardwareangebote beim Lieferanten einzuholen.

4.3.3 Beispielfragen für Foundation-Zertifizierung von Mitarbeiter

Der ITIL-Foundation-Kurs wurde von jedem Mitarbeiter besucht. Die Prozessmanager absolvierten sogar die Prüfung dazu.

Dieser Kurs erstreckte sich über zwei Tage, wobei am zweiten Tag eine schriftliche Prüfung in Form eines Multiple-Choice-Tests zu absolvieren war. Die Prüfung umfasste ca. 60 Fragen, für deren Beantwortung eineinhalb Stunden Zeit war.

Nachfolgend einige Beispielfragen. Aufgepasst, pro Fragen gibt es unter Umständen auch mehrere richtige Antworten. Die Auflösung finden Sie im Anhang.

1. **Welche Prozesse gehören zu den Service-Delivery-Prozessen?**
   a) Service-Level-Management
   b) Configuration-Management
   c) Capacity-Management
   d) Release-Management

2. **Die beste Beschreibung für ein Problem ist:**
   a) bekannte Ursache eines oder sogar mehreren Incidents
   b) unbekannte Ursache eines oder mehrerer Incidents
   c) mehrere Incidents zu einem bekannten Fehler

3. **Bei welchem ITIL-Prozess kann ein RFC eingereicht/ausgelöst werden?**
   a) Incident-Management
   b) Problem-Management
   c) Change-Management
   d) Release-Management

4. **Welches ist keine Aktivität des Financial-Managements?**
   a) Charging
   b) Budgeting
   c) Procuring
   d) Pricing

5. **Wer ist laut ITIL befugt einen SLA mit der IT-Organisation abzuschließen?**
   a) Anwender
   b) Kunde
   c) Prozesseigner

6. **Welches Dokument ist dafür verantwortlich, dass die Zusammenarbeit (in Hinsicht auf hausinterne Vereinbarungen) zum Beispiel zwischen IT-Abteilung und Einkaufsabteilung funktioniert?**

   a) Operational Level Agreement

   b) Service Level Agreement

   c) Service Specsheets

   d) Underpinning Contract

7. **Was ist eine Aufgabe des Service-Desks?**

   a) Einziger und erster Ansprechpunkt für den Anwender

   b) Incidents bzw. Zwischenfälle schnellstmöglich lösen

   c) Ursache eines Problems zu lokalisieren

8. **Welche Aufgabe hat das Capacity-Management?**

   a) Durchführung regelmäßiger Lieferantengespräche

   b) Planung erforderlicher Kapazitäten

   c) Sicherstellung finanzieller Ressourcen zum Ausbau der IT-Infrastruktur

9. **Was ist ITIL?**

   a) Eine Sammlung von Büchern

   b) Ein Standard

   c) Eine Methode

10. **Was bietet ITIL im Service-Management?**

    a) Standardmodelle für IT-Dienstleistungen

    b) Eine auf den besten Praxisbeispielen basierte Vorgehensweise

    c) Internationale Norm für ServiceDelivery und Service Support

11. **Welche Begriffe sind dem Change-Management zuzuordnen?**

    a) Change Advisory Board

    b) Major Release

    c) Forward Schedule of Change

    d) Application Sizing

12. **Erneut tritt eine Störung am selben PC auf, wie bereits vor zwei Monaten. Es handelt sich dabei um**

    a) ein Problem

    b) einen Incident

    c) einen bekannten Fehler

13. **Welcher Prozess ist dafür verantwortlich, dass die Stabilität eines Services unter allen Umständen sichergestellt wird?**

    a) Capacity-Management

    b) Availability-Management

    c) Continuity-Management

14. **Welche Aktivität ist im Problem-Management als erstes durchzuführen?**

    a) Priorisieren von Problemen

    b) Identifizieren von Problemen durch Analyse der Incidents

    c) Lösen von Problemen

15. **Welche ITIL-Funktion ist für die Bearbeitung von Störungen verantwortlich?**

    a) Problem-Management

    b) Service-Level-Management

    c) Service-Desk

16. **Was entspricht der Bezeichnung »durchschnittliche Verfügbarkeit«?**

    a) Durchschnittliche Zeit zur Wiederherstellung

    b) Durchschnittliche Zeit zwischen zwei Störungen

    c) Durchschnittliche Zeit zwischen Systemzwischenfällen

17. **Was ist ein Service Request?**

    a) Meldung eines Incidents

    b) Übersiedelung eines PC-Arbeitsplatzes

    c) Installation einer bestimmten Software

18. **Wo ist dokumentiert, wann und wo eskaliert werden muss?**

    a) Organisationsplan

    b) Service Level Agreement

    c) Service-Katalog

19. **Welche Zielsetzung/Aufgabe hat das Availability-Management?**

    a) Vertragliche Definition von Ausfallszeiten

    b) Überwachung und Steuerung der im Service-Level vereinbarten Verfügbarkeiten eines Services

    c) Erstellung und laufende Aktualisierung eines Verfügbarkeitsplanes

20. **Welcher Prozess ist für eine ordnungsgemäße Dokumentation in der CMDB verantwortlich?**

    a) Change-Management

    b) Configuration-Management

    c) Incident-Management

21. **Welche Prozesse gehören zu den Service-Support-Prozessen?**

    a) Financial-Management

    b) Incident-Management

    c) Availability-Management

    d) Change-Management

22. **Wer liefert an das Security-Management Informationen über die notwendigen Sicherheitsanforderungen?**

    a) Security-Manager

    b) Kunde

    c) Anwender

23. **Welcher ITIL-Prozess überwacht, dass bei einer geplanten Software-Installation alle notwendigen Tests (besonders Abhängigkeiten zu anderen Software-Produkten) durchgeführt werden?**

    a) Release-Management

    b) Change-Management

    c) Configuration-Management

24. **Was bedeutet Confidentiality im Prozess Security-Management?**

    a) Korrektheit von Daten

    b) Verfügbarkeit von Daten

    c) Schutz vor Einsichtnahme von Daten

25. **Welche Meldungen/Tickets werden am Service-Desk entgegengenommen?**

    a) Änderungen des SLAs

    b) Anfragen zu Software-Produkten

    c) Änderungen der Configuration Items

26. **Welche Aufgabe/Aktivität gehört zum ITIL-Prozess Availability-Management?**

    a) Klassifizieren von RFCs

    b) Identifizieren von Problemen bezüglich Verfügbarkeit

    c) Messen der Verfügbarkeit

27. **Welcher ITIL-Prozess genehmigt die unternehmensweite Verteilung einer neuen Software?**

    a) Change-Management

    b) Release-Management

    c) Service-Level-Management

28. **Was ist der Unterschied zwischen einem bekannten Fehler (Known Error) und einem Problem?**

    a) Bei einem bekannten Fehler ist die zugrundeliegende Ursache bekannt, bei einem Problem nicht.

    b) Bei einem Problem sind noch keine Informationen in der Wissensdatenbank eingetragen, bei einem bekannten Fehler schon.

    c) Ein bekannter Fehler ist nichts Neues und tritt auch immer wieder einmal auf. Ein Problem jedoch tritt zum ersten Mal auf.

29. **Ein Mitarbeiter stellt fest, dass durch eine geplante SW-Installation auf einem PC fast kein Festplattenspeicher mehr zur Verfügung steht. Welcher Prozess benötigt zunächst diese Info?**

    a) Problem-Management

    b) Incident-Management

    c) Capacity-Management

30. **Was ist ein OLA?**

    a) Vereinbarungen mit externen Organisationen über die Erbringung von Services

    b) Vereinbarungen mit internen Abteilungen über die Erbringung von Services

    c) Vereinbarung zwischen IT-Organisationen und Kunden über IT-Services

31. Welcher Prozess ist für eine ordnungsgemäße Leistungsverrechnung verantwortlich?

a) Service-Level-Management

b) Financial-Management

c) Configuration-Management

32. Welcher ITIL-Prozess ist verantwortlich, dass ein RFC logisch, ausführbar und erforderlich ist?

a) Release-Management

b) Incident-Management

c) Change-Management

33. Welche Begriffe sind dem Prozess Continuity-Management zuzuordnen?

a) Business-Impact-Analyse

b) Continuity-Strategie

c) Fallback

34. Welche Aufgaben hat das Service-Management zu erfüllen?

a) Überprüfung der Einhaltung der gesetzten Maßnahmen

b) Organisation interner Audits

c) Aufnehmen und Weiterleitung von Kunden-Anforderungen

35. Welche Begriffe sind dem Capacity-Management zuzuordnen?

a) Major Release

b) Performance-Management

c) Application Sizing

36. Wodurch kann festgestellt werden, dass bei einem Serverausfall etwaige Services nicht mehr zur Verfügung stehen?

a) SLA

b) CMDB

c) FSC

37. In welchem ITIL-Prozess wird das Datenwachstum am Fileserver geplant?

a) Configuration-Management

b) Change-Management

c) Capacity-Management

38. **Das Problem-Management unterstützt den Service-Desk, indem**

   a) für alle Incidents eine Ursache erarbeitet wird

   b) Lösungen für bekannte Fehler zur Verfügung gestellt werden

   c) immer wieder auftretende Incidents gelöst werden

39. **Welcher ITIL-Prozess analysiert Bedrohungen und deren Auswirkungen auf IT-Services?**

   a) Configuration-Management

   b) Security-Management

   c) Continuity-Management

40. **Welche Form einer Eskalation entsteht, wenn bei einem schweren Zwischenfall die Behebung nicht in der vereinbarten Zeit laut SLA durchgeführt werden kann?**

   a) hierarchische Eskalation

   b) funktionale Eskalation

   c) operationale Eskalation

41. **Aufgabe des Configuration-Managements ist ...**

   a) die Erstellung einer eindeutigen Definition aller Komponenten inkl. Attributen

   b) die physikalische Verwaltung von Software inkl. Lizenzschlüssel

   c) die Durchführung von regelmäßigen Audits zur Sicherstellung der Aktualität der Dokumentation

42. **Welcher ITIL-Prozess ist verantwortlich bzw. muss genehmigen, wenn die Speicherkapazität im Datenbank-Server erweitert werden muss?**

   a) Capacity-Management

   b) Change-Management

   c) Availability-Management

43. **Wovon hängt die Priorität eines Incidents ab?**

   a) Lösungsaufwand

   b) Kosten

   c) Dringlichkeit

   d) Auswirkung

44. Wodurch arbeiten Availability-Management und Service-Level-Management eng miteinander zusammen?

a) Availability-Management liefert konkrete Verfügbarkeitsbedürfnisse der Kunden.

b) Availability-Management liefert Verfügbarkeitsberichte.

c) Availability-Management errechnet Kosten zur Verfügbarkeitssteigerung.

45. Was ist wichtiger Bestandteil eines SLAs?

a) Verfügbarkeit

b) technische Beschreibungen

c) Eskalationszeiten

46. Welche Vorteile bietet ein SLA?

a) abgestimmte Kundenbedürfnisse

b) weniger Incidents

c) schnellere Reaktions- und Bearbeitungszeiten

47. Welche Begriffe sind dem Security-Management zuzuordnen?

a) Integrity

b) Confidentiality

c) Reliability

48. Welcher ITIL-Prozess verhandelt mit den Kunden über etwaige Kosten von Services?

a) Financial-Management

b) Service-Level-Management

c) Business-Relationship-Management

49. Welche Dokumentation bietet einen Überblick über die IT-Infrastruktur?

a) CMDB

b) Kapazitätsplan

c) Software-Bibliothek

50. Wie wird eine Auswertung einer bereits durchgeführten Änderung bezeichnet?

a) Forward Schedule of Change

b) Post Implementation Review

c) Service-Level-Requirement

51. Welcher ITIL-Prozess kann unmittelbar zu Veränderung in der CMDB führen?

a) Financial-Management

b) Change-Management

c) Incident-Management

52. Bei welchen Prozessen wird das Risikomanagement unbedingt benötigt?

a) Problem-Management

b) Continuity-Management

c) Availability-Management

d) Release-Management

53. Was sind Service-Level-Requirements?

a) Teile des SLAs

b) Ansprüche des Kunden

c) Erwartungen an die IT-Organisation

54. Beinhaltet ein SLA auch die Erwartungen des Kunden?

a) Ja

b) Nein

55. Welcher ITIL-Prozess ist dafür verantwortlich, dass Störungen innerhalb einer vom Kunden benötigten Zeit gelöst werden?

a) Incident-Management

b) Service-Level-Management

c) Problem-Management

56. Was kann ein CI sein?

a) Incident

b) SLA

c) Dokumentation

57. Das Zurücksetzen eines Passwortes ist ein

a) Standard Change

b) Service Request

c) Request for Change

58. Welcher Prozess verhandelt mit dem Kunden die Preise?

a) Business-Relationsship-Management

b) Financial-Management

c) Service-Level-Management

59. Wer liefert für den Prozess Security-Management Informationen zu Sicherheitsanforderungen?

a) Change-Management

b) Kunde

c) Configuration-Management

60. Was wird im Prozess Availability-Management mit »Uptime« bezeichnet?

a) Durchschnittliche Zeit zur Wiederherstellung

b) Durchschnittliche Zeit zwischen zwei Ausfällen

c) Durchschnittliche Zeit zwischen Systemzwischenfällen

4.3.4 Ablauf des Zertifizierungsaudits

Es empfiehlt sich, am Vortag des Zertifizierungsaudits einen kurzen Check durchzuführen, ob alle Vorbereitungen getroffen wurden. Nichts ist peinlicher, als wenn die Mitarbeiter keine Zeit haben, für die Anwendungen die entsprechenden Berechtigungen fehlen, der Besprechungsraum nicht reserviert ist oder der Videobeamer fehlt!

▶ Startgespräch von ca. einer halben Stunde. Das Thema dabei ist die Vorstellung der Teilnehmer und der Beschluss des Auditplanes. Der Sinn davon ist es, dass der Zertifizierer einen Überblick über die Aufgaben und Tätigkeiten bekommt. Und natürlich lernt man sich dabei gegenseitig kennen. Der Zertifizierer erklärt den Ablauf und gibt bekannt, wo er die Schwerpunkte »bei der Befragung« setzen wird.

▶ Anschließend erfolgt ein ca. zweistündiges Gespräch mit der gesamten IT-Führung. Die Themen dabei sind:

  ▷ Service-Management-Strategie, Policy und Reponsibility

  ▷ die Service-Management-Ziele und -Richtlinien

  ▷ die Verfolgung der gesetzten Ziele durch die Process Owner

  ▷ der PDCA-Zyklus

  ▷ das Risikomanagement und Risikoanalysen

  ▷ die Planung der Ressourcen

  ▷ die Schulungspläne

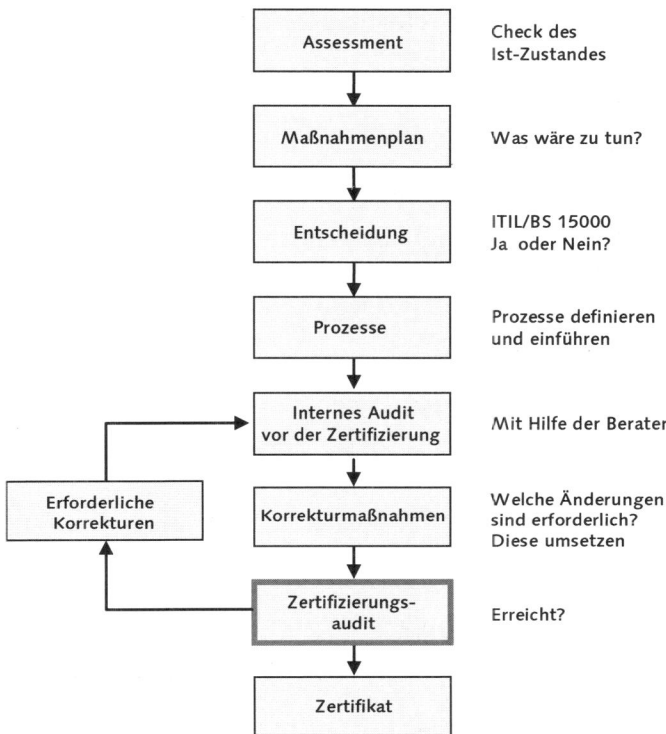

Abbildung 4.2 Zertifizierungsaudit

▶ Darauf folgt ein Gespräch mit dem Service-Beauftragten für Service-Management (= Service-Manager). Dabei geht es um Folgendes:

  ▸ die Beschreibung des kontinuierlichen Verbesserungsprozesses

  ▸ das interne Auditprogramm (ein Durchlauf des internen Audits muss zumindest zu diesem Zeitpunkt durchgeführt worden sein)

  ▸ das Aushändigen der Auditreports

  ▸ die Darstellung der abgearbeiteten Maßnahmen

  ▸ die Darstellung der Prozessbewertung

  ▸ die Darstellung des Service Reportings

Die Teilnehmer an diesem Teil des Audits sind der Service-Manager, sein Stellvertreter und der IT-Chef.

▶ Danach wird bei jedem Prozess folgendermaßen vorgegangen:

  ▸ Standardfragen zu Beginn (Beschreibung s. u.)

  ▸ Standardfragen während des Audits (Beschreibung s. u.)

> ▸ Spezielle Fragen (= Zertifizierungsfragen) zu jedem Prozess (Beschreibung s. u.)

> ▸ Standardfragen am Ende des Audits (Beschreibung s. u.)

▸ Zum Schluss erfolgt ein Abschlussgespräch, eine Zusammenfassung des Auditors. Dies dauert auch ca. eine Stunde. Der Zertifizierer wird hier seine Erkenntnisse äußern und bekanntgeben, was er der Zertifizierungsbehörde vorschlägt – ein O.K. oder eben nicht. Dieser Vorschlag des Prüfers und die Protokolle, die der Zertifizierungsbehörde übergeben werden, führen dann zur endgültigen Entscheidung. In der Praxis wird aber der Vorschlag des Prüfers übernommen.

Standardfragen bei der Zertifizierung je Prozess

Fragen, die *zu Beginn* des Audits gestellt werden

▸ Was ist ihre Aufgabe als Prozessmanager dieses Prozesses?
▸ Wo wollen Sie hin?
▸ Welche Ziele haben Sie sich dazu gesteckt?
▸ Wie verfolgen Sie diese Ziele?
▸ Wissen die betroffenen Mitarbeiter davon? Und wie haben sie davon erfahren?
▸ Wie überprüfen Sie die Erreichung dieser Ziele?
▸ Was bringt Ihnen diese Vorgehensweise? (Hinterfragung)

Fragen, die *während* des Audits gestellt werden

▸ Dokumente und Aufzeichnungen (erfüllte Punkte sind anzukreuzen):
  ▸ Ist eine aktuelle Prozessbeschreibung vorhanden (inkl. der wesentlichen Prozessschritte und der Rollenbeschreibung)?
  ▸ Ist definiert, welche Aufzeichnungen geführt werden müssen?
  ▸ Sind weitere für das Audit geltende Dokumente identifiziert?
▸ Umsetzung des Prozesses (erfüllte Punkte sind anzukreuzen):
  ▸ Ist der definierte Prozess umgesetzt, bekannt gemacht und wird er gelebt?
  ▸ Werden Verbesserungsmaßnahmen im Prozess identifiziert, aufgezeichnet und im Service-Verbesserungsplan eingegeben?
  ▸ Kann die Wirksamkeit auf die Ziele des Service-Management-Planes nachgewiesen werden?
  ▸ Erreicht der Prozess nachweislich die gesetzten Ziele?
  ▸ Kann die Wechselwirkung zu anderen Prozessen benannt werden?
  ▸ Können die Risiken für den Prozess benannt werden?
  ▸ Sind die Kennzahlen bez. Quantität, Qualität und Kosten/Zeiten vorhanden?
  ▸ Wird der Prozess durch angemessene Tools unterstützt?
  ▸ Wurden die Maßnahmen aus dem vorigen Audit abgearbeitet?

Fragen, die *am Ende* des Audits gestellt werden

▶ Welche Kennzahlen und Trendanalysen gibt es? Können Sie deren Bedeutung erklären?
▶ Welche Schnittstellen zu anderen Prozessen gibt es und wie funktionieren diese?
▶ Wie, glauben Sie, läuft der Prozess?
▶ Wo sehen Sie persönlich Verbesserungspotential?
▶ Wie bewerten Sie, ob eine Verbesserung stattgefunden hat?

Das sind Fragen, auf die der Prozessmanager und der Service-Manager (der während des gesamten Zertifizierungsaudits anwesend ist) vorbereitet sein sollten. Es wird dabei überprüft, ob der Prozessmanager weiß, was er macht und warum er es so und nicht anders macht.

Die folgenden Fragen sind je Prozess verschieden. Sie stellen nur ein Mindestmaß an Fragen dar, die während des Audits beantwortet werden müssen. Die restlichen Fragen ergeben sich während des Audits. Der Zertifizierer wird dort einhaken, wo er

▶ Schwachstellen während des Audits erkennt,
▶ Schwachstellen aufgrund der eingereichten Unterlagen vermutet,
▶ Schwachstellen aufgrund des Audits anderer Prozesse für möglich hält.

Fragenkatalog Zertifizierung

Management-System

▶ Gibt es ein eingeführtes IT-Service-Management?
  ▶ eine Strategie?
  ▶ Zielsetzungen?
  ▶ einen Plan?
▶ Wurde die Wichtigkeit der Erreichung der gesetzten IT-Service-Management-Ziele und die Notwendigkeit der ständigen Verbesserung vermittelt?
▶ Ist der Koordination und dem Management aller Services Führungsverantwortung zugeordnet (Person oder Funktion)?
▶ Sind alle IT-Service-Management-Strategien, -Pläne, -Verfahren und -Definitionen formell dokumentiert?
▶ Werden Ressourcen verfügbar gemacht, um Planung, Durchführung, Überwachung, Überprüfen und Verbesserung für den Service Delivery sowohl zu bestimmen als auch zu liefern?
▶ Sind Risiken der Service-Management-Organisation und Services identifiziert, betrachtet und verfolgt?
▶ Gibt es Verfahren und Zuständigkeiten zur Erstellung und Pflege von Dokumenten?

- Stellen die Verfahren sicher, dass Dokumente
  - erstellt werden, wenn nötig?
  - datiert und genehmigt (soweit angebracht) werden?
  - unter Versionskontrolle gepflegt werden?
  - überprüft und überarbeitet werden, soweit notwendig?
- Werden die Kompetenz und der Schulungsbedarf der Mitarbeiter in der Weise geregelt, dass sie ihrer Verantwortung effektiv nachkommen können?
- Sind die Zuständigkeiten und die notwendigen Kompetenzen für alle Rollen definiert?
- Sind sich Mitarbeiter und andere Stakeholder bewusst:
  - der Relevanz und Wichtigkeit ihrer Aktivitäten für die Serviceerbringung?
  - wie sie zur Zielerreichung des Service-Managements beitragen?
- Sind Kundenanforderungen bestimmt?
- Werden die Kundenanforderungen erfüllt?
- Führt das Management in geplanten Abständen Reviews des Service-Managements durch, um sicherzustellen, dass die Maßnahmen geeignet, angemessen und effektiv bleiben?
- Wurden die SLAs mit allen relevanten Stellen dokumentiert und vereinbart?
- Gibt es eine Durchgängigkeit zu den Prozessen?
- Commitment in den Prozessen?
- Wurden Kennzahlen abgeleitet?

KVP und interne Auditierung

- Sind IT-Service-Management-Prozesse in der Organisation identifiziert?
- Gibt es klare Leitlinien des Managements und dokumentierte Verantwortung für das Überprüfen, Autorisieren, Bekanntmachen, Einführen und Pflegen des Service-Management-Plans?
- Gibt es eine veröffentlichte Politik zu Service-Verbesserungen?
- Sind Rollen und Verantwortung für Aktivitäten bei Service-Verbesserungen klar definiert?
- Gibt es ein Service-Verbesserungs-Programm (z.B. einen einzuführenden Service-Verbesserungs-Plan [SIP])?
- Sind bedeutende Verbesserungen als Projekte geführt (oder Programme)?
- Definiert der Service-Management-Plan/die Service-Management-Politik
  - den Geltungsbereich des Service-Managements in der Organisation?
  - die Prozesse, die auszuführen sind?
  - das Modell der Management-Rollen und -Verantwortlichkeiten inkl. der Process Owner?
  - die Zielsetzungen und Anforderungen, die zu erreichen sind?
  - die Schnittstellen zwischen den Service-Management-Prozessen und wie Aktivitäten koordiniert werden müssen?
  - eine Vorgehensweise für die Identifizierung, Bewertung und Steuerung von Themen und Risiken, um die definierten Zielsetzungen zu erreichen?
  - eine Vorgehensweise zum Schnittstellenmanagement mit Projekten, die neue Services entwickeln oder bestehende modifizieren?
  - benötigtes Budget, Einrichtungen und andere Ressourcen?

- ▶ eine Vorgehensweise zum Managen, Auditieren und kontinuierlichen Verbessern des Service-Management?
- ▶ wo zutreffend, unter welchen Umständen ein Fremdlieferant einzubeziehen ist?
▶ Stimmen die einzelnen Prozesspläne bzw. -ziele mit dem Service-Management-Plan überein?
▶ Wurde der Service-Management-Plan so eingeführt, dass
  - ▶ Finanzmittel und Budgets den Verantwortlichen zugeordnet sind?
  - ▶ Rollen und Verantwortungen zu Einzelpersonen und Teams zugeordnet sind?
  - ▶ Strategien, Pläne, Definitionen dokumentiert und gepflegt sind?
  - ▶ Risiken am Prozess identifiziert und gesteuert werden?
  - ▶ das Team-Management eingesetzt ist?
  - ▶ Budgets gemanagt werden?
  - ▶ Einrichtungen gemanagt werden?
  - ▶ die Teams geführt werden?
  - ▶ Fortschritte gegenüber den Plänen in angemessenen Intervallen berichtet werden?
  - ▶ die Service-Management-Prozesse koordiniert werden?
▶ Sind alle vorgeschlagenen Verbesserungen von Services geprüft, festgehalten, priorisiert und freigegeben?
▶ Gibt es einen Mechanismus, wie Verbesserungsmaßnahmen identifiziert, gemessen, berichtet und verfolgt werden, die mehr als einen einzelnen Prozess betreffen?
▶ Gibt es geplante Management Reviews, um festzustellen, ob die Anforderungen an das Service-Management
  - ▶ mit dem Service-Management-Plan konform sind?
  - ▶ mit der ISO 20000 konform sind?
  - ▶ effektiv eingeführt und gepflegt werden?
▶ Sind alle Nonkonformitäten behoben?
▶ Führt die Organisation Aktivitäten durch, die
  - ▶ Daten sammeln und analysieren, um eine Grundlinie (Baseline) oder einen Benchmark für die Servicefähigkeit darzustellen?
  - ▶ Verbesserungen identifiziert, plant und einführt?
  - ▶ sich mit allen relevanten Stellen berät?
  - ▶ Verbesserungsziele für Qualität, Kosten und Ressourcennutzung setzt?
  - ▶ die relevanten Inputs zu Verbesserungen von allen Service-Management-Prozessen betrachtet?
  - ▶ Service-Verbesserungen misst, berichtet und bekannt macht?
  - ▶ Strategien, Pläne und Verfahren überarbeitet, wenn notwendig?
  - ▶ sicherstellt, dass alle freigegebenen Maßnahmen umgesetzt und die gesteckten Ziele erreicht werden?
▶ Werden die Einführung und die Durchführung des Service-Management-Plans unabhängig von denen auditiert, die dafür verantwortlich sind?
▶ Gibt es ein geplantes Auditprogramm, das
  - ▶ den Status und die Bedeutung jedes Prozesses betrachtet?
  - ▶ die Ergebnisse voriger Audits betrachtet?
  - ▶ Umfang, Häufigkeit und Methoden definiert?

- ▹ Objektivität und Unparteilichkeit durch die richtige Auswahl der Auditoren sicherstellt?
- ▹ sicherstellt, dass Auditoren nicht ihre eigene Arbeit auditieren?
- ▶ Für jedes Service-Management Review, Assessment oder Audit:
  - ▹ Ist die Zielsetzung aufgezeichnet?
  - ▹ Sind Abweichungen und Abhilfemaßnahmen identifiziert?
  - ▹ Werden schwerwiegende Nonkonformitäten und Belange an alle verantwortlichen Stellen weitergegeben?

Service Reporting und Lenkung Dokumente

- ▶ Gibt es ausreichend genaue Beschreibungen für die einzelnen Berichte, die folgende Informationen enthalten:
  - ▹ Identität
  - ▹ Zwecke
  - ▹ Verteilerkreis
  - ▹ verwendete Datenquellen
- ▶ Sind die typischen/üblicherweise anzutreffenden Berichte vorhanden?
  - ▹ Soll/Ist-Vergleiche bez. Zielen
  - ▹ SLA-Verletzungen
  - ▹ Auslastungsdaten, Ressourcenverbrauch
  - ▹ Leistungsauswertungen nach größeren Ausfällen oder Changes
  - ▹ Trendanalysen und -aussagen
  - ▹ Kundenzufriedenheitsanalysen
- ▶ Kann schlüssig dargestellt werden, dass solche Reports bzw. Ergebnisse in Management-Entscheidungen und in Korrekturmaßnahmen berücksichtigt werden?

Supplier-Management

- ▶ Gibt es dokumentierte Lieferanten-Management-Prozesse?
- ▶ Existiert ein namentlich genannter Verantwortlicher für jeden Lieferanten?
- ▶ Werden vom Lieferanten gelieferter Prozessumfang, Service-Level und Kommunikationsprozesse eindeutig dokumentiert und von allen Stellen akzeptiert?
- ▶ Werden die Vereinbarungen mit internen und externen Servicelieferanten mit den SLAs abgeglichen?
- ▶ Sind die Prozessschnittstellen vereinbart und beschrieben?
- ▶ Sind die Rollen und Beziehungen zwischen Haupt- und Unterlieferanten klar dokumentiert?
- ▶ Können die Hauptlieferanten nachweisen, dass Unterlieferanten ihren vertraglichen Verpflichtungen nachkommen?
- ▶ Werden größere Reviews mindestens ein Mal jährlich durchgeführt, um die Einhaltung der geschäftlichen Erfordernisse und vertraglichen Verpflichtungen sicherzustellen?
- ▶ Unterliegen Änderungen an den SLAs und Verträgen dem Change-Management-Prozess?
- ▶ Gibt es einen Prozess, der im Falle von Vertragsstreitigkeiten befolgt wird?

- Gibt es einen Prozess zur Handhabung einer vorzeitigen oder absehbaren Einstellung oder Überführung des Services?
- Gibt es Verfahren für die Leistungsüberwachung externer Lieferanten?
- Gibt es Verfahren für die Leistungsüberwachung interner Lieferanten?
- OLAs?

Business-Relationship-Management

- Sind die Stakeholder der Services identifiziert und dokumentiert?
- Ist eine benannte Einzelperson oder ein Team für das Management dieses Prozesses (inkl. Kundenzufriedenheitsmessung) verantwortlich?
- Werden die Geschäftsanforderungen des Kunden aktiv im Auge behalten und ist man auf zukünftige Anforderungen rechtzeitig vorbereitet?
- Werden Zwischenbesprechungen abgehalten zur Diskussion von Leistung, Erfolg, Themen und Maßnahmenplänen?
- Werden die Besprechungen mit Kunden dokumentiert?
- Werden Änderungen am Vertrag oder am SLA über den Change-Prozess abgewickelt?
- Gibt es einen Reklamationsprozess?
- Wurde mit dem Kunden vereinbart, was eine formale Reklamation begründet?
- Wurden Eskalationsprozeduren für Kundenreklamationen geschaffen, die über die normalen Kanäle nicht gelöst werden können?
- Sind alle Kundenreklamationen aufgezeichnet, untersucht, bearbeitet und formell geschlossen?
- Gibt es ein Verfahren, Feedback aus den Kundenzufriedenheitsmessungen zu erhalten und darauf zu reagieren?
- Fließen Verbesserungsmaßnahmen aus diesem Prozess in den SIP ein?

Security-Management

- Existiert eine Sicherheitspolitik?
- Sind die Inhalte der Sicherheitspolitik veröffentlicht und allen relevanten Stellen bekannt wie:
  - Mitarbeiter
  - Kunden
- Existieren wirksame Sicherheitsmaßnahmen zur
  - Implementierung der Anforderungen der Sicherheitspolitik?
  - Handhabung von Risiken in Verbindung mit dem Zugriff auf die Services und die Systeme?
- Sind die Sicherheitsmaßnahmen dokumentiert?
- Enthalten die Beschreibungen zu den Sicherheitsmaßnahmen
  - Risiken, auf die sich die Maßnahme bezieht?
  - Art und Weise des täglichen Betriebs der Maßnahme?
  - Pflege der Maßnahme?

▶ Werden Changes auf die Auswirkung auf die Sicherheitsmaßnahmen hin untersucht?

▶ Basieren Verabredungen mit fremden Dritten (Zulieferern) auf formalen Zustimmungen, die die notwendigen Sicherheitsvorkehrungen definieren?

▶ Werden Security Incidents nach der Erkennung schnellstmöglich erfasst und analog dem Incident-Prozess abgearbeitet?

▶ Werden alle Security Incidents erfasst, untersucht und werden angemessene Maßnahmen ergriffen?

▶ Sind die Art, Anzahl und Auswirkung der Security Incidents und Fehlfunktionen überwacht und qualifiziert?

▶ Fließen Verbesserungsmaßnahmen aus gefunden Maßnahmen in den SIP ein?

Incident-Management

▶ Werden alle Incidents aufgezeichnet?

▶ Gibt es eine nachträgliche Ticketerfassung?

▶ Ist das WDB aktuell und wird es von allen verwendet?

▶ FAQ?

▶ Werden im Prozess folgende Aktivitäten durchgeführt:

  ▸ Aufzeichnung?

  ▸ Priorisierung?

  ▸ Bewertung der Geschäftsauswirkung?

  ▸ Klassifizierung?

  ▸ Aktualisierung?

  ▸ Eskalation?

  ▸ Lösung?

  ▸ formeller Abschluss?

▶ Auswertung der offenen Tickets – welche SLAs werden verletzt?

▶ Werden Kunden über den Fortschritt der von ihnen gemeldeten Incidents auf dem Laufenden gehalten?

▶ Ist die Zuordnung der Tickets eindeutig?

▶ Werden Kunden im Voraus informiert, wenn vereinbarte Service-Level nicht erfüllt werden können, und werden Maßnahmen beschlossen?

▶ Umgang mit Eskalationen?

▶ Haben alle Mitarbeiter im Incident-Management Zugriff auf die notwendigen Daten (z. B. Knowledge Base, CMDB)?

▶ Funktioniert die Übergabe ins Problem-Management?

▶ Werden schwerwiegende Vorfälle klassifiziert und gemäß einem definierten Prozess gehandhabt?

Problem-Management

▶ Werden alle identifizierten Probleme aufgezeichnet?

  ▸ auch durch die Produktverantwortlichen?

  ▸ Großstörungen?

  ▸ aus Incident-Management?

- ► Werden im Prozess folgende Aktivitäten durchgeführt:
  - ► Aufzeichnung?
  - ► Klassifizierung?
  - ► Aktualisierung?
  - ► Eskalation?
  - ► Lösung?
  - ► Abschluss?
- ► Nutzung FAQ?
- ► Nutzung WDB?
- ► Wird Fehlervorbeugung als wesentlicher Teil des Problem-Managements gesehen?
- ► RFCs aus PM?
- ► Klassifizierung der Problems?
- ► Werden alle vorgeschlagenen Änderungen und Verbesserungen, die Fehler beseitigen und Incidents vermeiden könnten, über das Change-Management geleitet?
- ► Wird die Effektivität des Problem-Management-Prozesses überwacht?
- ► Sind die Mitarbeiter des Problem-Managements verantwortlich, die Zugänglichkeit und Aktualität einer Known Error DB für das Incident-Management sicherzustellen?
- ► Fließen Verbesserungsmaßnahmen aus diesem Prozess in den SIP ein?

Change-Management

- ► Haben Service- und Infrastrukturänderungen einen klar definierten und dokumentierten Umfang?
- ► Werden alle Änderungsanträge aufgezeichnet und klassifiziert? (z.B. dringend, Notfall, groß, gering)
- ► Werden die Änderungsanträge bewertet nach:
  - ► Risiken, Geschäftsnutzen und Auswirkung?
  - ► Auswirkung auf »Verfügbarkeit« und »Servicekontinuitätspläne«?
  - ► finanzielle Auswirkung?
  - ► Auswirkung auf Sicherheitskontrollen?
  - ► Auswirkung auf Release-Pläne?
- ► Wird über formale Verfahren sichergestellt, dass alle Changes genehmigt, geprüft und in kontrollierter Weise eingeführt werden?
- ► Wird der Erfolg aller Changes überprüft und werden ggf. Maßnahmen eingeleitet?
- ► Gibt es ein formell dokumentiertes und wohl verstandenes Change-Verfahren für Notfälle (Emergency Changes)?
- ► Sind Change-Pläne unter Berücksichtigung aller relevanten Faktoren, inkl. geplanter Einführungstermine, publiziert und allen dazugehörigen Stellen zugänglich? (Forward Schedule of Change)
- ► Werden Change Records regelmäßig analysiert um beispielsweise Schwankungen in der Anzahl, wiederkehrende Arten, Trends und andere relevante Informationen aufzudecken? Werden Ergebnisse und Schlussfolgerungen aufgezeichnet?
- ► Fließen Verbesserungsmaßnahmen aus diesem Prozess in den SIP ein?
- ► Wird die Einführung neuer oder geänderter Services, inkl. Einstellen/Schließen eines Services, durch das Änderungsmanagement geplant und geprüft?

- ▶ Befasst sich die Planung neuer oder geänderter Services mit
    - ▶ allen relevanten Rollen und Zuständigkeiten? (auch auf Kundenseite und bei den Lieferanten)
    - ▶ Änderungen am existierenden Service-Management-Rahmenwerk und Services?
    - ▶ Kommunikation mit den relevanten Stellen?
    - ▶ Vereinbarungen/Verträgen, ausgerichtet an den geänderten Geschäftsnotwendigkeiten?
    - ▶ Personal- und Einstellungsanforderungen?
    - ▶ Kompetenz- und Schulungsanforderungen?
    - ▶ Prozessen, Kennzahlen, Methoden und Tools, die im neuen oder geänderten Service verwendet werden sollen?
    - ▶ Budgets und Zeitplänen?
    - ▶ Abnahmebedingungen für die Services?
    - ▶ erwarteten Ergebnissen, ausgedrückt in messbaren Größen?
- ▶ Werden nach einem Change die geplanten Ergebnisse mit den tatsächlichen abgeglichen und die Ergebnisse den relevanten Beteiligten mitgeteilt?
- ▶ Wie funktioniert das CAB?

Release-Management

- ▶ Gibt es eine vereinbarte und dokumentierte Politik, die die Frequenz und die Arten von Releases aufzählt?
- ▶ Werden Releases bez. Services, Systeme, Software und Hardware zusammen mit dem Kunden geplant?
- ▶ Werden Rollout-Pläne von allen relevanten Stellen freigegeben? (z.B. Kunden, Anwender, Betrieb, Benutzerservice etc.)
- ▶ Existieren Vorgehensweisen, wie Releases rückgängig gemacht werden können, falls sie nicht erfolgreich sind?
- ▶ Enthalten die Rollout-Pläne
    - ▶ das Datum der Ausbringung und die Arbeitspakete?
    - ▶ zugehörige Changes, Probleme und bekannte Fehler?
- ▶ Werden die Rollout-Pläne dem Incident-Management mitgeteilt?
- ▶ Werden Changes hinsichtlich ihrer Auswirkung auf die Rollout-Pläne bewertet?
- ▶ Werden nach Ausbringen eines Releases die CMDB und die entsprechenden Changes zeitnah aktualisiert?
- ▶ Gibt es ein Vorgehen für Emergency Release mit einer Schnittstelle zum Emergency-Change-Vorgehen?
- ▶ Werden alle Releases vor dem Ausbringen in einer Testumgebung überprüft?
- ▶ Sind die Releases und die Ausbringung so gestaltet, dass die Integrität der Hard- und Software während der Installation, Handhabung, Paketierung und Ausbringung aufrechterhalten bleibt?
- ▶ Werden die Erfolge und Fehlschläge von Releases gemessen?
- ▶ Werden nach einem Release (aufkommende) zugeordnete Incidents gemessen?

▶ Werden die Erfolge und Fehlschläge der Releases regelmäßig analysiert, um deren Auswirkung auf das Geschäft, die IT-Tätigkeiten und die unterstützenden Personalkapazitäten
zu überwachen?

▶ Fließen Verbesserungsmaßnahmen aus diesem Prozess in den SIP ein?

▶ Werden neue oder geänderte Services vor der Implementierung in die Produktivumge-
bung abgenommen?

▶ Wie funktioniert die Zusammenarbeit mit dem Change-Management?

▶ Sind im FSC auch die Wartungsarbeiten ersichtlich?

Configuration-Management

▶ Gibt es einen integrierten Ansatz für das Change- und Configuration-Management?

▶ Ist eine Schnittstelle zur Anlagenbuchhaltung definiert und aktiv?

▶ Gibt es eine Definition, was ein Konfigurations-Element (CI) und die zugehörigen Komponenten ausmacht? (z.B. PC=CI und Monitor=CI oder PC und Monitor=CI)

▶ Ist die aufzuzeichnende Information für jedes CI definiert, inkl. Verknüpfungen und Dokumentation?

▶ Stellt das Configuration-Management für Services und Infrastruktur Mechanismen bereit
zur

  ▶ Identifizierung?

  ▶ Steuerung/Verfolgung?

  ▶ Versionsverfolgung?

▶ Sind die Steuerungsmöglichkeiten hinreichend bezüglich

  ▶ geschäftlichen Belangen/Notwendigkeiten?

  ▶ Risiken von Fehlern?

  ▶ Service-Kritizität (wie kritisch sind die Services)?

▶ Stellt das Configuration-Management dem Change-Prozess Informationen über die
potentielle Auswirkung eines Änderungsantrags auf die Infrastruktur zur Verfügung?

▶ Sind Änderungen an CIs nachvollziehbar und auditierbar?

▶ Gibt es Verfahren, die verhindern, dass Konfigurationsaufzeichnungen ohne Genehmigung ergänzt, geändert, ersetzt oder entfernt werden? (Integrität der Infos zu CI gewährleisten)

▶ Werden Original-Kopien von Software und Dokumenten an einer sicheren
(physikalischen oder elektronischen) Stelle kontrolliert verwahrt?

▶ Sind CIs eindeutig identifizierbar?

▶ Wird die CMDB aktiv verwaltet und überprüft, um ihre Zuverlässigkeit und Genauigkeit
sicherzustellen?

▶ Ist es möglich, den Status, die Version, den Standort, Changes, Probleme und zugeordnete Dokumentation eines CI aus der CMDB abzufragen?

▶ Werden nach Soll/Ist-Abgleichen die entsprechenden Mängel und angestoßene Korrekturmaßnahmen aufgezeichnet?

▶ Was könnte man sonst noch »verwalten/aufzeichnen«?

▶ Werden Audits zur CMDB durchgeführt?

Availability-Management

▶ Gibt es einen Verfügbarkeitsplan, der die SLA-Anforderungen in interne Verfügbarkeitsziele übersetzt?

▶ Werden Businesspläne und Risikoanalysen als Inputs bei der Erarbeitung von Verfügbarkeitsanforderungen verwendet?

▶ Ist die Verfügbarkeit definiert, überwacht und bezüglich des benötigten Services für den Geschäftsprozess erreicht?

▶ Wird der Verfügbarkeitsplan im Hinblick auf geänderte Geschäftsanforderungen gepflegt?

▶ Werden nach ungeplanten Ausfallzeiten Untersuchungen angestellt und Maßnahmen getroffen?

▶ Werden Vorbeugemaßnahmen gegen ungeplante Ausfallzeiten getroffen, wenn möglich?

▶ Wird der Verfügbarkeitsplan mindestens ein Mal jährlich überprüft, um die Erreichung der Anforderungen sicherzustellen?

▶ Wird die Serviceverfügbarkeit gemessen und aufgezeichnet?

▶ Werden Änderungsanträge auf die Auswirkungen hin untersucht, die diese auf die Verfügbarkeit haben?

Capacity-Management

▶ Gibt es einen Kapazitätsplan?

▶ Wird der Kapazitätsplan gepflegt?

▶ Befasst sich das Kapazitätsmanagement mit

　▶ angenommenen zukünftigen Geschäftsanforderungen?

　▶ den absehbaren Auswirkungen neuer Technologien, Techniken und Upgrades?

　▶ den Auswirkungen externer Änderungen? (z.B. gesetzliche oder behördliche)

　▶ Zeitskalen, Schwellwerten und Kosten für Service-Upgrades?

　▶ aktuellen Kapazitäts- und Leistungsanforderungen?

　▶ absehbaren Kapazitäts- und Leistungsanforderungen?

　▶ Daten und Prozessen zur Ermöglichung voraussagender Analysen?

▶ Wurden Methoden, Verfahren und Techniken identifiziert und angewendet, um

　▶ Servicekapazität zu überwachen?

　▶ Serviceleistungen abzustimmen?

　▶ angemessene Kapazität zur Verfügung zu stellen?

▶ Werden RFCs erstellt?

Continuity-Management

▶ Gibt es Notfallpläne für die Wiederherstellung des Services nach einem Ausfall oder K-Fall?

　▶ Notfallliste

▶ Zielt der Service-Continuity-Prozess auf die Pflege und den Test von Notfallplänen in Abhängigkeit von den Geschäftsanforderungen?

- ▶ Sind die Notfallpläne abgeleitet und gepflegt, folgende Anforderung widerzuspiegeln:
    - ▷ SLA?
    - ▷ Business-Pläne?
    - ▷ Risikoanalysen?
- ▶ Gibt es Notfallpläne für die Wiederherstellung des Services nach einem Ausfall oder K-Fall?
    - ▷ Notfallliste
- ▶ Zielt der Service-Continuity-Prozess auf die Pflege und den Test von Notfallplänen in Abhängigkeit von den Geschäftsanforderungen?
- ▶ Sind die Notfallpläne abgeleitet und gepflegt, folgende Anforderung widerzuspiegeln:
    - ▷ SLA?
    - ▷ Business-Pläne?
    - ▷ Risikoanalysen?
- ▶ Behandeln die Notfallpläne Anforderungen der »End-to-End«-Verfügbarkeit, Antwortzeiten und Zugriffsbetrachtungen?
- ▶ Sind der Notfallplan, die Kontaktliste und die CDMB für relevante Personen zugänglich, wenn ein normaler Bürozugang nicht möglich ist?
- ▶ Sorgen diese Pläne für eine Rückkehr zu normalem Service nach Ausfall oder Unglück?
- ▶ Werden Berichte über die Prüfungen der Notfallpläne erstellt?
- ▶ Werden die Prüfungsergebnisse in Maßnahmenpläne ausgearbeitet?
- ▶ Werden die Notfallpläne mindestens jährlich überprüft?
- ▶ Werden Änderungsanträge auf die Auswirkungen hin untersucht, die diese auf den Notfallplan haben?
    - ▷ Proaktives Vorgehen
    - ▷ Vorgehen im Notfall?
    - ▷ Getestet, Schulungen?
- ▶ Zusammenstellung der Teams im Notfall?

Service-Level-Management

- ▶ Ist jeder angebotene Service in mindestens einem SLA definiert, vereinbart und dokumentiert?
- ▶ Wurden die SLAs mit allen relevanten Stellen dokumentiert und vereinbart?
- ▶ Sind OLAs, UCs und weitere Verfahrensbeschreibungen (Prozessbeschreibungen etc.), die die SLAs realisieren, mit den relevanten Stellen ebenfalls vereinbart und dokumentiert?
- ▶ Gibt es eine Überwachung und Berichterstattung, aktuelle Information und Trends über die erreichten Service-Levels?
- ▶ Sind die Gründe für Nichterreichung der Ziele
    - ▷ berichtet?
    - ▷ geprüft?
    - ▷ Inputs zum Service-Verbesserungsplan?

▶ Werden regelmäßig SLA-Review-Meetings mit allen relevanten Stellen durchgeführt?

▶ Unterliegen SLAs dem Change-Management?

▶ SLR-Behandlung?

▶ Werden Reviews durchgeführt?

Financial-Management

▶ Gibt es eine klare Politik zu
  ▷ Finanzplanung und Kostenrechung für alle Komponenten?
  ▷ Zuteilung und Umlegung aller indirekten Kosten zu relevanten Services?
  ▷ effektiver finanzieller Kontrolle und Genehmigung?

▶ Sind die IT-Aufwendungen für die Zukunft budgetiert, um eine effektive Kontrolle und Entscheidungsfindung zu ermöglichen?

▶ Werden die Kosten mit den Budgetwerten verglichen und berichtet?

▶ Wird das Budget regelmäßig mit den angefallenen Kosten verglichen und somit überprüft?

▶ Werden Maßnahmen bei einer erheblichen Abweichung von der Budgetprognose ergriffen?

▶ Werden Änderungsanträge auf finanzielle Auswirkungen bewertet?

4.3.5   Es ist geschafft!

Dazu gibt es nicht mehr viel zu sagen. Einige Wochen nach der Zertifizierung bekommen Sie Ihr Zertifikat überreicht. Wir bei der ITIL Vision, Inc. haben dazu eine feierliche Übergabe organisiert. Die Teilnehmer: alle Mitarbeiter der IT, der Vorstand, die Berater, die Zertifizierungsbehörde, Leiter aus anderen Abteilungen (Telekom, Einkauf …) sowie interessierte IT-Chefs anderer Firmen.

Abbildung 4.3   Das ISO 20000-Zertifikat

Nun – nach all diesen Anstrengungen, Mühen und zusätzlichen Aufgaben haben Ihre Mitarbeiter eine »Verschnaufpause« verdient.

4.3.6 Erkenntnisse

Die Erkenntnisse aus der Zertifizierung ergeben sich aus den Protokollen des Zertifizierers. Darin wird, wie bei einem Assessment oder einem internen Audit, festgehalten, welche Maßnahmen erforderlich sind und umgesetzt werden sollen oder müssen.

Diese Maßnahmen ergeben sich aus den Nonkonformitäten der Überprüfung und werden in einem ersten Schritt aufgezeichnet und dann bewertet und klassifiziert. Dabei wird wieder das übliche Schema aller Maßnahmen verwendet, nämliche die Einteilung in die drei Kategorien: A (Abweichung), F (Feststellung) und V (Verbesserungspotential) (vgl. Tabelle 4.2, S. 243). Darüber hinaus kann zusätzlich eine Kategorie M (Mitschrift) eingeführt werden (vgl. Tabelle 4.3, S. 243), deren Maßnahmen wie die der Kategorie V behandelt werden.

Zusätzlich können Sie – wie wir bei der ITIL Vision, Inc. – die Ergebnisse des Zertifizierungsaudits als »Spinnendiagramme« (Maturity Level) ordern. Dies ist sicher sinnvoll, damit Sie sehen, wie sich die Prozesse während des Projektes weiterentwickelt haben.

Interpretation der Reifestufen (nach ISO 15504, SPICE)

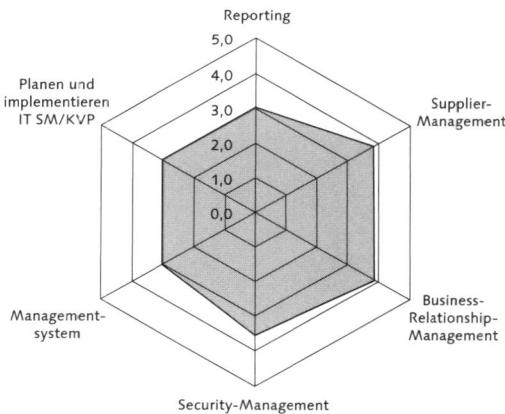

Abbildung 4.4 Reifegrade ISO 20000-Prozesse

Level 0: Es gibt Tätigkeiten, die weder einem Ablauf noch einem definierten Ziel zugeordnet sind. Arbeitsergebnisse liegen entweder unvollständig oder gar nicht vor.

Level 1: Die Mitarbeiter der Organisation erachten die Tätigkeiten für wichtig und führen diese bei Bedarf aus. Die Ziele des Prozesses werden grundsätzlich erreicht, Aktivitäten werden aber nicht konsequent geplant und überwacht. Identifizierbare Ergebnisse belegen, dass die Ziele erreicht werden.

Level 2: Die zu erreichende Qualität der Arbeitsergebnisse wird dokumentiert und nachweislich erreicht. Die Ergebnisse werden in der vorgegebenen Zeit erstellt und die dafür notwendigen Ressourcen sind bekannt und stehen zur Verfügung. Die Arbeitsergebnisse werden geplant, nach dokumentierten Prozeduren erstellt und überwacht.

Level 3: Es wird ein definierter Prozess verwendet, der auf bewährten Vorgehensweisen des Unternehmens basiert und es ermöglicht, die definierten Ergebnisse zu erreichen.

Level 4: Die definierten und etablierten Prozesse werden einheitlich in festgesetzten Grenzen ausgeführt, um die Ergebnisse zu erreichen. Das Erfassen und Analysieren von Performancemessungen führt zu voraussagbaren Ergebnissen und stellt eine geeignete Prozessfähigkeit sicher.

Level 5: Die definierten und standardisierten Prozesse können dynamisch optimiert und im Hinblick auf die Geschäftsanforderungen angepasst werden. Die kontinuierliche Überwachung der Effektivität und Effizienz der Prozesse ist auf die Geschäftsanforderungen ausgerichtet.

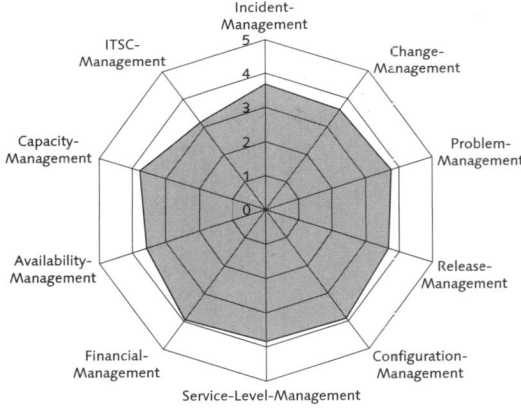

Abbildung 4.5 Reifegrade ITIL-Prozesse

Aus diesen Spinnendiagrammen ist ersichtlich: Alle Prozesse konnten in der ITIL Vision, Inc. wesentlich verbessert werden. Das Ziel, zumindest einen Level 3 bei allen Prozessen zu erreichen, wurde deutlich überschritten.

4.4   Nach der Zertifizierung: Weitere Vorgehensweise

Nun ist also die Zertifizierung geschafft! Wenn Sie den Projektvergleich mit dem ITIL-Grundgedanken (Plan – Do – Check – Act) vergleichen, so haben wir nun den Punkt Check erfolgreich absolviert. Als Nächstes kommt dann also »Act«. Dies heißt, dass Sie von nun an die Prozesse weiter leben müssen und auch werden. Wenn Sie alle Elemente, die wir beschrieben haben, in Ihren eigenen Prozessen untergebracht haben, dann sollte also die ständige Weiterentwicklung und Verbesserung nach dem KVP-Ansatz ein »Selbstläufer« sein. Nein – im Ernst – wir sehen bereits jetzt bei der ITIL Vision, Inc., wie viele Dinge von selbst hinterfragt und verbessert werden. Endlich bildet sich unter allen Beteiligten eine Art »Kodex«, nach dem Dinge gehandhabt werden. Die Orientierung am Kunden und die Ausrichtung aller Handlungen an den Unternehmenszielen sind selbstverständlich geworden. Darüber hinaus hat sich durch die intensive Beschäftigung mit der Materie eine gemeinsame Sprache gebildet.

Man kann das an dieser Stelle erreichte »Act« aber natürlich auch als »Event« – als Möglichkeit zum Feiern sehen.

4.4.1   Den Erfolg feiern

Jeder Erfolg sollte gebührend gefeiert werden. Wenn also in relativ kurzer Zeit erfolgreich die Zertifizierung geschafft wurde, dann sollte diese Gelegenheit zu einer Zeremonie nicht vernachlässigt werden. Folgende Ziele können mit einer formellen Feier verbunden werden:

▶ Rückblick über das Projekt und den Verlauf, um den Beteiligten die enorme Leistung nochmals bewusst zu machen. Dies verstärkt das Bewusstsein darüber und damit den Stolz nachhaltig.

▶ Offizielle Überreichung des Zertifikates verbunden mit einer Danksagung an alle Projektbeteiligten. (Vergessen Sie nicht, ein paar Erinnerungsfotos zu machen.)

▶ Bekanntmachung des Erreichten an bestehende oder potentielle Kunden

Jedenfalls sollte bei einer solchen Feierlichkeit genügend Platz für Marketing in jeder Hinsicht sein.

4.4.2   Marketing

Wie sehr Sie das Ergebnis Ihres Projektes vermarkten wollen, hängt natürlich stark von Ihrer Zielsetzung ab:

- ▶ Imagesicherung bzw. Steigerung bei den Kunden/Vorgesetzten
- ▶ Reputation am Markt erhöhen um mehr/lukrativere Aufträge zu erhalten
- ▶ Innovation demonstrieren

Je nach diesen Zielrichtungen sollten Sie professionell Ihren Projekterfolg intern oder extern vermarkten.

Die IT der ITIL Vision, Inc. verfolgt das Ziel, ihr Image als innovativer Top-IT-Dienstleister abzusichern bzw. zu verstärken. Dazu erfolgte ein internes und externes Projektmarketing.

Firmenintern

Nicht nur eine gebührende Abschlussfeier wurde abgehalten, es erschienen auch mehrere Artikel in den hauseigenen Medien (Mitarbeiterzeitung). Stets wurde dabei die Botschaft »Die ITIL Vision, Inc. besitzt einen herausragenden IT-Service-Dienstleister« transportiert.

Bei der Abschlussfeier – über die dann später ausführlich berichtet wurde – waren nicht nur alle Projektbeteiligten, sondern auch die Geschäftsleitung, die Berater und Marktpartner anwesend. Somit ergab sich auch ein erster Ansatz, den Erfolg über die Grenzen des Unternehmens hinaus bekannt zu machen.

Extern – Fachpresse

Neben ausführlichen Berichten in den lokalen Medien wurde über das Projekt auch in diversen einschlägigen Fachmagazinen (CIO Magazin, Computerwelt etc.) berichtet. Dies freute uns besonders, da dies mit geringem Aufwand unsererseits verbunden war. Um zwei Veröffentlichungen wird man in jedem Fall kaum herumkommen:

- ▶ **Nominierung des Unternehmens auf der offiziellen ITIL-Registrierungsseite**
  Unter *www.bs15000certification.com* wird Ihr Unternehmen mit einer Kurzbeschreibung als ISO 20000-zertifiziert ausgewiesen!

- ▶ **Success Story Ihres Berater**
  Sofern Sie bei Ihrem Projekt einen externen Berater dabei haben, wird es sich dieser nicht nehmen lassen, eine Erfolgsgeschichte (zumeist 2–3 Seiten Projektbericht) zu produzieren, um damit andere Kunden gewinnen zu können.

4.4.3 Die Effizienzsteigerung

Wie bereits zu Beginn unseres Buches beschrieben, zielte das Einführungsprojekt in der ITIL Vision, Inc. von Beginn an auf eine Effizienzsteigerung im Bereich IT ab. Die Erlangung des Zertifikates war also lediglich ein Meilenstein auf dem Weg dorthin. Nun sind Ziele wie Effizienz und Effektivität immer leicht ausgesprochen, jedoch ohne konkrete Maßzahlen nur schwer messbar. Gerade aus diesem Grund eignet sich jedoch der ITIL- bzw. ISO 20000-Standard dafür hervorragend. Wenn Sie das Buch aufmerksam gelesen haben, wird Ihnen als eine zentrale Stärke der Best-Practice-Vorlagen die stete Zielorientierung aufgefallen sein. ITIL schafft für alle Abläufe zwei zwingende Ausrichtungen:

Ausrichtung am Kunden

Alle Prozesse und Abläufe werden stets auf die in den SLA mit den Kunden vereinbarten Ziele ausgerichtet. Es ist also nicht verwunderlich, dass eine der ersten Fragen des Auditors bei den Mitarbeitern am Service-Desk ist, ob sie die mit den Kunden vereinbarten Service-Level kennen. Auf die Outputs der Prozesse Service-Level-Management und Business-Relationship-Management sind alle anderen Prozesse des Service Supports und Service Delivery ausgerichtet.

Die Steigerung der (bzw. das Halten einer hohen) Kundenzufriedenheit – gemessen durch eine jährliche Zufriedenheitsumfrage – ist daher meist eines der primären Ziele.

Ausrichtung am Unternehmensziel

Die zweite Ausrichtung aller ITIL-Prozesse erfolgt an den Zielen des Unternehmens. Ausgehend von der Unternehmensstrategie wird die IT-Strategie formuliert. Daraus wiederum werden Ziele für alle Prozesse in der Service-Management-Politik abgeleitet. Messbar werden diese Ziele der einzelnen Prozesse dann durch konkrete Kennzahlen und entsprechende Vorgaben für die kommende Arbeitsperiode.

Selbstverständlich müssen beide Ausrichtungen in Einklang gebracht sein und sollten sich nicht widersprechen. Dies sollte aber nicht schwierig sein, da die Kundenorientierung zumeist ohnehin ein Bestandteil der Unternehmensziele ist.

Gezielte Steuerung

Durch die ganz klare Verkettung von Strategie – Ziel – Kennzahl – Planwert wird für alle am Prozess Beteiligten völlig klar und nachvollziehbar, warum sie ihre Arbeit wonach ausrichten. Dies ist eine der wahren Stärken des ITIL-Ansatzes: »Jeder weiß nun, warum der Prozess an genau dieser Kennzahl gemessen wird und welcher konkrete Wert erreicht werden soll.«

In der ITIL Vision, Inc. wurde auch dies ohne komplexe Reportingtools (Balanced Scorecard o.Ä.) umgesetzt. Vielmehr wurden drei Dinge etabliert:

1. **Kommunikation der Ziele und Kennzahlen**

   Im nächsten Kapitel sind die Übersichten der Prozesse dargestellt, wie sie auch im Intranet der ITIL Vision, Inc. veröffentlicht sind. Jede Beschreibung beginnt mit der Definition der Ziele und enthält dann einen Link auf den aktuellen Bericht zur entsprechenden Kennzahl.

2. **Monatliches Reporting**

   In einem einfachen Excel Sheet werden durch das IT-Sekretariat ein Mal monatlich alle Kennzahlen erfasst und den Führungskräften zur Diskussion vorgelegt.

3. **Einleitung und Verfolgung von Maßnahmen**

   Zeigt ein Kennzahlenbericht eine deutliche Plan/Ist-Abweichung oder läuft man Gefahr, ein gestecktes Ziel nicht zu erreichen, so hat der jeweilige Prozessverantwortliche die Aufgabe dies

   ▶ zu kommentieren und

   ▶ eine geeignete Gegenmaßnahme umzusetzen.

Die Verfolgung dieser Gegenmaßnahmen zu Verbesserung der Kennzahl wird – Sie ahnen es bereits – wieder über den KVP abgewickelt!

Was ist zu beachten?

Als wesentlicher Hinweis – vor allem für das Management – ist an dieser Stelle anzumerken, dass Sie je Prozess eine, maximal zwei Kennzahlen beobachten sollten. Da es sich bei den Prozesskennzahlen meist um nicht monetäre Werte handelt, haben Sie in den allermeisten Fällen darüber hinaus noch betriebswirtschaftliche Ziele (Kosten, Erlöse, EGT etc.), die Sie steuern müssen. Reduzieren Sie daher Ihren Kennzahlenbericht auf das Wesentliche. Als Faustformel kann gelten: nicht mehr als drei bis fünf Kennzahlen pro Verantwortlichen.

Der zweite wichtige Aspekt betrifft die Auswahl und Definition der Kennzahl. Investieren Sie besser mehr Zeit in die Definition und das Entwickeln eines gemeinsamen Verständnisses für die Kennzahl und was genau mit ihr gemessen wird. Wichtig ist, einen Konsens zwischen dem, der die Zahl liefert (und dafür verantwortlich ist) und dem, der das Ziel vorgibt, herzustellen. Neben der Gefahr, dass die Planzahl im Nachhinein angezweifelt wird, ist die Diskussion über die Sinnhaftigkeit und Relevanz der Kennzahl für den Prozess ein zweiter beliebter Stolperstein bei der Steuerung mit Kennzahlen.

Prozess	Zielbeschreibung	In welchem Bericht finden sich diese Kennzahlen?	Wieviele Werte	Kennzahlendefinition	Bearbeiter	Konkretes Ziel
Service-Level-Management	Überwachung und Steuerung der gelieferten Qualität (SLA)	Analyse der Availability-Alerts	1	Anzahl der SLA Verletzungen in Summe pro Monat	X	0
Supplier-Management	Zusammenarbeit mit den Lieferanten	Übersicht Beratertage 2005	3	Min-, Max- und Durchschnittswert des Tagessatzes aller Berater im letzten Monat	Y	??
Release-Management	Releases planen und durchführen	Anzahl der Changes nach Typ (Normal, Standard) pro Monat	2	Anzahl der Changes nach Typ (Normal, Standard) pro Monat	Z	??
Finance-Management	Steuerung der Kosten und der finanziellen Ressourcen	IT-interner Finanzbericht	1 Seite je Center	Ausgabewirksame Kosten, Gesamtes EGT	X	Planwert
		FC Monatbericht	2 Seiten je Center			EGT=0
Availability-Management	Überwachung und Steuerung aller im SLA def. Systeme	Systemverfügbarkeit und maximale Ausfallzeit	1	Durchschn. Verfügbarkeit über alle Produktivsysteme (lt. Zielvereinbarung SY) (= ungeplante Ausfallzeit in h/Gesamtbetriebsstd. 7*24*365) pro Monat	Y	97
Capacity-Management	Sicherstellung der Kapazitäten, Planung und Analyse	Analyse der Capacity-Alerts	1	Anzahl der aufgetretenen Alerts pro Monat	Z	0
Incident-Management	Störungen u. Zwischenfälle schnellstmöglich beheben	Alle Eskalationen der Incident Tickets	1	Anzahl der Eskalationen in % der Tickets pro Monat	X	0
		Durchschnittliche Bearbeitungszeit pro Tickettyp	3	Durchschnittliche Bearbeitungszeit je Tickettyp (Störung, Anforderung, Beratung)	Y	15 20 25
Problem-Management	Störungen (Incidents) nachhaltig vermeiden	Trendanalyse der registrierten Tickets	1	Anzahl der Tickets nach Monat	Z	weniger
Security-Management	Sicherheit der Systeme garantieren	Analyse der registrierten Security-Tickets	Text	Die drei wichtigsten bzw. gravierendsten Security Incidents kommen ins Protokoll der Centerleitersitzung	Z	-
Configuration-Management	Steuerung der Änderungen im IT-Betrieb, Kontrolle	Alle ILV-Korrekturen	1	Anzahl der ILV-Korrekturen	X	weniger
Business-Relation-Management	Kundenfriedenheit und Servicequalität	Publikationen	2	Anzahl der Publikationen nach Typ (Vortrag, Artikel)	Y	1
		Kundenzufriedenheit	jährlich	Kennzahl: basierend auf der Kundenumfrage – wie bisher	Z	1,7

Abbildung 4.6 Prozesse zu Kennzahlen

4.5   Rezertifizierung nach ISO 20000

Wie schon früher erwähnt ist eine Gesamtkontrolle der Prozesse alle drei Jahre erforderlich. Zusätzlich ist aber eine jährliche Kontrolle bzw. ein **jährliches Überwachungsaudit** gefordert.

4.5.1   Den Erfolg nachhaltig sichern

Das jährliche Überwachungsaudit ist vom Umfang wesentlich geringer als die Gesamtzertifizierung, der Vorgang aber an und für sich genau derselbe. Deshalb wird hier nur auf die Abweichungen genauer eingegangen.

Es ist natürlich auch hier wieder erforderlich, dass vor dem Überwachungsaudit ein **internes Audit** durch den Service-Manager durchgeführt wird, und zwar über alle Prozesse. Dieser Check bietet wieder die letzte Möglichkeit, Maßnahmen einzuleiten, die der Aufrechterfaltung des Zertifikates dienen.

Selbstverständlich müssen wieder alle Korrekturmaßnahmen der Kategorien A und F abgearbeitet sein. Es empfiehlt sich aber auch sämtliche anderen Korrekturmaßnahmen (Kategorie V oder M) abzuarbeiten, falls dies möglich ist.

Es gibt vier **Varianten** wie man ein Überwachungsaudit durchführen kann:

► ein kurzer Durchlauf über alle Prozesse
► den Schwerpunkt auf einige wenige Prozesse legen
► ein Thema für das Überwachungsaudit wählen (z.B. Effiziensteigerung) und dann die Schwerpunkte festlegen (Kennzahlen, aut. Reports …)
► den Gap (Differenz) zu einem bestimmten Reifegrad (z.B. 4,0) feststellen lassen und welche Aufwendungen erforderlich wären, um diesen je Prozess zu erreichen

Die **Dauer** des Überwachungsaudit beträgt einen Tag. Bei der Bestellung ist zu beachten, dass zusätzlich zum eigentlichen Überwachungsaudit folgendes rechtzeitig zu ordern ist:

► Vor- und Nachbereitung für das Überwachungsaudit (in Summe ein Tag).
► Zertifikatserteilung (derzeit 800,– €).
► optional eine Reifegradbestimmung (Werte und Spinnendiagramm) um den Ist-Zustand mit der Ausgangssituation je Prozess vergleichen zu können (in Summe ein weiterer Tag).
► Des Weiteren ist ist ein genauer **Terminplan** zu erstellen und mit allen Beteiligten abzustimmen.

▶ Die Vorbereitung zum Audit (inklusive der Unterlagen), der Ablauf und die Standardfragen sind identisch mit der Zertifizierung.

Auditor: Hans Schüller, TÜV Management Service GmbH	
Thema: »Erforderliche Maßnahmen je Prozess für Stufe 4«	
8:15–09:00 Uhr	Vorstellung der Teilnehmer, Beschluss Auditplan Teilnehmer ITILVision, Inc.: alle Prozessmanager
9:00-10:15 Uhr	Gespräch mit der Führung mit folgenden Themen ▶ Management-System ▶ KVP, interne Auditierung, Lenkung Dokumente ▶ Supplier-Management ▶ Business-Relation-Management ▶ Service-Level-Management ▶ Financial-Management ▶ Teilnehmer ITIL Vision, Inc.: Bereichsleiter, alle Centerleiter, Service-Manager
10:15-10:30 Uhr	Auditor Nachbereitung
10:30-11:45 Uhr	Gespräche mit den Prozessmanagern ▶ Incident-Management ▶ Problem-Management ▶ Configuration-Management ▶ Teilnehmer ITIL Vision, Inc.: jeweilige Prozessmanager und Service-Manager
11:45-12:45 Uhr	Mittagspause
12:45-14:15 Uhr	Gespräche mit den Prozessmanagern ▶ Avalability-Management ▶ Continuity-Management ▶ Capacity-Management ▶ Security-Management ▶ Teilnehmer ITILVision, Inc.: jeweilige Prozessmanager und Service-Manager
14:15-14:30 Uhr	Auditor Nachbereitung
14:30-15:00 Uhr	▶ Change-Management ▶ Release-Management ▶ Teilnehmer ITILVision, Inc.: jeweilige Prozessmanager und Service-Manager
15:00-15:30 Uhr	Auditor Nachbereitung
15:30-16:45 Uhr	Zusammenfassung des Auditors

Tabelle 4.4 Ein Beispiel

16:45-17:15 Uhr	Abschlussgespräch
	▶ Teilnehmer ITILVision, Inc.: alle Prozessmanager und Service-Manager

Tabelle 4.4 Ein Beispiel (Forts.)

4.5.2 Erfahrungen für andere Servicebereiche

Aufgrund des außerordentlichen Erfolges der ITIL-Einführung und der damit verbundenen Effizienz- und Produktivitätssteigerung, lag es natürlich nahe den Erfolg auch auf andere Servicebereiche zu übertragen.

Dazu wurde wieder eine Marktstudie durchgeführt, bei der analysiert werden sollte, wie andere Servicebereiche in Unternehmen organisiert und mittels welcher Standards sie optimiert wurden. Das Ergebnis war ernüchternd. Kaum einer der angesprochenen Service-Dienstleister konnte im operativen Geschäft auf eine Standardisierung verweisen. Einige wenige hatten mit viel Aufwand ISO 9000-Zertifikate erhalten. Auf unsere Nachfrage nach dem damit verbundenen Erfolg und der Nachhaltigkeit, kam stets die Antwort, dass das Ziel, sich nun den Auftraggebern gegenüber als qualitätsvoller Partner darstellen zu können, erreicht wurde. Im Nachsatz kam aber fast ebenso häufig, dass auch eine Menge »totes« Papier produziert wurde. Kaum jemand glaubte an eine tatsächliche Verbesserung der Abläufe oder eine drastische Effizienzsteigerung durch diese Standardisierung. Eher wurden die mannigfaltigen Dokumentationspflichten als Ballast und damit als Hemmschuh für bessere Produktivität empfunden.

Wir fanden lediglich zwei Unternehmen, die damit begonnen hatten ITIL in einem Bereich außerhalb der IT-Bereiche anzuwenden. Das prominentere Beispiel davon war ein Automobilzulieferer, der für sein Kleinteilelager eine Bestellhotline etablieren wollte. Dabei kam er auf die findige Idee, dass es sich dabei eigentlich um einen Service-Desk handelt, der nach den gleichen Prinzipien definiert und abgewickelt werden kann. Und so gibt es in diesem Unternehmen neben einem Service Level Agreement und einem klar definierten 1st und 2nd Level im Service-Desk auch einen Incident-Management-Prozess, falls Teile nicht richtig ausgeliefert wurden. Das Wesen der permanenten Verbesserung der Prozesse wurde dabei ebenso umgesetzt, wie die nachhaltige Verhinderung immer wieder auftretender Fehler durch ein gezieltes Problem-Management.

Grundsätzliche Überlegungen zum Management von Shared Services

Die Idee hinter Service-Dienstleistern ist immer eine Dienstleistung in möglichst großer Stückzahl, möglichst kundenfreundlich und mit möglichst hohem Gewinn zu verkaufen. Dieses Grundprinzip gilt natürlich insbesondere für interne – so genannte »Shared Service-Dienstleister«, da diese ja eben genau zum Zwecke der Synergienutzung und zur Optimierung von hoch standardisierten Massenprozessen eingerichtet wurden. Jede dieser Unternehmungen hat zum Ziel ihre Prozesse zu optimieren indem sie diese standardisiert und automatisiert.

Daher gilt es Mechanismen zu etablieren, die diese Standardisierung und Automatisierung ermöglichen und wie von selbst herbeiführen. Diese Problemstellung könnte verglichen werden mit der Suche nach dem »heiligen Gral« und beschäftigt nun schon seit Generationen das Management solcher Organisationen. Natürlich gibt es Shared Service-Organisationen im Vergleich noch nicht so lange. Ihre zumeist sehr heterogene Produktstruktur verbunden mit einem sehr spezialisierten Branchen-Know-how widerspricht eigentlich allen herkömmlichen Management-Philosophien der heutigen Zeit. Fokussierung auf das Kerngeschäft, Rückbau bei Mischkonzernen und Verkauf von nicht wertschöpfenden Tätigkeiten zeichnen einen ganz anderen Weg auf. Und dennoch, kein großer Konzern gibt seine gesamten Shared Services als Ganzes aus der Hand. Teile werden zwar outgesourced, aber nur jene, von denen man sich tatsächliche betriebswirtschaftliche oder andere Effekte verspricht.

Somit verbleiben große Teile der unterstützenden Bereiche seit Jahren im Unternehmen oder werden als eigene Shared Service-Gesellschaft ausgegründet. Ein unbeherrschbares Produktportfolio, die völlige Auslieferung an den internen Markt des eigenen Konzerns und das Fehlen einer eigenen Identität bestimmen heute das Bild dieser hauseigenen Mischdienstleister. Meist nur ein Kostenfaktor mit subjektiv immer zu hohen Preisen, ohne jede Vergleichbarkeit am Markt und ohne klare Strategie, sondern reaktiven Kostensenkungen taumeln diese Unternehmen durch die Wirtschaftswelt.

Doch es gibt Sie, die ersten Anzeichen von fundierten Geschäftsmodellen, Best Practices und Prozessvorbildern. So forscht zurzeit das renommierte St. Gallener Malik Management Zentrum an einem Geschäftsmodell für Shared Service-Dienstleister. Auch in unserem Unternehmen wurde ein Projekt gestartet um ein Zukunftsbild für die Shared Service-Dienstleistungen im Konzern zu entwickeln. All dies gibt Hoffnung, dass diese Unternehmensteile doch irgendwie zur Unterstützung des Kerngeschäftes notwendig sind. Es verpflichtet aber gleichzeitig auch dazu, diese Unternehmensteile ebenfalls effizient und sorgsam zu Führen.

Dafür gilt es eine Methode zu finden mit der die Prozesse standardisiert, die Services auf das Kerngeschäft und die Kundenbedürfnisse ausgerichtet und eine kontinuierliche Verbesserung sichergestellt werden kann.

Anwendung der ITIL-Prozesse auf »nicht IT-Bereiche«

Angestachelt von den zuvor dargelegten Überlegungen und dem Erfolg unserer ITIL-Einführung wurde ein Pilotprojekt gestartet, um zu analysieren wie die ITIL/ISO 20000-Prozesse auf andere Servicebereiche übertragen werden könnten.

Dazu wurden der ITIL Vision, Inc. zwei weitere Servicebereiche zur Verantwortung übergeben. Es handelte sich dabei um die **Abrechnung** (AR) von Produkten und Dienstleistungen aller Art, sowie einen **Kundenservice** (KS) inklusive Call Center.

Beide Bereiche zeichnen sich – wie die IT-Bereiche der ITIL Vision, Inc. – durch hoch standardisierte Massenprozesse aus, die klaren Messbarkeitskriterien unterlagen.

In einem ersten Schritt wurden alle ISO 20000-Prozesse durchgegangen und ihre Relevanz auf die beiden neuen Servicebereiche hin bewertet. Die Tabelle zeigt die einzelnen Prozesse und ihre Wertungen:

Prozess	AR	KS	Zeitplan/ Bemerkung/Benefit
Management-System	▸ Gültigkeitsbereich ▸ IT-Trends? ▸ Risikomanagement (va. Continuity) erweitern ▸ KS 4 Produkte ergänzen (Telefon, Vermittlung …) ▸ Skillmatrix (Qualifikation) ▸ Ausbildung ▸ Leitsätze	einfachere Handhabung für IT-Leiter, gleiches Vorgehen für alle Bereiche, einheitliche Kommunikation, Risikobetrachtung	
KVP/interne Audits	Problem, wenn nicht eigene, sondern übergreifende Prozesse betroffen Regelung: nicht KVP wenn ▸ sofort ▸ keine anderen Center betroffen	Problem, wenn nicht eigene, sondern übergreifende Prozesse betroffen	einheitliche Vorgehensweise in allen Bereichen, einheitliche Verwaltung und Verfolgung der geplanten Verbesserungsmaßnahmen
Service Reporting	bestehende Reports einbinden	bestehende Reports einbinden	Vereinheitlichung

Tabelle 4.5 Die Prozesse und Ihre Wertung

Prozess	AR	KS	Zeitplan/ Bemerkung/Benefit
Supplier-Management	nichts erforderlich	▶ Lieferanten-management ▶ OLA abschließen ▶ OLA erweitern um KS	Vereinheitlichung und Schaffung von klaren Schnittstellen
Financial-Management	keine Änderungen erforderlich		
Security-Management	nichts, da alle notwendigen Anforderungen durch bereits existierende Controls abgedeckt sind.		
BRM	▶ GF-Betreuer: mehrere Varianten zur Diskussion ▶ Beschwerden über existierenden Prozess		Definition eindeutiger Kommunikationsk. für den Kunden, Geschäft des Kunden verstehen, damit bessere Leistungen angeboten werden können
Incident-Management	kein Handlungs-bedarf	▶ Definition einer selbst gewählten Wiederherstel-lungszeit, welche aber nicht an die Mitarbeiter kommuniziert wird, »um ein Gefühl zu bekommen« ▶ einige Auswertungen vorhanden ▶ Prozess ist zu dokumentieren analog vorhandenen Incident-Prozess	Vereinheitlichung des Vorgehens
Problem-Management	nicht strukturiert = anlassbezogen	nicht strukturiert = anlassbezogen	
Configuration-Management	alles im Abrechnungssystem	im Wesentlichen vorhanden im entsprechenden System	

Tabelle 4.5 Die Prozesse und Ihre Wertung (Forts.)

Prozess	AR	KS	Zeitplan/ Bemerkung/Benefit
Change/Release	▸ sinnvoll in irgendeiner Form ▸ **Klärung**, ob Vorgehensänderungen im Bereich KS und AR (z. B. Tarifänderungen) in einer **eigenen Change-DB** zu dokumentieren sind. ▸ Offener Punkt: Wie sollen die laufenden und geplanten Aktionen erfasst werden?		Klarer und abgestimmter Umgang mit Änderungen, Gewinnung von Transparenz zum Kunden, Möglichkeit der Priorisierung
Availability-Management	▸ nichts (SLA nicht möglich) ▸ technische Verfügbarkeit bereits abgedeckt	▸ neuer SLA ▸ technische Verfügbarkeit bereits abgedeckt ▸ personelle Verfügbarkeit ist zu betrachten	Durch die Risikoanalyse ist ein klare Identifizierung von Problemfällen möglich und eine strukturierte Abarbeitung machbar.
Capacity-Management		▸ Ressourcen Cap. ▸ Telefonanlage – zu wenig Arbeitsplätze	

Continuity-Management	nichts (durch IT abgedeckt)	▸ Risikoanalyse ist durchzuführen
		▸ unerwartetes Anrufvolumen durch z. B.
		  ▹ Rechnungen falsch
		  ▹ Grippe-Epidemie	

SLM	▸ 2 Produkte ▸ SLA nächstes Jahr	▸ 4 Produkte ▸ SLA in Vorbereitung	klare Beschreibung der Leistungen, Reporting an den Kunden → Gewinn an Renommee und Vertrauen

Tabelle 4.5 Die Prozesse und Ihre Wertung (Forts.)

Bei einigen Prozessen kamen wir relativ rasch zum Schluss, dass eine Vereinheitlichung zweckmäßig und wirksam sein müsste. Teilweise gab es aber starke Diskussionen, ob diese IT-Prozesse tatsächlich übertragbar sind oder nicht.

So wurden folgende Prozessfelder ausgewählt und für eine nähere Betrachtung aufgrund der starken Ähnlichkeit der Abläufe herangezogen:

▶ Management-Prozesse inkl. KVP

▶ Change/Release/BRM

Erst nach Implementierung dieser zentralen Prozesse sollten dann die restlichen Themen angegangen und nach einem Stufenzeitplan umgesetzt werden.

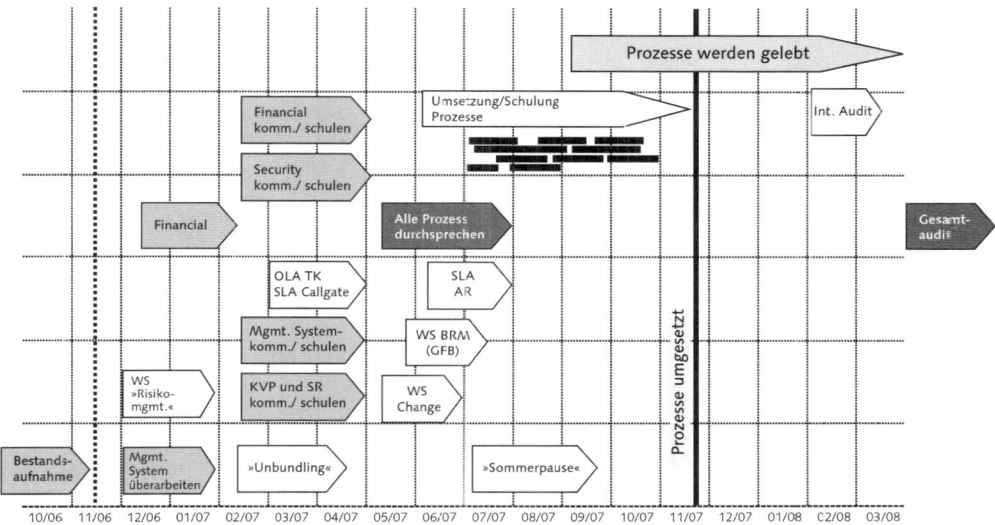

Abbildung 4.7 Zeitplan zu Einführung von ITIL in den »nicht IT-Bereichen«

Bei der Erstellung des Umsetzungszielplanes kam es zu heftigen Diskussionen, ob eine Umsetzung überhaupt sinnvoll ist oder nicht. Wir hatten unterschätzt, dass für Außenstehende nicht sofort begreiflich ist welche Vorteile die ITIL-Prozesse mitsichbringen. Vielmehr wurde die Etablierung etwa von Prozessverantwortlichen oder von eindeutigen Ansprechpartnern für die Auftraggeber als feindliche Übernahme der neuen Servicebereiche empfunden und daher rundheraus abgelehnt.

Unter diesen Vorzeichen schien es uns nicht ratsam die ITIL-Prozesse quasi mit Gewalt auszudehnen. Daher wurden bis heute die neuen Bereiche lediglich in die Managementprozesse und das Financial-Management integriert um zumindest eine einheitliche Gesamtsteuerung der Organisation zu ermöglichen. Wir sind jedoch überzeugt, dass es auch in anderen Shared Servicebereichen Themen wie Change- oder Problem-Management gibt und diese Abläufe mit ITIL-Mitteln erfolgreich verbessert werden können.

In diesem Kapitel werden je Prozess die Ziele, Aufgaben und Pflichten der Prozessmanager und IT-Mitarbeiter, die Kennzahlen, die Prozessbeschreibung und die Link- und Dokumentensammlung zusammengefasst bzw. genannt.

5 Übersicht und Zusammenfassung der Prozesse

5.1 Service-Manager

Ziele

Der Service-Manager für den Bereich IT ist für die übergeordnete Koordination aller Prozesse verantwortlich. Ziel ist es, für einen reibungslosen Ablauf der Prozesse zu sorgen und dafür Sorge zu tragen, dass eine kontinuierliche Verbesserung in allen Belangen angestrebt und umgesetzt wird.

- ▶ Er koordiniert die erforderlichen Aufgaben und Maßnahmen (KVP-Prozess).
- ▶ Er überprüft die Einhaltung der gesetzten Maßnahmen, also ob die Ziele erreicht werden.
- ▶ Er ist für die Aufnahme von Reports und Kennzahlen in das Service Reporting verantwortlich.
- ▶ Er ist für die Lenkung von Dokumenten (Versionsführung, Archivierung, Vorlagen) verantwortlich.
- ▶ Er organisiert die internen Audits und führt diese auch durch.
- ▶ Er ist für die Änderung und Freigabe von Dokumenten und Prozessen verantwortlich.
- ▶ Er fordert die erforderlichen Berichte regelmäßig ein (CL-Besprechung).

Aufgaben für alle Mitarbeiter

- ▶ Der Service-Manager ist der Ansprechpartner für die Prozessmanager in allen ITIL-Belangen.
- ▶ Der Service-Manager ist für »alle« die zentrale Anlaufstelle in ITIL-Belangen.

▶ Der Service-Manager berichtet und koordiniert sämtliche ITIL-Belange gegenüber den Führungskräften.

Kennzahlen

Erreichung der ISO 20000-Zertifizierung und Aufrechterhaltung des Zertifikats

Prozessbeschreibung

Keine

Link- und Dokumentensammlung

▶ Einführung ITIL

▶ ISO 20000 Teil 1

▶ ISO 20000 Teil 2

Assessment und Zertifizierung

▶ Assessment-Ergebnis

▶ Assessment-Präsentation (inkl. Prozessreife)

▶ Maßnahmenkatalog für Zertifizierung

▶ Auditbericht Zertifizierung

▶ Prozessreife ITIL nach Zertifizierung

▶ Prozessreife ISO 20000 nach Zertifizierung

5.2 Management-System

Ziele

Ein dokumentiertes Management-System mit klaren Grundregeln schafft Transparenz und Klarheit über Strategie und konkrete Zielsetzungen des Bereiches für alle Mitarbeiter.

Aufgaben für alle Mitarbeiter

▶ Jeder IT-Mitarbeiter kennt die Leitsätze der IT bzw. weiß, wofür der Bereich IT steht.

▶ Jeder IT-Mitarbeiter kennt die IT-Strategie bzw. weiß, wohin wir gemeinsam wollen.

▶ Jeder IT-Mitarbeiter kennt die grundlegenden Mechanismen, wie der Bereich IT gesteuert (Management-System, Planungsprozesse) wird.

▸ Jeder Prozessverantwortliche kennt die strategischen Ziele seines Prozesses (Service-Management-Politik) und kennt die damit verbundenen Kennzahlen zur Messung der Zielerreichung.

Kennzahlen

Keine

Prozessbeschreibung

▸ Management-System

Link- und Dokumentensammlung

▸ Management-System

▸ Service-Management-Politik

▸ Risikomanagement

▸ IT-Strategie

▸ Service-Management-Plan

▸ Leitsätze der ITIL Vision, Inc.

▸ Ablauf mittelfristige Personalplanung 2005

▸ Personalvorschau 2000–2008

▸ Eckwertvorschau Investitionsgespräch 2000–2009

▸ Bildungsplan

▸ Dokumentenübersicht

▸ Qualifikationsmatrix

▸ Übersicht IT-Landschaft

▸ IT-Trends

▸ Kritik- und Anerkennungsgespräche

5.3   KVP und interne Auditierung

Ziele

Ziel des KVP ist es, über einen kontinuierlichen Regelkreis (Plan – Do – Check – Act) eine ständige Verbesserung der Leistungen zu erreichen zum Nutzen der Kunden. Der KVP verwendet als Input die jährlichen Audits, alle Prozesse, die Reviews der Prozesse, die Gespräche mit unseren Kunden und Lieferanten, die Ergebnisse aus den Kundenzufriedenheitsbefragungen usw. Ziel der jährlichen Audits der Einzelprozesse ist es, diese kontinuierliche Verbesserung für die Prozesse sicherzustellen.

- Plan (Planen): Die Einführung und die Erbringung von Dienstleistungen planen
- Do (Ausführen): Die Planung umsetzen und Dienstleistungen erbringen
- Check (Messen): Dienstleistungen überwachen, messen und überprüfen und interne Audits durchführen
- Act (Anpassen): Abgeleitet aus den Checks, Maßnahmen zur kontinuierlichen Verbesserung der Dienstleistungen und des Managements einleiten und verfolgen

Aufgaben für alle Mitarbeiter

- Jeder IT-Mitarbeiter ist aufgefordert, Verbesserungspotential zu identifizieren und die Vorschläge über den Centerleiter oder direkt dem KVP-Manager mitzuteilen.
- Jeder Prozessverantwortliche hat für die zumindest ein Mal im Jahr stattfindenden Audits alle Unterlagen zu aktualisieren und bereitzustellen. Die Audits finden mit dem Prozessverantwortlichen und dem jeweiligen Stellvertreter statt. Zusätzlich kann der jeweils betroffene Centerleiter hinzugezogen werden.
- Der Service-Manager führt die rechtzeitig angekündigten Audits entsprechend dem Auditplan durch.
- Der Service-Manager stimmt den ermittelten Handlungsbedarf und die erforderlichen Maßnahmen mit dem IT-CAB (Change Advisory Board = Führungskräfte IT) ab.
- Der Service-Manager überwacht anhand der Übersicht »KVP-Maßnahmenliste« die Umsetzung aller getroffenen Maßnahmen.

Kennzahlen

siehe Service-Manager (Zertifizierung)

Prozessbeschreibung

- Kontinuierlicher Verbesserungsprozess (KVP)
- Interne Auditierung

Link- und Dokumentensammlung

- ▶ KVP-Maßnahmenliste
- ▶ Auditplan
- ▶ Projektmanagement
- ▶ Auditbericht
- ▶ Management Reviews
- ▶ Auditfragen je Prozess
- ▶ Auditnotizen (Formular für handschriftliche Notizen)
- ▶ Unterschied KVP/Change/SLR

5.4 Service Reporting und Lenkung Dokumente

Ziele

Ziel des Service Reporting ist es, vereinbarte, verlässliche und genaue Berichte rechtzeitig zu liefern, um eine effektive Kommunikation zu gewährleisten und datenbasierte Entscheidungen zu ermöglichen.

Ziel der Lenkung von Dokumenten und Dateien ist es, die Dokumente (auch HTML) mit den erforderlichen Informationen (Verfasser, Status, Dateiname ...) zu versehen und eine gezielte Versionsführung durchzuführen.

Aufgaben für alle Mitarbeiter

- ▶ Jeder IT-Mitarbeiter hat sich aktiv (»Holschuld«) über die für ihn relevanten Berichte aus dem Service Reporting zu informieren.
- ▶ Jeder Prozessverantwortliche hat für seinen Prozess die Änderung und Archivierung in der definierten Weise durchzuführen und bekannt zu machen.
  - ▸ Prozessänderung: über Service-Manager
  - ▸ Freigabe der Änderungen: über Service-Manager
  - ▸ Archivierung von Dokumenten mit fortlaufender Veränderung: mindestens ein Mal im Jahr
  - ▸ Archivierung von Vorgabedokumenten: bei jeder Änderung
- ▶ Der Service-Manager hat die Prozessdokumentation zu ändern.
  - ▸ geringfügige Änderungen: in Eigenverantwortung und in Absprache mit den betroffenen Prozessverantwortlichen
  - ▸ größere Änderungen: über das IT-CAB

▶ Jeder Prozessmanager ist verantwortlich, dass die entsprechenden Berichte seines Prozesses (siehe Service Reporting Matrix) zumindest im geforderten Rhythmus aktualisiert werden.

Kennzahlen

Keine

Prozessbeschreibung

▶ Lenkung Dokumente

▶ Service Reporting

Link- und Dokumentensammlung

▶ Service Reporting

5.5   Supplier-Management

Ziele

Ziel ist es, Lieferanten (3rd party) zu managen um die Erbringung einer reibungslosen (Qualitäts-) Dienstleistung sicherzustellen. Laufende Gespräche mit unseren Lieferanten garantieren, dass im Sinne der Unternehmensstrategie nur mit den Besten am Markt gearbeitet wird.

Aufgaben für alle Mitarbeiter

▶ Jeder IT-Mitarbeiter kennt die wesentlichen Abläufe bei Bestellungen, insbesondere im Zusammenhang mit Verträgen (Handbuch Lieferantenmanagement).

▶ All jene, die BANFen erstellen und dadurch Bestellungen auslösen, kennen den genauen Ablauf (Regelung Innnenorganisation) und wichtige Details zur Vertragsgestaltung.

▶ Zur Sicherstellung der Erreichung obiger Ziele gibt es bei IT-LT/Fr. Silberbauer Übersichtslisten mit den aktuellen Lieferanten (Übersicht Verträge/Software/Berater).

▶ Jeder IT-Mitarbeiter kennt alle internen Vereinbarungen (OLA).

▶ Die festgelegten, eindeutigen Verantwortlichkeiten für die wichtigsten Lieferanten sind von allen zu berücksichtigen! Die Zuständigen müssen mit den Hauptlieferanten regelmäßig Strategiegespräche führen, in denen auch die erbrachten Leistungen besprochen werden. Ziel ist dabei ein vertrauensvoller Umgang und die Steigerung/Sicherung der Qualität der erbrachten Dienstleistungen.

Kennzahlen

▶ Übersicht Beratertage 2005 (Ziel: durchschnittl. Tagessatz pro Lieferant verringern)

Prozessbeschreibung

▶ Supplier-Management

Link- und Dokumentensammlung

▶ Handbuch Lieferanten-Management

▶ Verantwortung Lieferanten

▶ OLA – Service Level Agreement WAN-Netzwerk (TK)

▶ Übersicht Verträge/Software/Berater (Configuration-Management)

5.6 Business-Relationship-Management

Ziele

Das Ziel des Business-Relationship-Managements ist die Steigerung der Kundenzufriedenheit durch laufende Verbesserung der Servicequalität. In diesem Zusammenhang wird die Servicequalität maßgeblich durch das Erkennen und Verstehen der Kundenanforderungen sowie durch Anbieten optimaler Lösungen für die Bedürfnisse unserer Kunden bestimmt.

Aufgaben für alle Mitarbeiter

▶ Jeder IT-Mitarbeiter muss kundenorientiert handeln.

▶ Jeder IT-Mitarbeiter muss jene Geschäftsprozesse unserer Kunden, die sein spezielles Aufgabengebiet berühren, kennen und verstehen.

▶ Jeder IT-Mitarbeiter muss die Geschäftsfeldbetreuer der IT kennen.

▶ Jeder IT-Mitarbeiter muss Anforderungen von Anwendern aufnehmen und diese dem zuständigen Geschäftsfeldbetreuer zur Kenntnis bringen.

▶ Jeder Hotliner muss Tickets der Kategorie Anforderungen/Sonstiges an die Geschäftsfeldbetreuer weiterleiten.

Kennzahlen

▶ Kundenzufriedenheit (Ziel: Halten des erreichten hohen Niveaus)

▶ Publikationen (Ziel: 10–12 Veröffentlichungen pro Jahr, zur Sicherung des positiven Images)

▶ Anzahl technischer Beschwerden (Ziel: laufende Kontrolle der Abarbeitung von Beschwerden)

Prozessbeschreibung

▶ Business-Relationship-Management

Link- und Dokumentensammlung

▶ Handbuch Business-Relationship-Management

▶ IT-Mitarbeiterzufriedenheit 2004

▶ Vorlage zum Frühstücksgespräch

▶ Auswertung der IT-Kundenzufriedenheitsumfrage 2003

▶ IT-Kommunikationsplan

▶ Geschäftsfeldbetreuer

▶ Anforderungsanalyse – technische Spezifikation

▶ Vorträge und Artikel

5.7 Service-Level-Management

Ziele

Ziel des Service-Level-Managements ist die Überwachung und Steuerung der IT-Services hinsichtlich der zu erbringenden Qualität und Quantität im Rahmen der mit dem Kunden vereinbarten Service Level Agreements (SLA).

Aufgaben für alle Mitarbeiter

▶ Jeder IT-Mitarbeiter muss die vereinbarten Kennzahlen der Service Level Agreements kennen.

▶ Jeder IT-Mitarbeiter muss darauf bedacht sein, die vereinbarten Zeiten und Verfügbarkeiten der IT-Services einzuhalten.

▶ Der Problem-Manager muss bei einer SLA-Verletzung ein Problem-Ticket erstellen.

▶ Bei Störungen der Priorität A und B verständigt die IT-Hotline alle betroffenen Mitarbeiter laut Hotline-Betriebshandbuch.

▶ Der SLA-Manager verständigt bei SLA-Verletzungen zusätzlich alle Bereichsleiter.

Kennzahlen

▶ Systemverfügbarkeit und maximale Ausfallszeit (Ziel: Einhaltung der in den SLAs definierten Zeiten)

▶ Reaktions- und Bearbeitungszeiten (Ziel: Einhaltung der in den SLAs definierten Zeiten)

▶ Eskalationen pro Bereich (Ziel: keine Eskalationen)

Prozessbeschreibung

▶ Ändern von SLAs

Link- und Dokumentensammlung

▶ Aktuelle Service Level Agreements in der IT

▶ Service-Level-Requirement

▶ IT-Strategie

▶ Alle Problem-Tickets zu Verletzungen der Reaktions- und Bearbeitungszeiten

▶ Alle SLA-Verletzungen durch Availability-Alerts

5.8 Change-Management

Ziele

Durch eine zentrale Erfassung und Koordinierung aller Änderungen an den laufenden Systemen sowie eine ganzheitliche[1] Release-Planung kann eine bessere Abstimmung sich gegenseitig beeinflussender Changes der IT zwischen den Centern und Arbeitsteams erfolgen. Dies führt in der Folge zu besserer Stabilität der Systeme und weniger Aufwand bei der Nacharbeitung.

▶ **Einreichen und Erfassen**
Erfassen und Überprüfen von Änderungsanträgen, den sogenannten RFC (Request for Change)

---

1 alle Applikationen, alle Organisationseinheiten in der IT, alle IT-Systeme, Center-übergreifende Terminkoordination

- **Akzeptieren**
  Filtern von RFC und akzeptieren für eine weitere Bearbeitung
- **Klassifizieren**
  Einteilung der RFC nach Kategorie und Priorität
- **Planen**
  Planung anstehender Aktivitäten inkl. deren Ausführung und inkl. Ressourcenplanung
- **Koordinieren**
  Erstellung, Test und die Implementierung koordinieren
- **Evaluieren**
  Prüfung der Einführung und abschließende Beurteilung (Lerneffekt)

Aufgaben für alle Mitarbeiter

- Jeder IT-Mitarbeiter muss sämtliche Änderungen an der IT-Infrastruktur mittels RFC erfassen (vollständig, wirklichkeitsgetreu und richtig).
- Jeder IT-Mitarbeiter hat alle geplanten Änderungen unter Berücksichtigung des »Forward Schedule of Change« vorzunehmen.
- Wiederkehrende Changes sollten als Standard definiert werden. Abstimmung gemeinsam mit dem Change-Manager.
- Bei der Bearbeitung von Incident-Tickets ist kein RFC zu erstellen.

Kennzahlen

- Gesamtanzahl/Anzahl nach Typ/Ø Genehmigungsdauer der RFCs (Ziel: möglichst viele Standard Changes und kurze Genehmigungsdauer)
- Trendanalyse Changes

Prozessbeschreibung

- Change-Management

Link- und Dokumentensammlung

- Rollout-Plan bzw. Forward Schedule of Change
- Standard Changes
- Projektbewertung (was ist ein Projekt)
- Projektübersicht 2005
- Sicherheitsrichtlinie und Security Controls
- Vorgehen für die Klassifizierung von RFCs

▶ Change Advisory Board (CAB)

▶ Schnittstellendokumentation

▶ Beschreibung Change/Release-Applikation

▶ RFC-Ablauf (schematische Erklärung)

▶ Organisationshandbuch IT-SY

5.9 Release-Management

Ziele

Durch eine zentrale Erfassung und Koordination aller Änderungen an den laufenden Systemen sowie eine ganzheitliche Release-Planung kann eine bessere Abstimmung sich gegenseitig beeinflussender Changes der IT zwischen den Centern und Arbeitsteams erfolgen.

▶ **Release Policy und Planung**
Planung von Releases in zeitlicher und quantitativer Hinsicht

▶ **Test und Abnahme des Release**
Entwickeln, Konfigurieren und Testen von Release

▶ **Planung der Implementierung**
Planung und Bekanntmachen der Einführung, Entwicklung von Rollout-Strategien

▶ **Bekanntmachen, Vorbereitung und Schulung**
Informationen an die IT-Mitarbeiter und Anwender müssen geliefert werden.

▶ **Verteilung und Installation des Release**
Einführung des Release in den operativen Betrieb

Aufgaben für alle Mitarbeiter

▶ Jeder Produktverantwortliche hat bei Bedarf einen Standard-Release zu definieren.

▶ Jeder IT-Mitarbeiter hat die ihm mittels Tickets zugewiesenen Releases nach Vorgaben umzusetzen.

Kennzahlen

▶ Gesamtanzahl/Anzahl nach Typ/Ø Genehmigungsdauer der RFCs (Ziel: möglichst viele Standard Changes und kurze Genehmigungsdauer)

▶ Durchschnittliche Umsetzungsdauer im Release-Management

Prozessbeschreibung

▶ Release-Management

Link- und Dokumentensammlung

▶ Release Policy

▶ Release-Strategie

▶ Beschreibung Rollout

▶ Rollout-Plan bzw. Forward Schedule of Change (FSC)

▶ Projektbewertung (Was ist ein Projekt?)

▶ Vorlagen Testprotokolle

▶ Standard Changes/Releases

▶ Beschreibung Change/Release-Applikation

▶ RFC-Ablauf (schematische Erklärung)

5.10   Configuration-Management

Ziele

Durch eine zentrale Auskunftsstelle für alle Komponenten können, auf soliden Daten basierend, Entscheidungen in den anderen Prozessen getroffen werden.

▶ Eindeutige Definition aller Komponenten (Configuration Items) inkl. Attribute

▶ Dokumentation aller Komponenten, die für die Erstellung der IT-Produkte relevant sind und vor allem auch allen Verantwortlichen zugänglich sind

▶ Regelmäßige Audits zur Sicherstellung einer aktuellen Dokumentation

Aufgaben für alle Mitarbeiter

▶ Jeder Mitarbeiter hat Änderungen zu den definierten Configuration Items umgehend in den jeweiligen Dokumenten einzupflegen.

▶ Bei der Bearbeitung von RFCs ist im Ticket der Wortlaut »CMDB aktualisiert« im Auftrag anzugeben, nachdem die CMDB aktualisiert wurde.

▶ Jeder Mitarbeiter hat festgestellte Fehleinträge in der CMDB mittels Ticket zu erfassen. Als Erledigungscode beim Abschluss des Tickets ist »ILV Korrektur« auszuwählen.

Kennzahlen

▶ Alle ILV-Korrekturen (Ziel: keine Korrekturen notwendig)

Prozessbeschreibung

▶ Configuration-Management

Link- und Dokumentensammlung

▶ Configuration Management Database

▶ Configuration Management Policy inkl. Auditplan

▶ Alle Changes ohne CMDB-Aktualisierung

5.11 Availability-Management

Ziele

Ziel ist die Überwachung und Steuerung aller im SLA definierten Systeme. Dies erfolgt durch einen Verfügbarkeitsplan, der aufgrund von Risikoabschätzungen erstellt und laufend aktualisiert wird.

Aufgaben für alle Mitarbeiter

▶ Jeder IT-Mitarbeiter muss den Availability-Manager (Hr. Markus Schmidt) über Verfügbarkeitsverletzungen, System-Umbauten, System-Updates oder System-Erweiterungen informieren.

▶ Jeder IT-Mitarbeiter kennt die SLAs des Bereiches IT.

▶ Jeder IT-Mitarbeiter hat Incident-Tickets laut vereinbarten SLA-Zeiten zu lösen. Eine übersichtliche Darstellung wird im Intranet durch »Bearbeitungsstatus aller offenen Tickets« angeboten.

Kennzahlen

▶ Verfügbarkeit Produktivsysteme (Ziel: Einhaltung der in den SLA definierten Parameter)

▶ SLA-PDF-Dokumentation

▶ Analyse der Availability-Alerts

Prozessbeschreibung

▶ Availability-Management

Link- und Dokumentensammlung

▶ Prozessbeschreibung Availability-Management

▶ Verfügbarkeitsplan 2005

▶ Risiko-Assessment

▶ Aktuelle Operation Level Agreements zu anderen Bereichen

▶ Aktuelle Service Level Agreements in der IT

▶ Automatische Ticket-Weiterleitung

▶ Gesamtübersicht über den Bereich IT

▶ Beschreibung des Kennzahlensystems

▶ Kennzahlen der Produktivsysteme

▶ Beschreibung der System-Management-Tools: Application-Manager

▶ Beschreibung der System-Management-Tools: Analysis Center Reporting

▶ Beschreibung des aktuellen Verfügbarkeitsplans

5.12 Capacity-Management

Ziele

Ziel ist, langfristig die im Rahmen der mit dem Kunden vereinbarten Service Level Agreements erforderliche Kapazität der IT-Services quantitativ und kostenmäßig vertretbar sicherzustellen. Die Aufgaben des Capacity-Management setzen sich wie folgt zusammen:

▶ **Business-Capacity-Management**
Analysieren und Planen der zukünftigen geschäftlichen Kapazitätsanforderungen

▶ **Service-Capacity-Management**
Planen, Überwachen, Analysieren und Verbessern der Performance auf Service-Ebene

▶ **Resource-Capacity-Management**
Planen, Überwachen, Analysieren und Verbessern der Performance auf Komponenten-Ebene

Aufgaben für alle Mitarbeiter

▶ Jeder Produktverantwortliche muss den Kapazitätsplan warten bzw. auf dem aktuellen Stand halten.

▶ Jeder Produktverantwortliche hat bei Schwellwertüberschreitungen den Grund zu analysieren und gegebenenfalls Maßnahmen einzuleiten.

▶ Jeder Produktverantwortliche hat für dadurch resultierende Änderungen einen RFC zu erstellen.

▶ Beim Erstellen eines Problem-Tickets aufgrund von Kapazitätsengpässen ist im Ticket der Wortlaut »Kapazitätsmanagement« anzuführen. Daraus erfolgt die Kennzahl/Auswertung.

Kennzahlen

▶ Alle Problem-Tickets aufgrund Capacity-Management (Ziel: keine Problem-Tickets aufgrund Capacity-Management)

▶ Analyse der Capacity-Alerts

Prozessbeschreibung

▶ Capacity-Management

Link- und Dokumentensammlung

▶ Kapazitätsplan

▶ Capacity Reports

▶ Monitoring-Capacity-Management

5.13 Continuity-Management

Ziele

Ziel ist die schnellstmögliche und kontrollierte Wiederherstellung eines IT-Services im Katastrophenfall. Dies wird durch proaktive Maßnahmen erreicht, die das Risiko eines Notfalles vermindern bzw. die Wiederherstellung strukturieren, und durch reaktive Maßnahmen, die eine geordnete Vorgehensweise bei nicht voraussehbaren Notfällen sichern.

Aufgaben für alle Mitarbeiter

▶ Jeder IT-Mitarbeiter muss die vereinbarten SLA-Zeiten kennen.

▶ Jeder IT-Mitarbeiter hat eine (voraussehbare) Verletzung der SLA-Zeiten zu melden (nur Behebungszeit Priorität A und B).

▶ Jeder IT-Mitarbeiter hat Risiken, die zu SLA-Verletzungen führen können, aufzuzeigen.

▶ Jeder IT-Mitarbeiter soll an Schulungsmaßnahmen zur Notfallvermeidung teilnehmen.

Kennzahlen

▶ Notfallschulungen und Tests (Ziel: sicherstellen, dass Notfallmaßnahmen vorhanden und geübt sind)

Prozessbeschreibung

▶ Proaktives Notfallvorgehen

▶ Vorgehen im Notfall

Link- und Dokumentensammlung

▶ Notfallstrategie für die ITIL Vision, Inc.

▶ Business-Continuity-Management für die ITIL Vision, Inc.

▶ Risikoanalyse

▶ Notfallliste

▶ Aktuelle Service Level Agreements in der IT

5.14 Incident-Management

Ziele

Ziel des Incident-Managements ist es, Störungen/Zwischenfälle schnellstmöglich zu beheben, um negative Auswirkungen auf Geschäftsprozesse so gering wie möglich zu halten. Dies wird erreicht durch

▶ eine optimale Erreichbarkeit am zentralen Helpdesk in Bezug auf Wartezeiten und Verfügbarkeit

▶ eine effiziente Störungsbehebung durch kurze Problemlösungszeiten

Aufgaben für alle Mitarbeiter

▶ Jeder IT-Mitarbeiter hat Incident-Tickets laut vereinbarten SLA-Zeiten zu lösen. Eine übersichtliche Darstellung wird im Intranet durch den »Bearbeitungsstatus aller offenen Tickets« angeboten.

▶ Jeder IT-Mitarbeiter hat im Voraus den IT-Anwender bei einer SLA-Verletzung zu informieren.

- Jeder IT-Mitarbeiter hat eine (voraussehbare) Verletzung der SLA-Zeiten an das prozessverantwortliche Continuity-Management zu melden (nur Behebungszeit Priorität A und B).

- Jeder IT-Hotline-Mitarbeiter nutzt bei der Ticket-Bearbeitung die IT-Wissensdatenbank.

- Jeder IT-Mitarbeiter hat direkte Anwenderkontakte mittels »Nachträglicher Ticketerfassung« zu dokumentieren.

- Der Incident-Manager überwacht anhand der Übersicht »Bearbeitungsstatus aller offenen Tickets« alle offenen Tickets.

Kennzahlen

- Anrufverhalten an der IT-Hotline (Ziel: optimale Erreichbarkeit)

- Durchschnittliche Bearbeitungszeit pro Tickettyp (Ziel: kurze Bearbeitungszeiten)

- Alle Eskalationen der Incident-Tickets (Ziel: keine Eskalationen)

- Anteil 1st-Level-Tickets (Ziel: hohe Ersterledigungsrate)

- Weitere IT-Hotline-Kennzahlen

Prozessbeschreibung

- Incident-Management

Link- und Dokumentensammlung

- Bearbeitungsstatus aller offenen Tickets

- Trendanalyse der registrierten Tickets

- Nachträgliche Ticketerfassung

- IT-Wissensdatenbank

- Hotline-Betriebshandbuch

- Organisationshandbuch IT-SY

- Service Level Agreements

5.15   Problem-Management

Ziele

Das Problem-Management hat zum Ziel, Störungen (Incidents) nachhaltig zu vermeiden. Es wird bei wiederholtem Auftreten einer Störung klar unterschieden, dass es sich um ein Grundproblem handelt. Durch gezielte Ursachenforschung ist dann das Problem dauerhaft und nachhaltig zu beheben und somit die Anzahl der Störungen laufend zu verringern.

Aufgaben für alle Mitarbeiter

► Jeder Produktspezialist hat für seine Produkte regelmäßig eine Trendanalyse durchzuführen.

► Jeder Produktspezialist hat die FAQ-Liste für unsere Kunden im Intranet zu pflegen.

► Jeder IT-Mitarbeiter hat mit dem Dienst »Nachträgliche Ticketerfassung« sämtliche Störungen zu erfassen. Nur dann ist ein durchgängiges Problem-Management möglich.

► Jeder IT-Hotline-Mitarbeiter hat bei einer Großstörung (Priorität A und B) parallel zu einem Incident-Ticket auch ein Problem-Ticket zu erstellen.

► Jeder Bearbeiter eines Problem-Tickets hat die Ursache des Problems im Ticket zu dokumentieren (= Known Error). Außerdem ist ein Eintrag in die Wissensdatenbank oder in die FAQ-Liste zu erstellen.

Kennzahlen

► Analyse der registrierten Problem-Tickets (Ziel: Erfassung und vollständige Lösung aller Probleme)

► Trendanalyse der registrierten Tickets (Ziel: Senkung der Gesamtzahl an Störungen)

Prozessbeschreibung

► Problem-Management

Link- und Dokumentensammlung

► Incident-Management versus Problem-Management

► Trendanalyse der registrierten Tickets

► Nachträgliche Ticketerfassung

► IT-Wissensdatenbank

► FAQ – häufig gestellte Fragen

► Alle Großstörungen

5.16 Security-Management

Ziele

Die Sicherheit der Systeme stellt eine zentrale Säule zur Steigerung von Zuverläs-sigkeit und Vertrauen in die IT der ITIL Vision, Inc. dar. Daher ist ein strukturier-tes Security-Management mit klaren Grundregeln und eindeutigen Verantwor-tungen in der ITIL Vision, Inc. etabliert. Nachvollziehbarkeit durch Erfassung von Sicherheitsverletzungen und laufende interne und externe Sicherheitsüberprü-fungen geben die Garantie für einen hohen Sicherheitsstandard.

Aufgaben für alle Mitarbeiter

▶ Jeder IT-Mitarbeiter muss auf sicherheitsrelevante Ereignisse achten und diese der IT-Hotline melden.

▶ Jeder IT-Hotliner muss sicherheitsrelevante Ereignisse mittels Security-Tickets erfassen.

▶ Jeder IT-Mitarbeiter kennt die Sicherheitsrichtlinie und deren zugeordnete Dokumente.

▶ Der Security-Manager unterstützt als zentrale Stelle alle Prozesse in Sicher-heitsbelangen.

▶ Jeder IT-Mitarbeiter sensibilisiert gegebenenfalls IT-Anwender für mögliche Sicherheitsrisiken.

▶ Jeder IT-Mitarbeiter kennt die Security Controls und das damit verbundene Vorgehen bei Sicherheitsverletzungen.

Kennzahlen

▶ Analyse der registrierten Security-Tickets

Prozessbeschreibung

▶ Security-Management

Link- und Dokumentensammlung

▶ Sicherheitspolitik

▶ Sicherheitsrichtlinie

▶ Sicherheitsmatrix

▶ Security Controls

5.17 Financial-Management

Ziele

Ziel des Financial-Managements ist die effektive Steuerung der Kosten und der finanziellen Ressourcen aller IT-Komponenten, die für die Erbringung der IT-Services eingesetzt werden. Damit werden die notwendigen Informationen bereitgestellt, um unser betriebswirtschaftliches Ziel »Ausgeglichenes Ergebnis bei marktkonformen Preisen« zu erreichen.

Aufgaben für alle Mitarbeiter

► Jeder IT-Mitarbeiter muss die von ihm für die IT-Services geleisteten Stunden zeitnah und vollständig auf seinem Arbeitszeitnachweis kontieren.

Kennzahlen

► IT-interner Finanzbericht (Ziel: Einhaltung bzw. Unterschreitung der Planwerte)

► FC-Monatsbericht (nicht öffentlich, Ziel: Einhaltung bzw. Unterschreitung der Planwerte)

Prozessbeschreibung

► Financial-Management

Link- und Dokumentensammlung

► Handbuch Financial-Management

► SAP-Berichtswesen

► Auftragsübersicht interne Stunden 2005

► Leistungsvereinbarung zur Verrechnung zwischen dem Zentralbereich und den Geschäftsfeldern

► IT-Rechnungsauskunft

Anhang

A   Glossar

Anwender (User) Die Personen, die die Leistung (IT-Service) innerhalb ihrer (täglichen) Tätigkeiten nutzen → Kunde

Anwenderexperte In einigen Organisationen ist der Einsatz von »Anwenderexperten« (üblicherweise als Key-User) zur Handhabung von Support-Problemen und -Anfragen im vorgelagerten Bereich üblich. Dieser Ansatz wird typischerweise in spezifischen Applikationsbereichen oder an bestimmten geografischen Standorten verfolgt, wo die Beschäftigung von Vollzeit-Support-Personal nicht hinreichend gerechtfertigt werden kann. Diese wertvolle Ressource muss jedoch sorgfältig koordiniert und genutzt werden.

Auswirkung Maß der geschäftlichen Bedeutsamkeit eines Incidents. Häufig dem Umfang gleich, zu dem ein Incident eine Störung der vereinbarten und erwarteten Service-Levels verursacht.

Availability deutsch: Verfügbarkeit. Das Vermögen einer Komponente bzw. eines Services, ihre bzw. seine erforderliche Funktion zu einem gegebenen Zeitpunkt bzw. über einen gegebenen Zeitraum hinweg zu erfüllen. Üblicherweise in Form des Availability-Verhältnisses ausgedrückt, das heißt als der Zeitanteil an den vereinbarten Service-Zeiten, für den der Service den Kunden zur Verwendung bereitsteht.

BCM Business-Continuity-Management

Bekannter Fehler Ein Incident oder Problem, dessen Grundursache bekannt ist und für das eine zeitweilige Ausweichlösung oder eine permanente Alternative identifiziert worden ist. Wenn eine geschäftliche Rechtfertigung

vorhanden ist, wird ein RFC erstellt. Sofern keine permanente Korrektur durch eine Änderung erfolgt, wird dieses in jedem Fall weiterhin als ein bekannter Fehler geführt.

Benutzer → Anwender

BFK Betriebsführungskonzept

CAB Change Advisory Board; deutsch: Änderungsberatungsausschuss. Eine Gruppe von Personen, die dem Change-Management Fachberatung zur Umsetzung von Änderungen bereitstellt. Dieser Ausschuss wird sich wahrscheinlich aus Vertretern aller Bereiche der IT und aus Vertretern der Geschäftseinheiten zusammensetzen.

CDB Capacity (Management) Database

Change deutsch: Änderung, Wandel, Modifizierung. Das Hinzufügen, Ändern oder Entfernen genehmigter, unterstützter oder von »baselined« Hardware, Netzwerken, Software, Applikationen, Umgebungen, Systemen, Desktop-Build oder assoziierter Dokumentation

Change-Management Prozess der geregelten Kontrolle von Änderungen der Infrastruktur oder jedes Aspektes von Services, der genehmigte Änderungen bei minimaler Unterbrechung ermöglicht.

Change-Protokoll Ein während eines Projektverlaufes erstelltes RFC-Protokoll, das Informationen zu jeder Änderung, zu deren Auswertung, zu den getroffenen Entscheidungen und zu deren gegenwärtigem Status – z.B. erstellt, überprüft, genehmigt, umgesetzt oder abgeschlossen – enthält.

CI Configuration Item; deutsch: Konfigurations-Element, CI. Komponente einer Infrastruktur – oder ein mit einer Infrastruktur assoziiertes Element wie etwa ein RFC –, die der Kontrolle des Configuration-Managements unterliegt (oder ihr unterliegen wird). CIs können – von einem kompletten System (einschließlich der gesamten Hardware, Software und Dokumentation) bis zu einem einzelnen Modul oder einer untergeordneten Hardware-Komponente – in ihrer Komplexität, Größe und Art stark variieren.

CMDB Configuration Management Database; Eine Datenbank, die alle relevanten Details zu jedem CI sowie Details der wichtigen Beziehungen zwischen CIs enthält.

Configuration-Management Der Prozess des Identifizierens und Definierens von CIs in einem System, des Aufzeichnens und Berichtens des Status von CIs und RFCs sowie des Verifizierens der Vollständigkeit und Korrektheit von CIs

Customer → Kunde

Definitive Hardware Store (DHS) Physikalische Sammlung aller im IT-Betrieb verwendeten Hardware (-Komponenten) im Sinne eines Lagers. Der DHS ist parallel zum DSL und zur ODL zu sehen.

Definitive Software Library (DSL) Die DSL speichert und schützt alle definitiven, genehmigten Versionen aller Software-CIs. Sie ist eine physische Bibliothek bzw. ein Speicherrepositorium, in dem alle Hauptkopien (Master Copies) von Software-Versionen abgelegt werden. Dieser eine, logische Speicherbereich kann eine oder mehrere physische Software-Bibliotheken oder Dateispeicher umfassen und sollte von Entwicklungs- und Test-Dateispeicherbereichen getrennt geführt werden. Die DSL kann ebenfalls einen physischen Aufbewahrungsort für Hauptkopien von gekaufter Software, z. B. einen feuersicheren Safe, bereitstellen. In die DSL sollte – unter strikter Kontrolle des Change- und Release-Managements – nur genehmigte Software aufgenommen werden.

Die DSL existiert nicht als eine direkte Folge der vom Configuration-Management-Prozess gestellten Anforderungen, sondern als eine einheitliche Basis für die Release-Management- und Configuration-Management-Prozesse.

Delta Release Ein Delta Release oder Teil-Release setzt sich ausschließlich aus CIs der Release-Einheit zusammen, die seit dem letzten vollen oder Delta Release geändert oder neu erstellt wurden. Wenn es sich bei der Release-Einheit beispielsweise um das Programm selbst handelt, enthält ein Delta Release nur Module, die seit dem letzten Voll-Release des Programmes bzw. dem letzten Delta Release bestimmter Module geändert oder neu erstellt wurden. → Voll-Release

DHS → Definitive Hardware Store

EFQM European Foundation for Quality Management

FCAPS Akronym für die fünf Schlüsselfunktionen, sog. System Management Functional Areas (SMFA), des Management Frameworks der ISO/OSI: Fault-Management, Configuration-Management, Accounting-Management, Performance-Management, Security-Management

FSC Forward Schedule of Change

GPM Global Process Model; deutsch: Gesamt/Geschäfts-Prozess-Modell; das Top-Level-Modell der Prozesse einer Unternehmung

Helpdesk Der Helpdesk ist heute eine Teilfunktion des Service-Desk bzw. eine früher dafür gebrauchte Bezeichnung.

ICT Information Communication Technology

ICT Infrastructure Management (ICTIM) ICT Infrastructure Management fasst aus den 18 Managementbereichen folgende vier zusammen: Design and Planning, Deployment, Operations, Technical Support.

ICTIM → ICT Infrastructure Management

Incident deutsch: Vorfall, Störung. Jedes Ereignis, das nicht Teil des Standardbetriebes eines Services ist und eine Unterbrechung oder Minderung der Qualität dieses Services verursacht oder verursachen könnte

IT Information Technology; deutsch: Informationstechnologie

ITIL IT Infrastructure Library

ITIL-Foundation → IT-Service-Management

IT-Service »A described set of facilities, IT and non-IT, supported by the IT service provider that fulfills one or more needs of the customer, that supports the customer's business objectives, and that is perceived by the customer as a coherent whole.« Gekürzte Form: »A described set of facilities, IT and non-IT, supported by the IT service provider that fulfills one or more needs of the customer.« Gekürzte Form in Deutsch: eine beschriebene (definierte) Zusammenstellung von (IT-)Produktionsmitteln (Hardware, Software und Einrichtungen), die durch den IT-Dienstleister unterhalten werden, um spezifizierte Anforderungen des Kunden (in dessen Geschäftsprozessen) zu erfüllen

IT-Service-Management Zusammenfassung von Service Delivery und Service Support. Diese Inhalte werden nach den anerkannten Zertifizierungen auch ITIL-Foundation genannt.

ITSCM IT Service Continuity Management

ITSM → IT-Service-Management

itSMF IT Service Management Forum

Klassifizierung Prozess der formellen Gruppierung von CIs nach deren Typ; zum Beispiel Software, Hardware, Dokumentation, Umgebung, Applikation. Prozess der formellen Identifizierung von Änderungen nach deren Typ, zum Beispiel Projektumfang, Change Request, Validierungs-Change-Request, Infrastruktur-Change-Request. Prozess der formellen Identifizierung von Incidents, Problemen und bekannten Fehlern nach Ursprung, Symptomen und Ursache.

KPI Key Performance Indicator

Kunde (customer) Der Kunde als (Vertrags-)Partner (Management), der Leistungen (IT-Service) und Gegenleistungen (Bezahlung/Kostenträgerschaft) vereinbart, die Einhaltung der Leistungen überwacht und innerhalb seiner Organisation verantwortlich für die Gegenüberstellung der Leistung und des resultierenden Nutzen ist → Anwender

Lebenszyklus (life cycle) Der Begriff des Lebenszyklus (life cycle) wird in der IT auf verschiedene Objekte angewendet und beschreibt allgemein für das Objekt die bekannten Phasen Plan – Built – Run. Ein vollständiger life cycle berücksichtigt natürlich auch das Ende, d. h. die Einstellung bzw. Beendigung des Objektes. Beispiele: *IT-Service life cycle* und *Application life cycle*

Managed Object Managed Objects ist der Sammelbegriff für die Abbildung von dynamischen Configuration Items unter der Kontrolle der ICTIM-Prozesse. Darstellung und Erfassung orientieren sich an den Anforderungen der entsprechenden ICTIM-Aufgabenfelder und bilden einen View auf statische CIs unter Einbeziehung temporärer Aspekte. Für die Konsistenz ist eine wechselseitige Verlinkung mit den CIs in der CMDB zwingend notwendig. Dies bedeutet, dass ein CI durch zusätzliche Attribute als Managed Object in der CMDB zu kennzeichnen ist und umgekehrt Managed Objects auf autoritative CIs in der CMDB verweisen müssen. Managed Objects finden beispielsweise im Backup oder dem Monitoring Anwendung.

MO → Managed Object

MTBF Mean Time Between Failures; deutsch: mittlere, durchschnittliche Zeit zwischen erwarteten Fehlern

Network Operations Center Network Operations Center oder Network Operations Bridge bezeichnet die Verbindung zwischen dem Service-Desk und ICTIM-Operations

OGC The Office of Government Commerce in Großbritannien

OLA Operational Level Agreement

Operational Documentation Library (ODL) Zentrale, logistische Informationssammlung im Sinne einer Bücherei des IT-Betriebes. Parallel zum DHS und der DSL beinhaltet die ODL alle physikalisch existierenden Dokumentationen. Die ODL liefert die genauen Informationen zu allen Betriebsdokumenten, -prozessen und -verfahren, speziell Übergabeverfahren. Des Weiteren sind hier alle technischen Dokumentationen wie Manuals, Specification Sheets, Systemkonzepte, Netz-, Raum- und Kabelpläne niedergelegt.

PRINCE2 Projects in Controlled Environments – Release 2

Problem Unbekannte Grundursache eines oder mehrerer Incidents

Prozess Eine zusammenhängende Serie von Maßnahmen, Aktivitäten, Änderungen usw., die vom Auftragnehmer mit der Absicht der Erfüllung eines Zwecks oder des Erreichens eines Zieles durchgeführt werden

Prozesssteuerung Der Prozess der Planung und Regelung mit der Zielsetzung der Durchführung eines Prozesses in einer effektiven und effizienten Weise

Quality (Qualität) Quality wird in ITIL als Teil des Prozesses und nicht als separate Leistung betrachtet.

Release deutsch: Freigabe. Eine Sammlung neuer und/oder geänderter CIs, die zusammen getestet und in die Live-Umgebung aufgenommen werden.

RfC Request for Change; deutsch: Änderungsantrag. Formular oder Bildschirmmaske zur Aufzeichnung der Details eines RFC für jedes beliebige CI innerhalb einer Infrastruktur oder für mit der Infrastruktur assoziierte Verfahren oder Elemente

RFC Request for Comments

ROI Return on Investment

Rolle Ein Satz von Verantwortlichkeiten, Aktivitäten und Berechtigungen

Service Delivery Service Delivery fasst aus den 18 Managementbereichen folgende fünf zusammen: Service-Level-Management, Financial-Management, Capacity-Management, Availability-Management, Continuity-Management

Service Support Service Support fasst aus den 18 Managementbereichen folgende fünf zusammen: Incident-Management, Problem-Management, Change-Management, Release-Management, Configuration-Management. Zudem wird die Funktion Service-Desk beschrieben.

SLA Service Level Agreement; deutsch: Service-Level-Vereinbarung. Eine schriftliche Vereinbarung zwischen einem Service-Anbieter und Kunden, in der vereinbarte Service-Level für einen Service dokumentiert sind

SLR Service Level Request

Software-Bibliothek Eine kontrollierte Sammlung von SCIs, deren Zweck es ist, SCIs desselben Status und Typs zusammenzuhalten und ungleiche getrennt zu halten, um Entwicklung, Betrieb und Pflege zu unterstützen

SPOC Single Point of Contact

SPOF Single Point of Failure

TCO Total Cost of Ownership

UC Underpinning Contract

User → Anwender

Verfügbarkeit (Availability) Wahrscheinlichkeit, dass ein CI die von ihm erwartete Funktion zu einem festgelegten Zeitpunkt erbringt

Verifikation Abgleich zwischen CMDB und den physikalischen CIs

Vertraulichkeit (Confidentiality) Eigenschaft eines Informationsbestandes, der gewährleis-

tet, dass nur Berechtigte auf die Information zugreifen können. Eine der wichtigsten Sicherheitsanforderungen

Voll-Release Alle Komponenten der Release-Einheit, die zusammen fertig gestellt, getestet, verteilt und umgesetzt werden → Delta Release

Wartbarkeit (Maintainability) Eigenschaft eines CIs, die eine Modifizierung mit möglichst geringem Aufwand möglich macht.

Workaround Schnelle Übergangslösung für die Behebung eines Incidents. Kann auch zur dauerhaften Problemlösung eingesetzt werden

Zuverlässigkeit Zusammenfassender Ausdruck zur Beschreibung der Verfügbarkeit (Availability) mit deren Einflussfaktoren: Funktionsfähigkeit, Instandhaltbarkeit und Instandhaltungsbereitschaft

B   Schemata

Aus Gründen der besseren Darstellbarkeit haben wir einige Abbildungen an das Ende dieses Buches gestellt. An den entsprechenden Stellen finden Sie Verweise auf die Abbildungen.

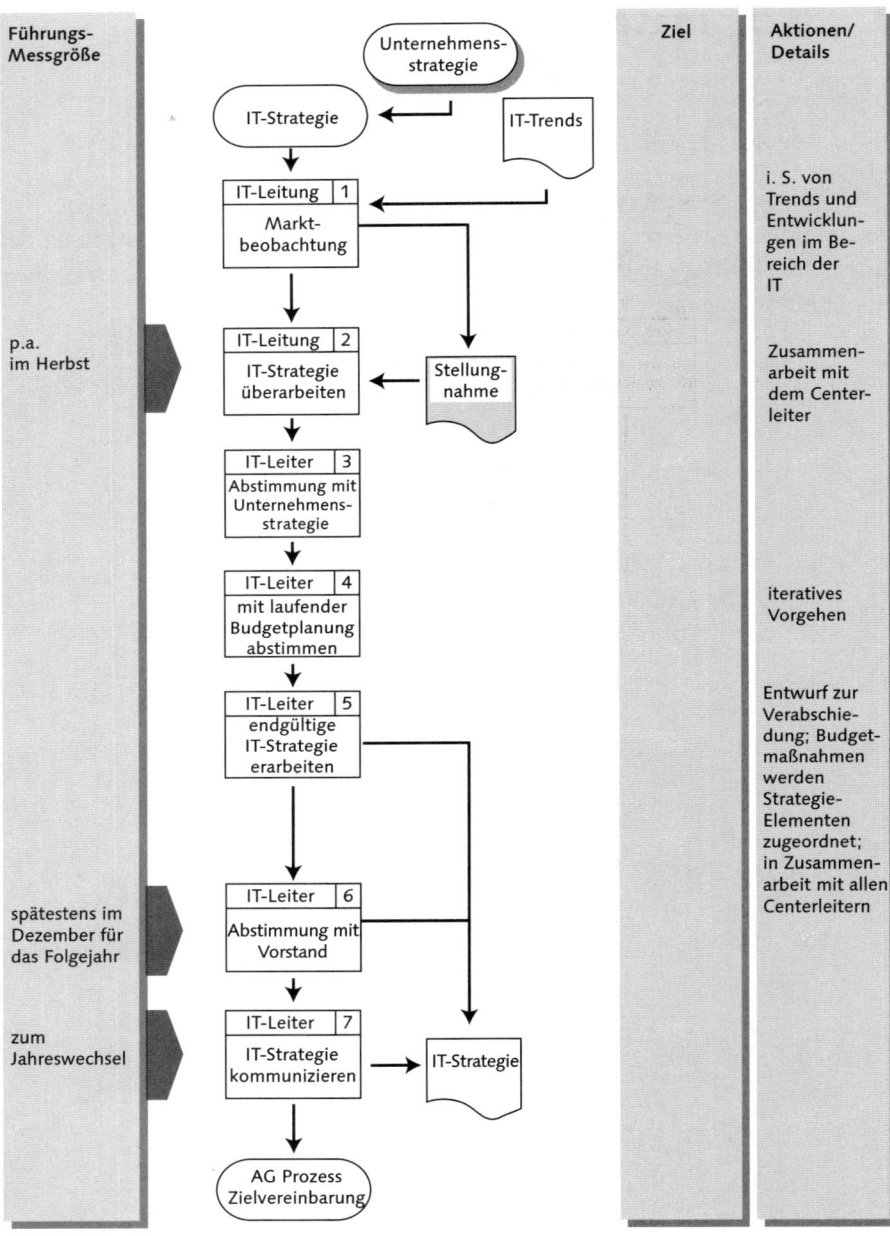

Abbildung B.1 IT-Strategie

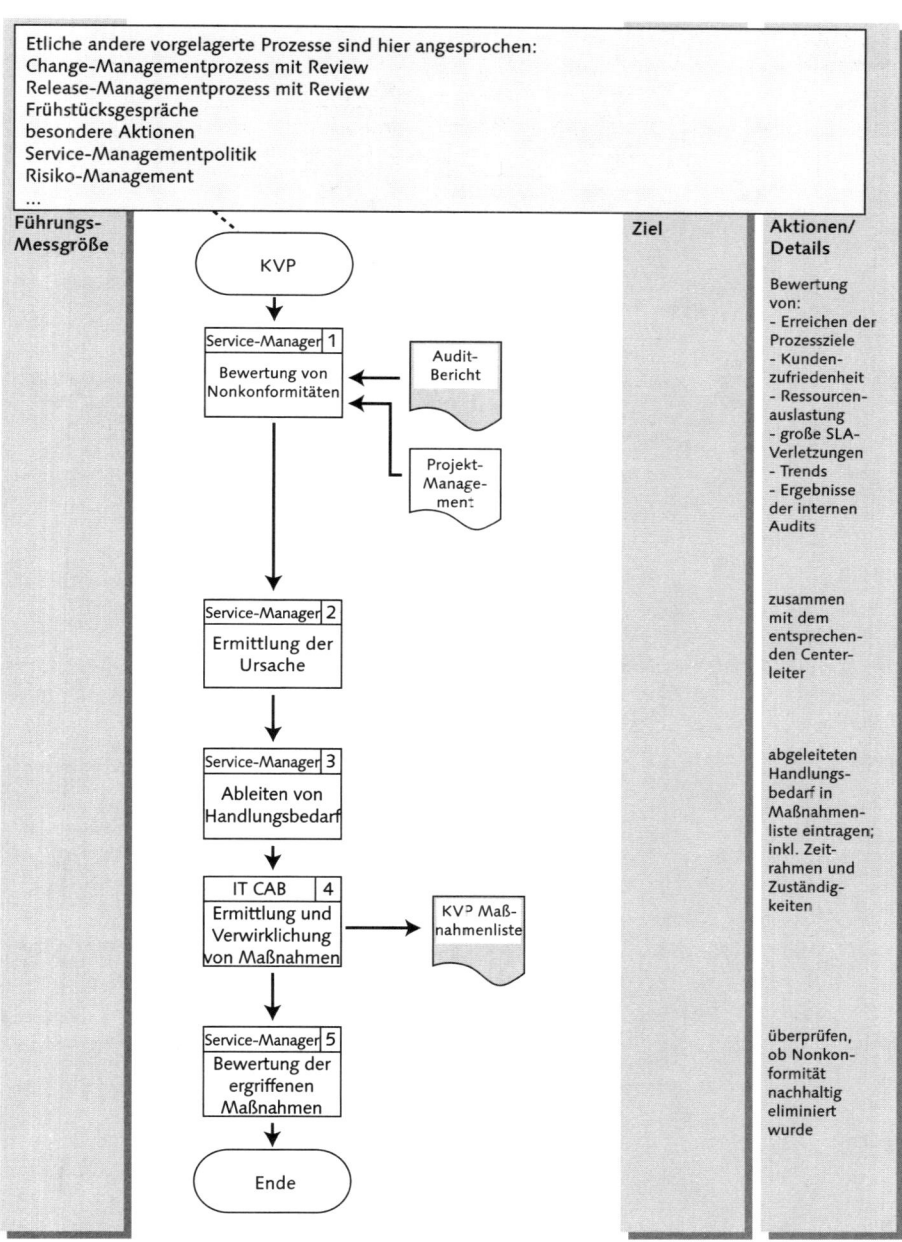

Abbildung B.2   Prozessübersicht KVP

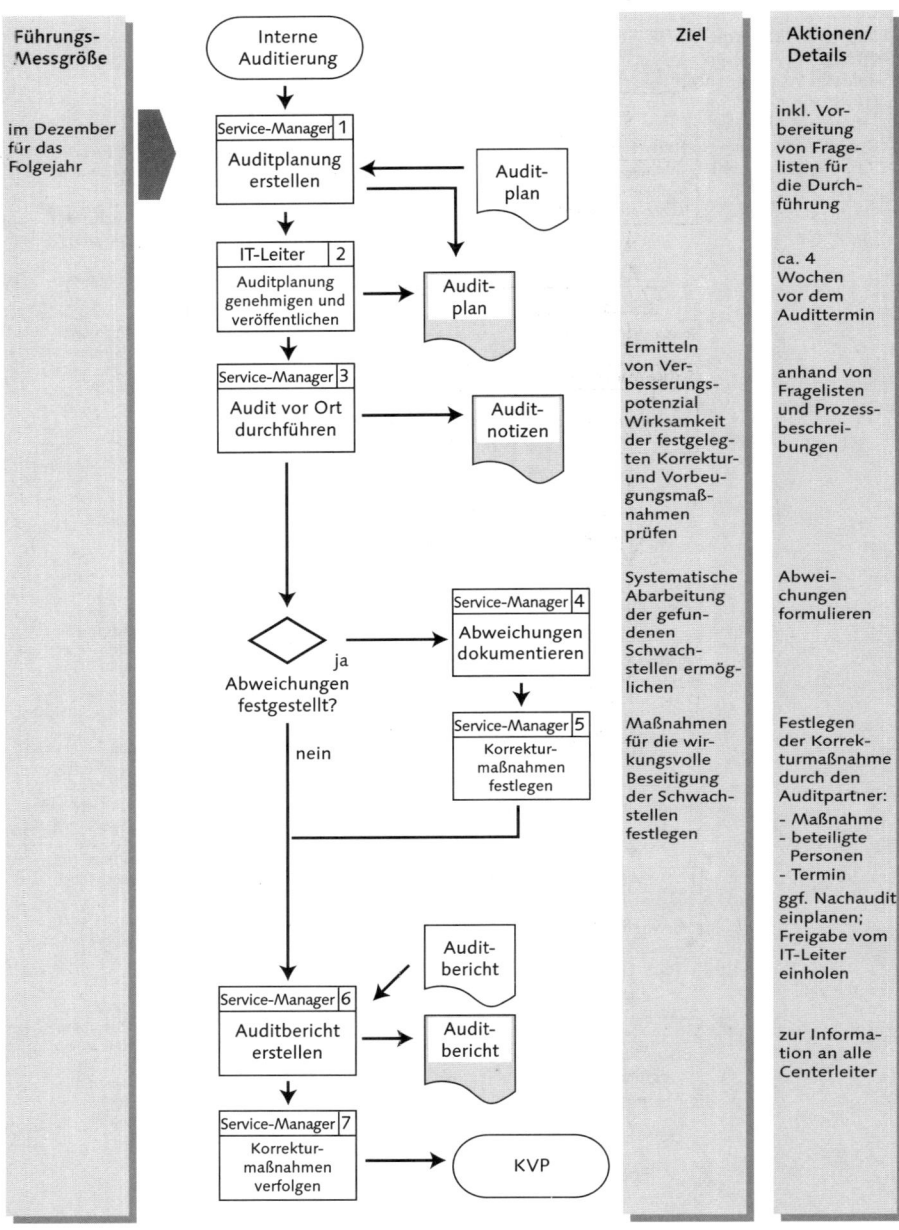

Abbildung B.3 Prozess interne Auditierung

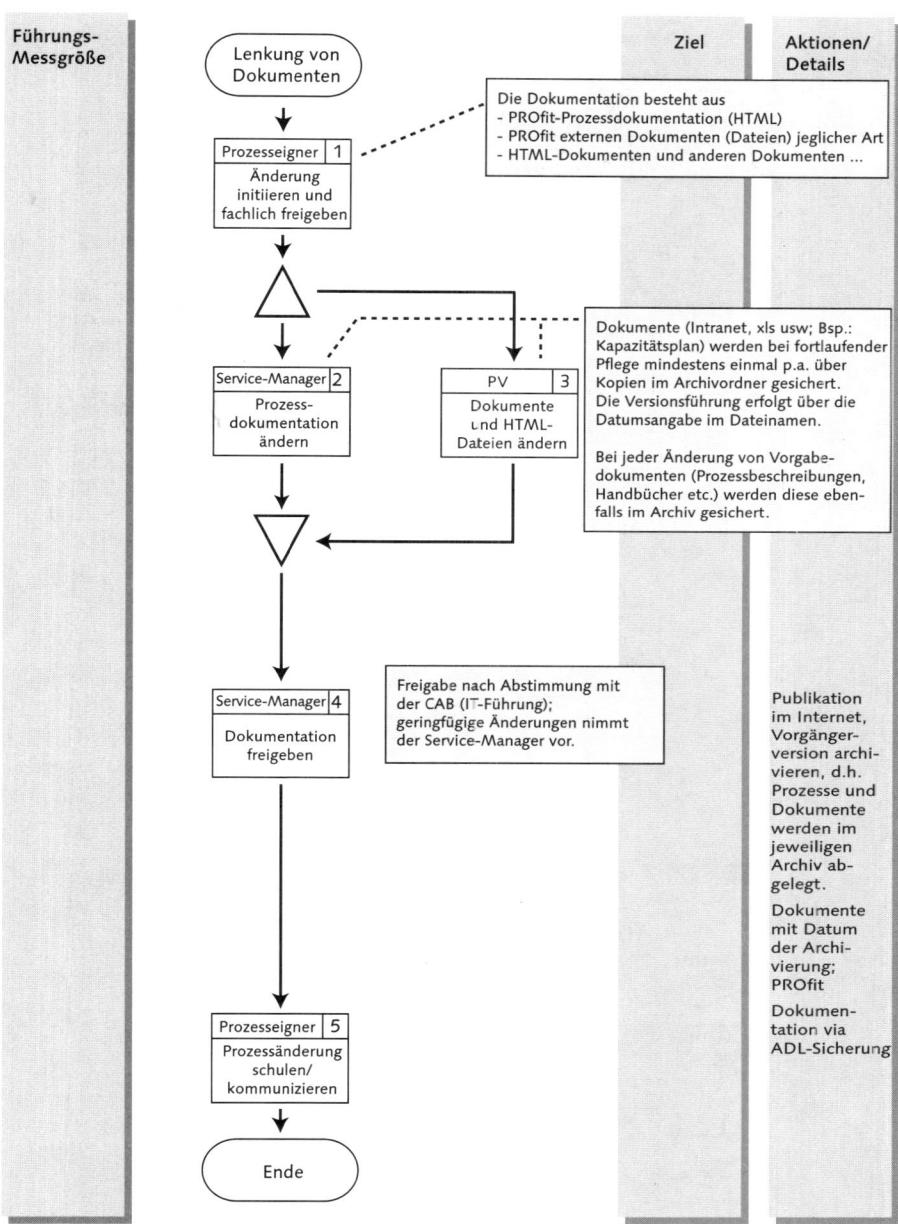

Führungs-Messgröße

Lenkung von Dokumenten

Prozesseigner | 1
Änderung initiieren und fachlich freigeben

Die Dokumentation besteht aus
- PROfit-Prozessdokumentation (HTML)
- PROfit externen Dokumenten (Dateien) jeglicher Art
- HTML-Dokumenten und anderen Dokumenten ...

Service-Manager | 2
Prozess-dokumentation ändern

PV | 3
Dokumente und HTML-Dateien ändern

Dokumente (Intranet, xls usw; Bsp.: Kapazitätsplan) werden bei fortlaufender Pflege mindestens einmal p.a. über Kopien im Archivordner gesichert. Die Versionsführung erfolgt über die Datumsangabe im Dateinamen.

Bei jeder Änderung von Vorgabe-dokumenten (Prozessbeschreibungen, Handbücher etc.) werden diese eben-falls im Archiv gesichert.

Ziel

Aktionen/Details

Service-Manager | 4
Dokumentation freigeben

Freigabe nach Abstimmung mit der CAB (IT-Führung); geringfügige Änderungen nimmt der Service-Manager vor.

Publikation im Internet, Vorgänger-version archi-vieren, d.h. Prozesse und Dokumente werden im jeweiligen Archiv ab-gelegt.

Dokumente mit Datum der Archi-vierung; PROfit

Dokumen-tation via ADL-Sicherung

Prozesseigner | 5
Prozessänderung schulen/kommunizieren

Ende

Abbildung B.4   Lenkung von Dokumenten und Daten

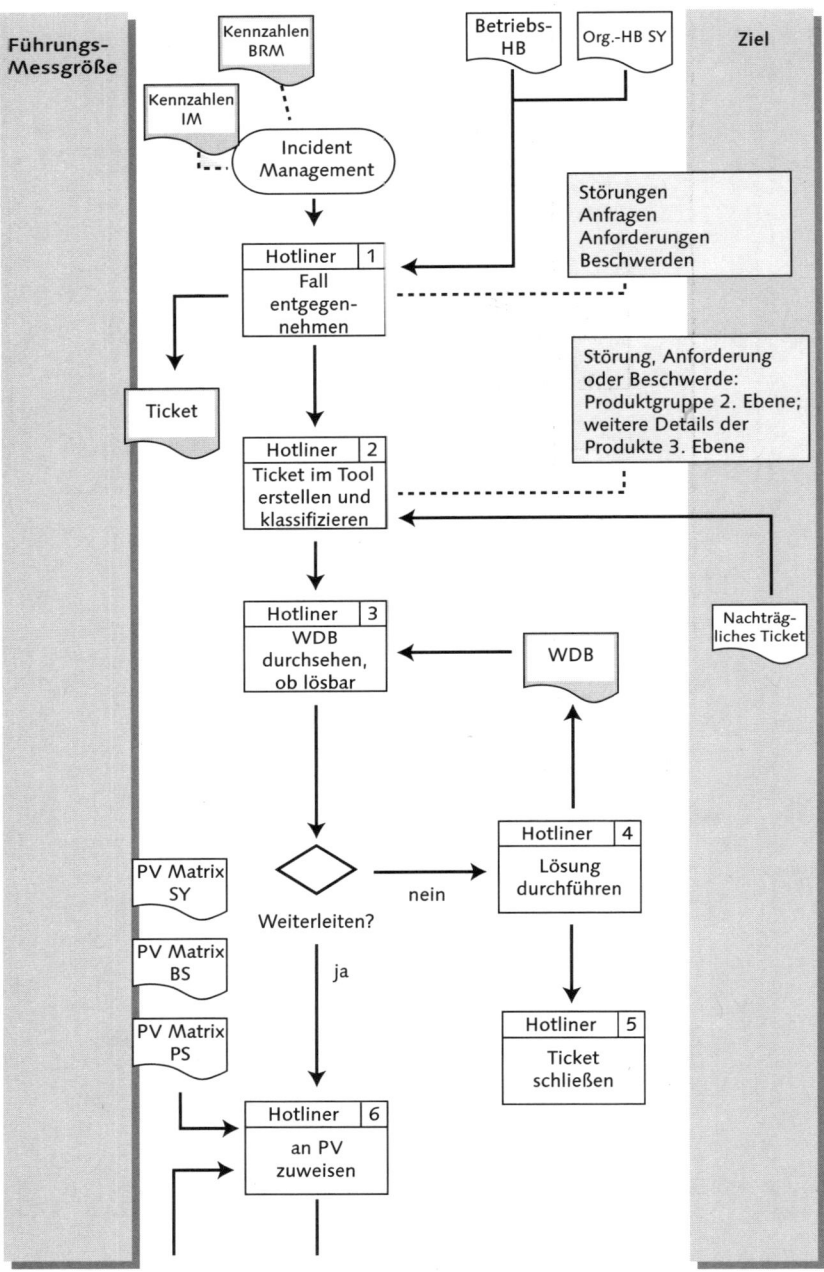

Abbildung B.5 Prozess Incident-Management

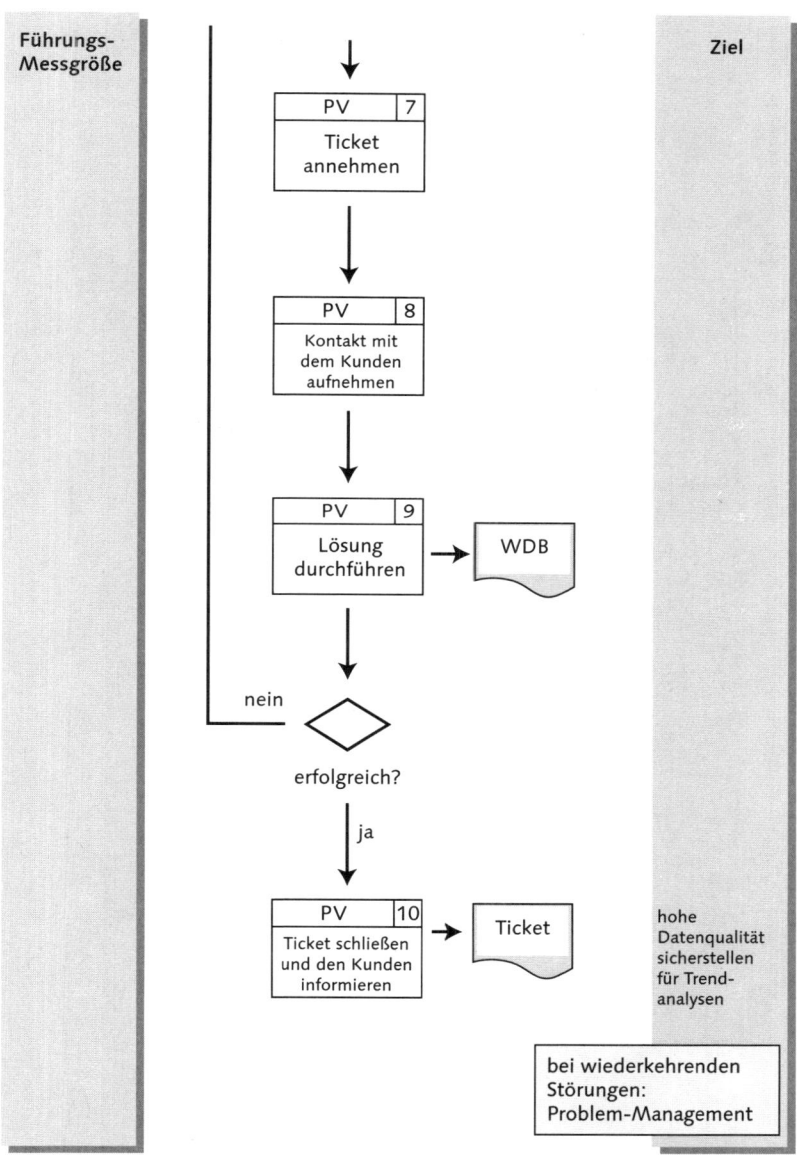

Abbildung B.5   Prozess Incident-Management (Forts.)

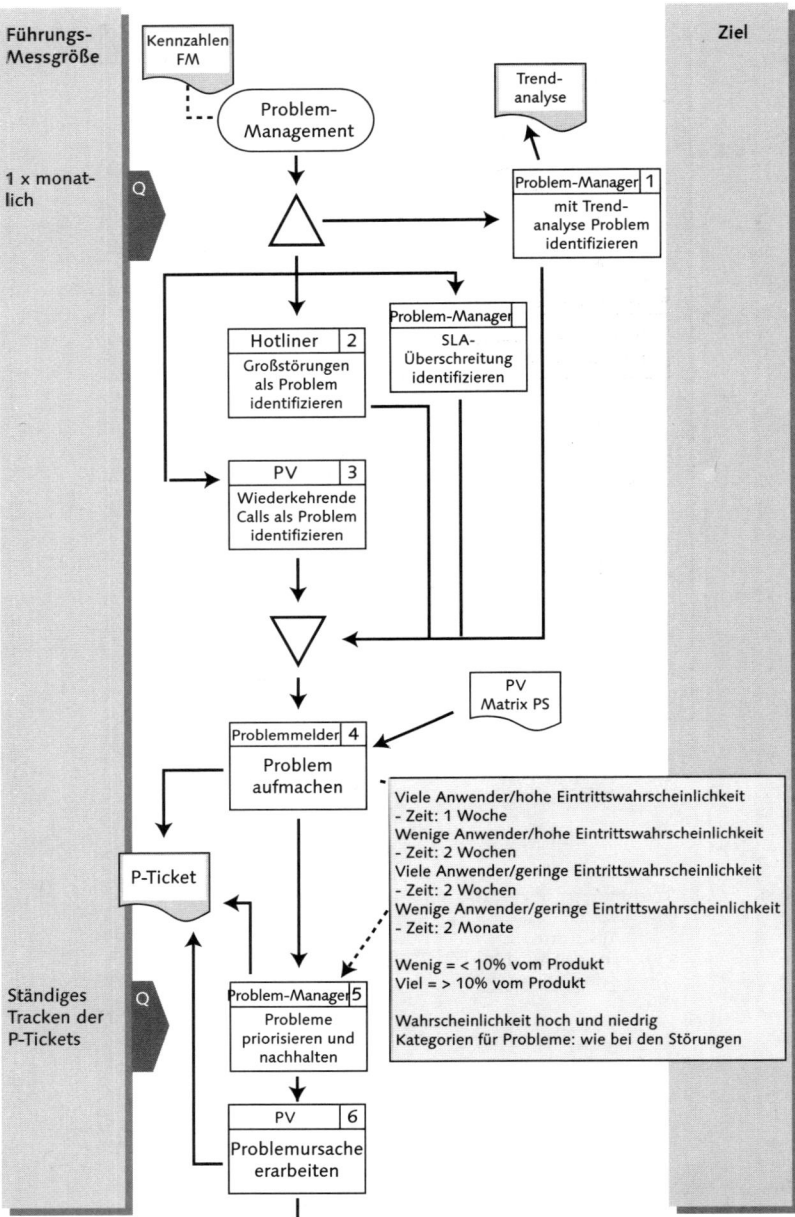

Abbildung B.6 Prozess Problem-Management

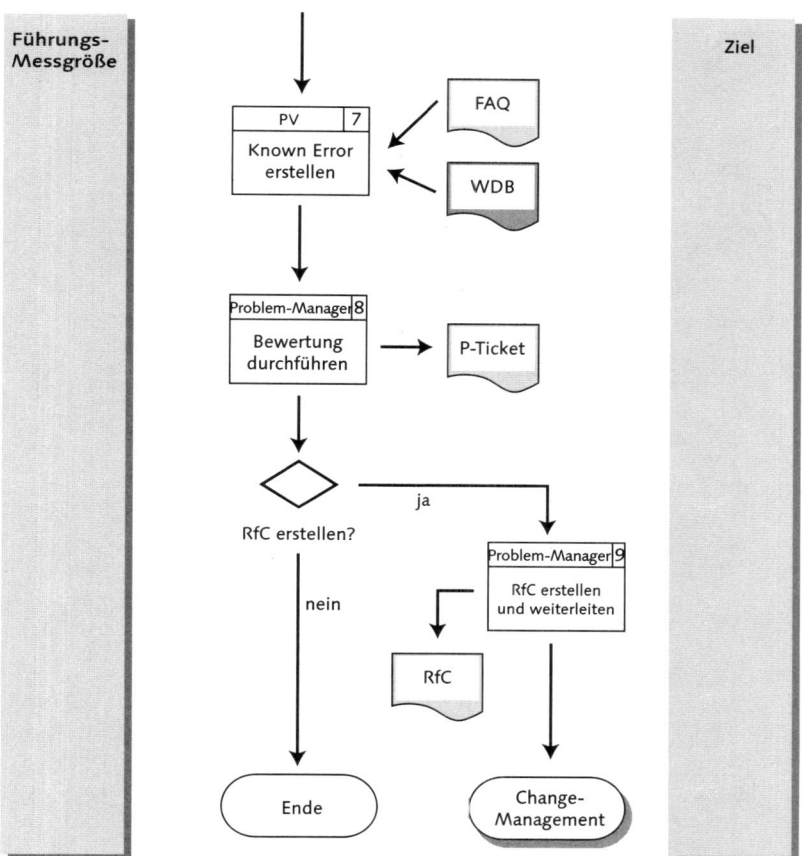

Abbildung B.6 Prozess Problem-Management (Forts.)

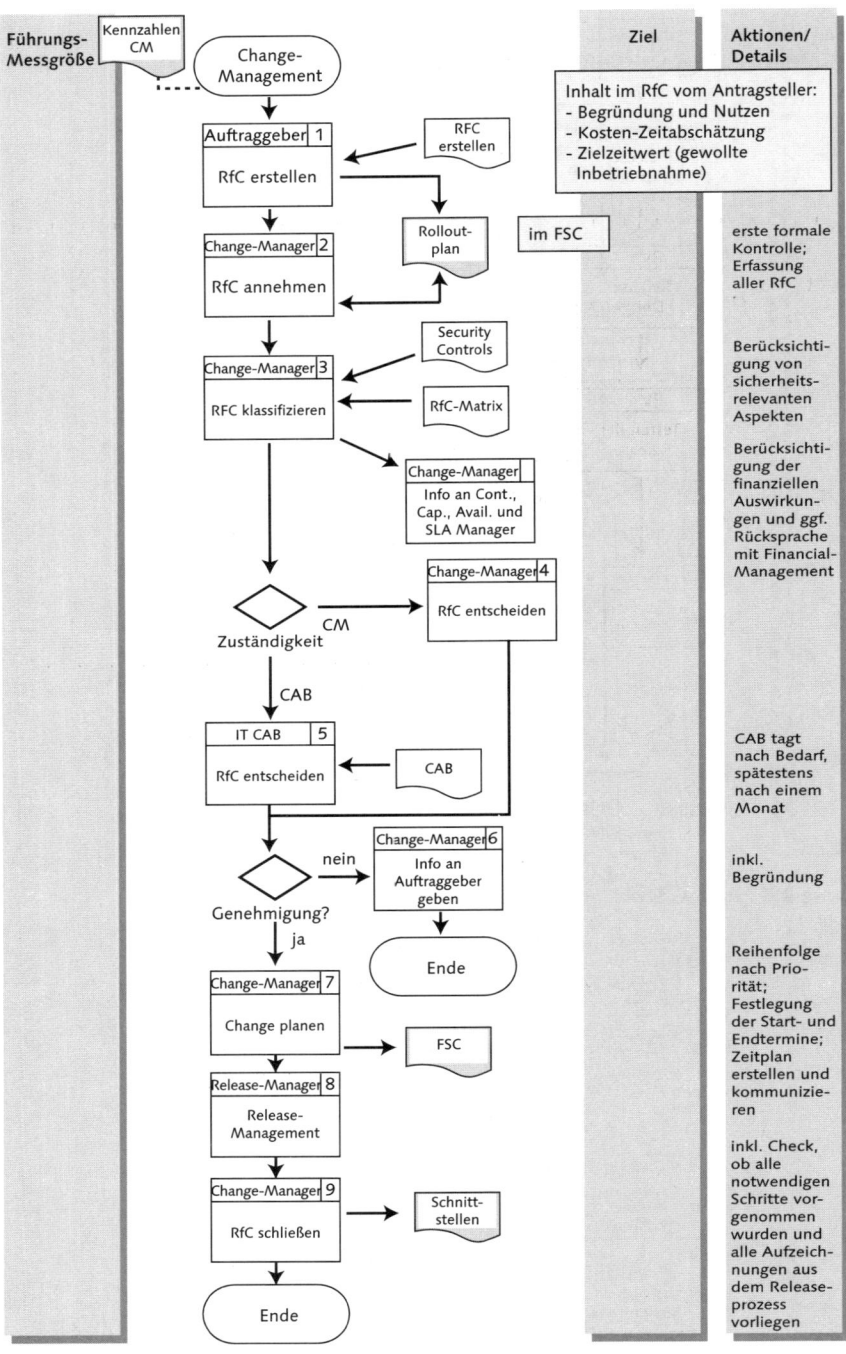

Abbildung B.7 Prozess Normal Change

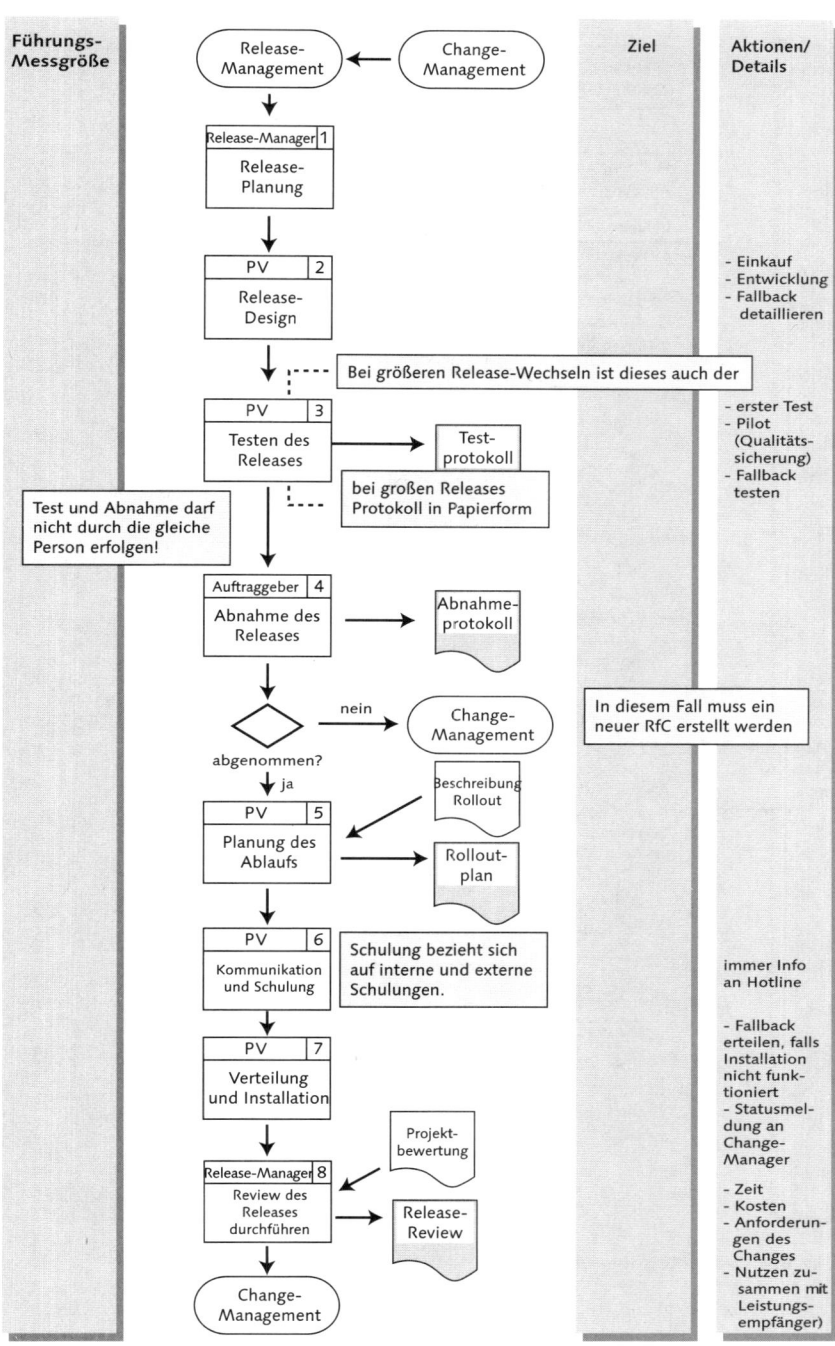

Abbildung B.8 Prozess Release-Management

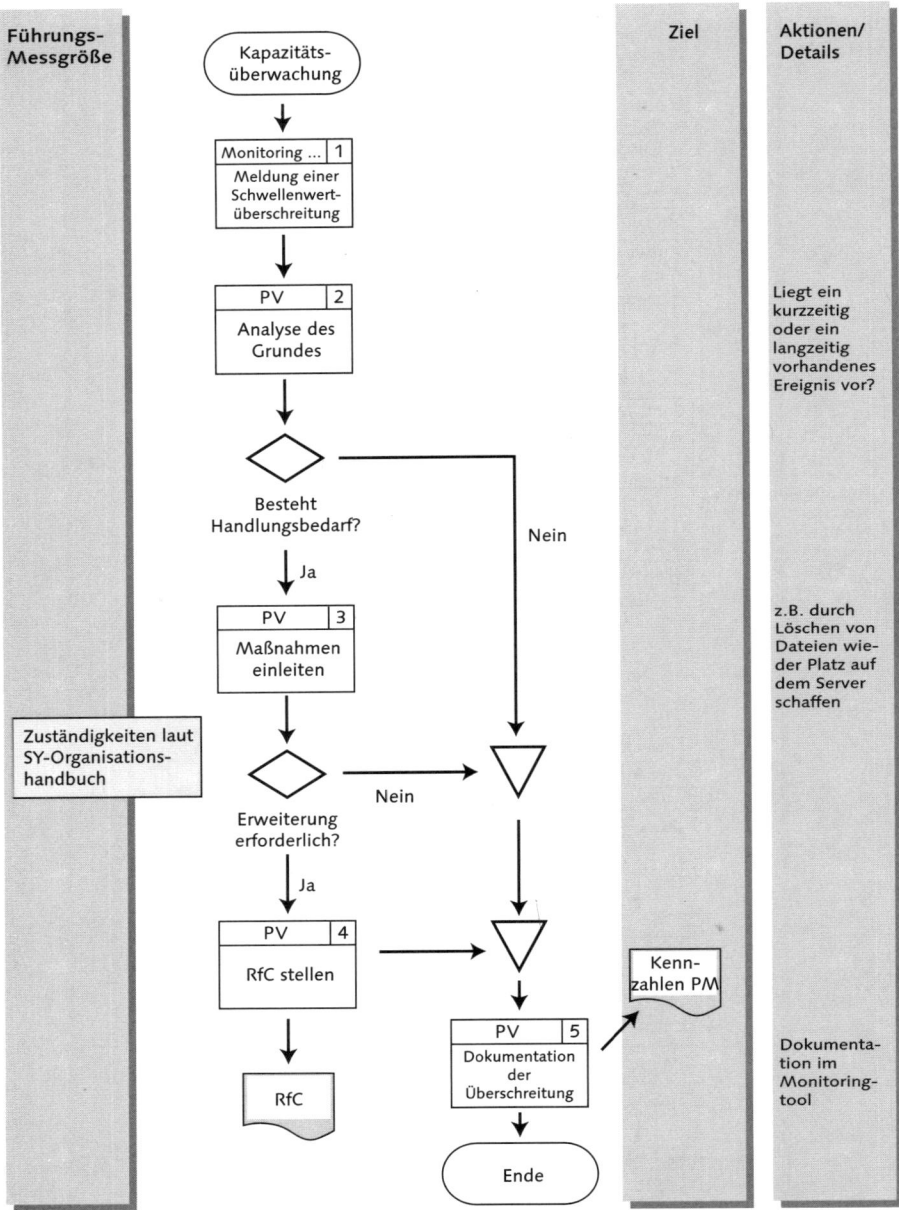

Abbildung B.9 Kapazitätsüberwachung

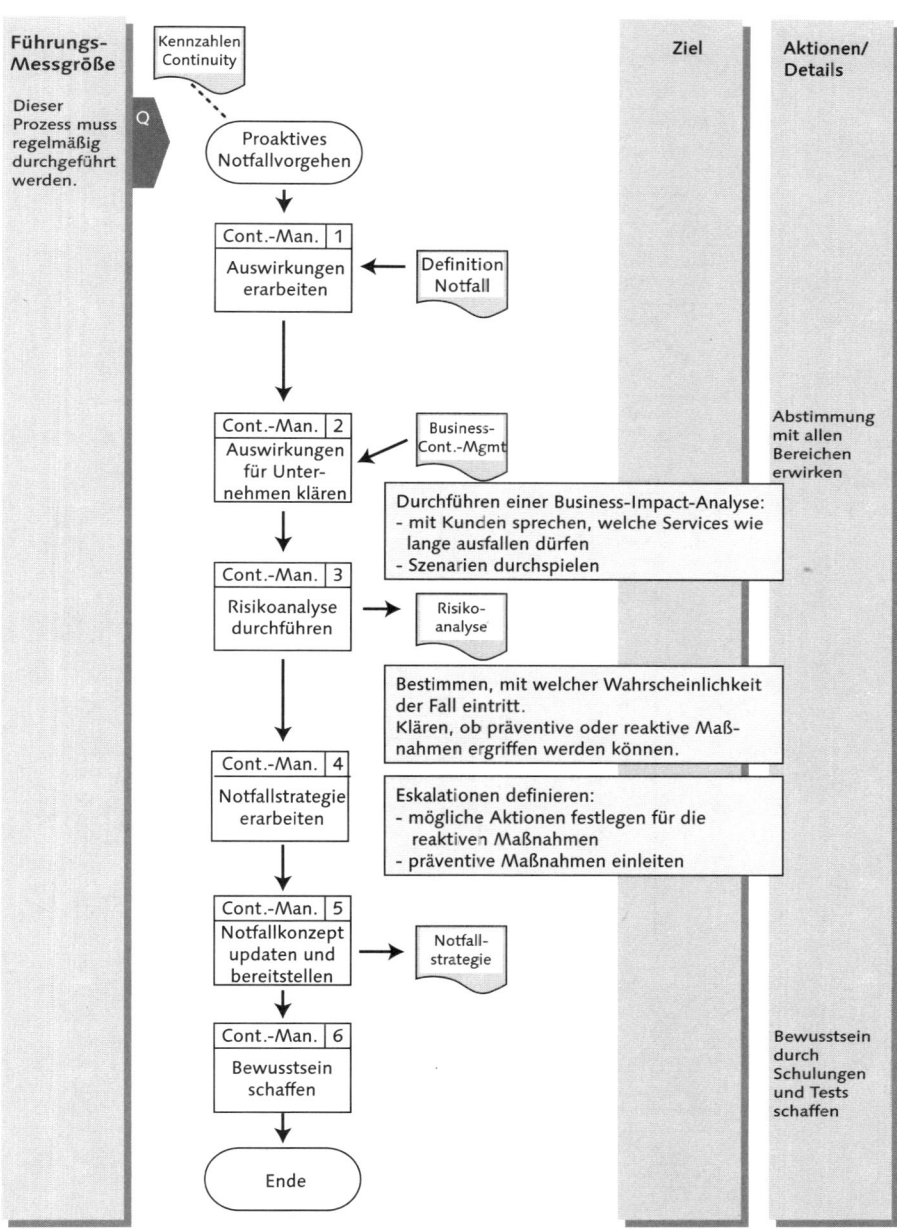

Abbildung B.10   Proaktives Notfallvorgehen

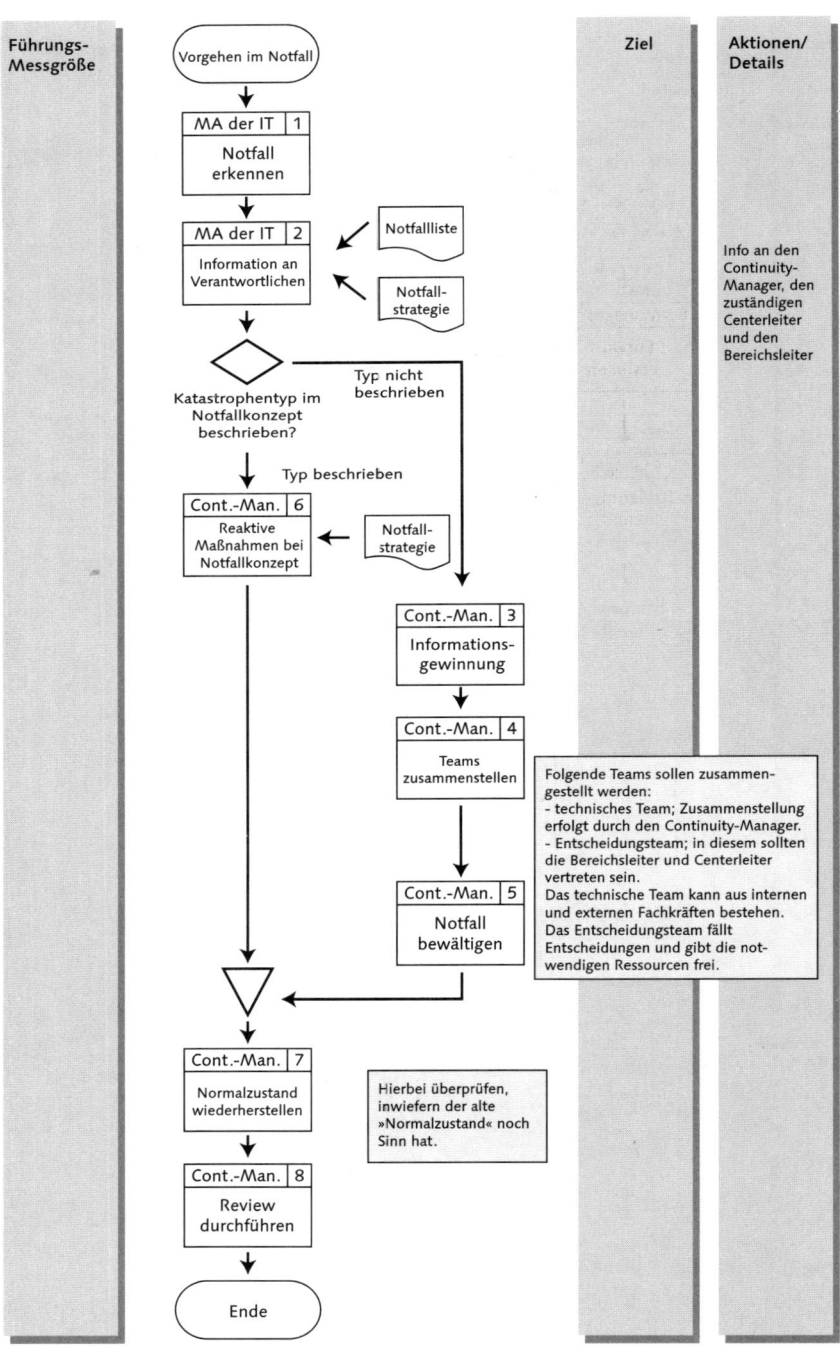

Abbildung B.11 Notfallvorgehen

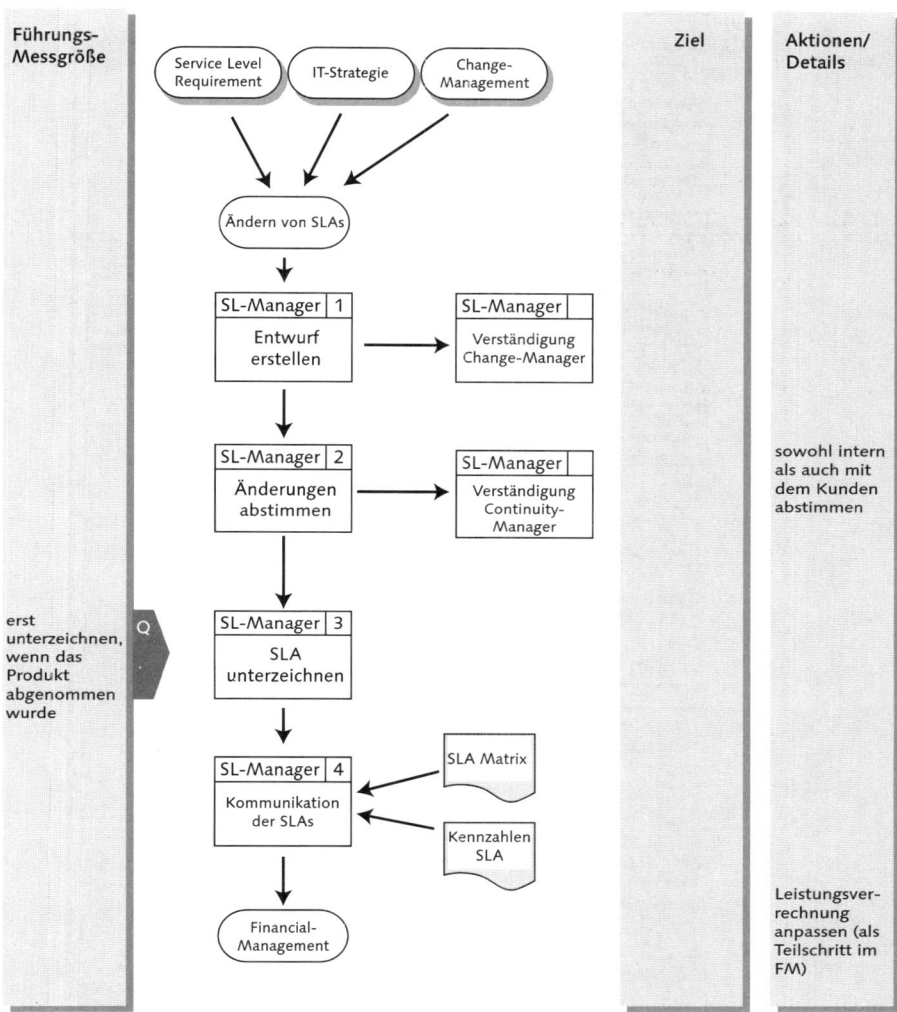

Abbildung B.12   Prozess Ändern/Erstellen von SLAs

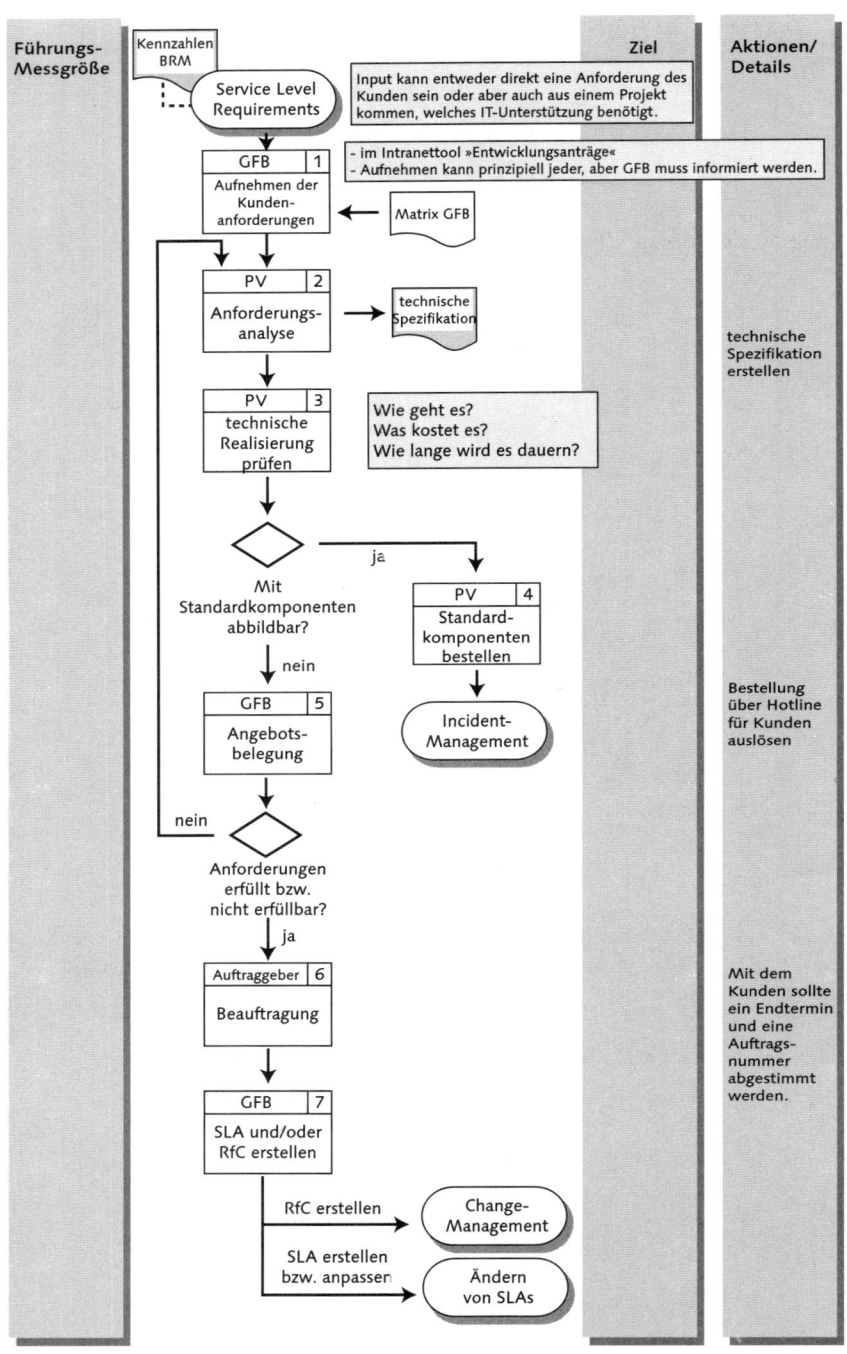

Abbildung B.13 Prozess Service-Level-Requirement (SLR)

C   Auflösung

Auflösung zu den Beispielfragen vom ITIL-Foundation-Kurs in Kapitel 4.3.3

1	a, c	21	b, d	41	a, c
2	b	22	b	42	b
3	a, b	23	b	43	c, d
4	c	24	c	44	b
5	b	25	b	45	a, c
6	a	26	c	46	a
7	a	27	a	47	a, b
8	b	28	a, b	48	b
9	a	29	b	49	a
10	b	30	b	50	b
11	a, c	31	b	51	c
12	b	32	c	52	b, c
13	c	33	a, b	53	b
14	b	34	b	54	a
15	c	35	b, c	55	b
16	b	36	b	56	b, c
17	b, c	37	c	57	b
18	b	38	b	58	c
19	b, c	39	c	59	b
20	b	40	a	60	b

Index

345

Lernen Sie den SLM-Prozess der IT Infrastructure Library (ITIL) kennen

Erarbeiten Sie Anforderungen für Ihr Service Desk und KPIs für das Service Level Reporting

Verfolgen Sie die Umsetzung des Service Level Reporting am Beispiel SAP Solution Manager 4.0

90 S., 2006, 48,– Euro
ISBN 3-89842-968-7

Service Level Management – der ITIL-Prozess im SAP-Betrieb

www.sap-hefte.de

Vital Anderhub

Service Level Management – der ITIL-Prozess im SAP-Betrieb

SAP-Heft 25

Dieses SAP-Heft beschreibt die Realisierung des Service Level Management mit SAP-Mitteln: Aus der Praxis des SAP Active Global Support heraus entstanden, erläutert es die Hintergründe des Service-Level-Reporting und gibt Hinweise zur Festsetzung sinnvoller Key-Performance-Indikatoren im SAP-Umfeld. Ein umfangreiches Praxiskapitel ist der Umsetzung dieser Anforderungen mithilfe des SAP Solution Managers 4.0 gewidmet.

>> www.sap-hefte.de/1128

**Füllt das abstrakte ITIL-Framework
mit SAP-Leben**

**Stellt ausführlich den SAP-eigenen
Bereich Application
Management vor**

**Übersicht über Tools und Services
zur Prozessunterstützung**

106 S., 2006, 19,90 Euro
ISBN 3-89842-795-1

SAP IT Service & Application Management

www.sap-press.de

Sabine Schöler, Liane Will

SAP IT Service & Application Management

Der ITIL-Leitfaden für den SAP-Betrieb

In diesem Pocket Guide erfahren Sie, wie Sie die
ITIL-Prozesse des IT Service Management und des
Application Management im SAP-Umfeld mit Leben
füllen, und welche Tools und Services von SAP Sie
dabei unterstützen. Auch die Integrationsprozesse
zwischen beiden Bereichen werden beleuchtet. IT-
Manager erhalten so eine Referenz zur Optimierung
der Betriebsführung und der Kostenstrukturen.

>> www.sap-press.de/1250